# Denksport für ein Jahr

George Grätzer

# Denksport für ein Jahr

140 mathematische Rätsel aus dem Alltag

Aus dem Ungarischen von Manfred Stern

**Titel der Originalausgabe:** Elmesport egy esztendőre (zweite, überarbeite Auflage 2008)

Die ungarische Originalausgabe ist erschienen bei: Nyitott Könyvműhely, Budapest.
Aus dem Ungarischen von Manfred Stern



**Wichtiger Hinweis für den Benutzer**
Der Verlag, der Herausgeber und die Autoren haben alle Sorgfalt walten lassen, um vollständige und akkurate Informationen in diesem Buch zu publizieren. Der Verlag übernimmt weder Garantie noch die juristische Verantwortung oder irgendeine Haftung für die Nutzung dieser Informationen, für deren Wirtschaftlichkeit oder fehlerfreie Funktion für einen bestimmten Zweck. Der Verlag übernimmt keine Gewähr dafür, dass die beschriebenen Verfahren, Programme usw. frei von Schutzrechten Dritter sind. Die Wiedergabe von Gebrauchsnamen, Handelsnamen, Warenbezeichnungen usw. in diesem Buch berechtigt auch ohne besondere Kennzeichnung nicht zu der Annahme, dass solche Namen im Sinne der Warenzeichen- und Markenschutz-Gesetzgebung als frei zu betrachten wären und daher von jedermann benutzt werden dürften. Der Verlag hat sich bemüht, sämtliche Rechteinhaber von Abbildungen zu ermitteln. Sollte dem Verlag gegenüber dennoch der Nachweis der Rechtsinhaberschaft geführt werden, wird das branchenübliche Honorar gezahlt.

**Bibliografische Information der Deutschen Nationalbibliothek**
Die Deutsche Nationalbibliothek verzeichnet diese Publikation in der Deutschen Nationalbibliografie; detaillierte bibliografische Daten sind im Internet über http://dnb.d-nb.de abrufbar.

Springer ist ein Unternehmen von Springer Science+Business Media
springer.de


Spektrum Akademischer Verlag ist ein Imprint von Springer

10 11 12 13 14     5 4 3 2 1



Planung und Lektorat: Andreas Rüdinger, Meike Barth
Copy Editing: Heike Pressler
Satz: le-tex publishing services GmbH, Leipzig
Illustrationen: László Réber
Umschlaggestaltung: wsp design Werbeagentur GmbH, Heidelberg

ISBN 978-3-8274-2591-1

# INHALTSVERZEICHNIS

# Verzeichnis der Rätsel

Von den drei Zahlen, die neben den Rätseln stehen, bezeichnet die erste die entsprechende *Seitenzahl* der *Rätsel*, die mittlere die *Seitenzahl* der *Hinweise* und die dritte die *Seitenzahl* der *Lösungen*.

# Vorwort

Viele von uns beginnen den Tag mit Gymnastik. Und wir alle halten das für ganz natürlich, denn man hat uns ja seit unserer Kinderzeit ständig gesagt, wie wichtig die regelmäßige körperliche Ertüchtigung ist. Zugleich ist aber festzustellen, dass sich nur sehr wenige um die Entwicklung des Gehirns kümmern, also des Organs, das uns zum Menschen macht. Und viele sind auf diesen Mangel auch noch stolz...

Für mich ist es – ehrlich gesagt – eine große Leidenschaft, Rätsel zu erzählen. Höre ich eine interessante Denkaufgabe, dann ruhe ich nicht eher, bis ich sie allen meinen Bekannten erzählt habe. Mitunter stoße ich jedoch – zu meinem großen Leidwesen – auf überraschenden Widerstand. Handelt es sich um ein längeres Rätsel, dann fangen manche mittendrin an, von anderen Dingen zu sprechen („Hier fällt mir ein, dass..."). Ist die Denkaufgabe jedoch kurz und hat eine treffende Pointe, dann lachen andere wiederum und sagen grammophonartig:

– Also, das hat sich ja wieder jemand mit einem ausgeruhten Kopf ausgedacht!

Ja, zum Glück gibt es noch Menschen „mit ausgeruhtem Kopf..."!

Leider kann sich die Mehrheit der Menschen nicht vorstellen, dass man das Gehirn auch zum systematischen Nachdenken verwenden kann. In der Schule müsste hauptsächlich die Mathematik die logische Denkfähigkeit des Gehirns entwickeln, aber das erfolgt nur selten in ausreichendem Maße. (Ehre gebührt den Ausnahmen!) Für die Mehrzahl der Schüler bleibt der Mathematikstoff eine Sammlung von Formeln, die man einpauken muss. Müssen wir diese bekannte Tatsache auch noch besonders belegen? Es reicht wohl, wenn wir uns ansehen, wie sich der mathematische Schulunterricht in der Weltliteratur widerspiegelt...

Und nach der Schule? Danach hört auch das ohnehin geringfügige Hirnjogging auf und wir sind nur noch mit den Routinen des Alltagslebens beschäftigt.

Ich habe nicht zufällig gesagt, dass wir gar nicht wissen, was unser Verstand alles vermag. Auch ohne Gallup-Institut können wir unter unseren Bekannten eine kleine statistische Erhebung durchführen. Stellen wir ihnen doch mal der Reihe nach die folgende außerordentlich einfache Denkaufgabe:

– Mich hat jemand angerufen – erzählt Jürgen – und als ich gefragt habe, mit wem ich spreche, wunderte sich der Anrufer, dass ich seine Stimme nicht erkenne, denn die Schwiegermutter seiner Mutter sei meine Mutter. Ich habe nicht geglaubt, was der Anrufer sagte, da ich ja überhaupt keine Geschwister habe.

In welchem Verwandtschaftsverhältnis steht Jürgen zum Anrufer?

Die meisten der befragten Personen baten mich, das Ganze noch einmal zu erzählen, um unterdessen Kraft zu sammeln und das Gespräch auf ein anderes Thema zu lenken. Einige von ihnen erklärten überzeugt: „Jürgens Mutter hat bei ihm angerufen, stimmt's?" Und ich musste mich dann hinstellen und die Betreffenden zur Einsicht bringen, dass diese Annahme vollkommen falsch ist. Nur wenigen kommt es in den Sinn, die eigene Antwort selbst zu überprüfen, und vielleicht den hohen Gipfel zu erreichen, von dem aus man die Antwort nicht durch Herumraten sucht, sondern mit logischem Denken findet.

Und dabei ist die Antwort doch so einfach! Die Schwiegermutter der Mutter des Anrufers ist Jürgens Mutter, das heißt, der Mann der Mutter des Anrufers und Jürgen sind Kinder ein und derselben Mutter. Da aber Jürgen keine Geschwister hat, ist der Mann der Mutter des Anrufers niemand anders als Jürgen selbst. Also: Jürgen ist der Mann der Mutter des Anrufers und demnach *ist der Anrufer ein Kind Jürgens.*

Die allseitige Verwunderung ist also berechtigt. Seitens des Anrufers deswegen, weil der Vater die Stimme seines Kindes nicht erkannt hat. Und vonseiten des Lesers ist die Verwunderung berechtigt, dass die Lösung eines Rätsels so leicht sein kann.

Also das hätte auch ich lösen können – wird der eine oder andere sagen – und Recht hat er! Versuchen Sie sich an den Denkaufgaben des Buches und Sie werden sehen, dass auch Sie diese Aufgaben lösen können.

Welche Voraussetzungen sind erforderlich, um Denkaufgaben gut lösen zu können?

*Erstens* braucht man dazu gute Denkaufgaben! Bitte blättern Sie in dem Buch. Ich hoffe, dass auch der wählerische Leser hier reichlich Material für seinen Geschmack findet.

*Zweitens* muss man entschlossen sein, logisch zu denken. Wir müssen der Reihe nach aufmerksam durchgehen, was wir wissen, und anschließend überlegen, welche Schlussfolgerungen wir daraus ziehen können. Das ist natürlich kein Rezept zur Technik des Aufgabenlösens (ein solches Rezept gibt es leider – oder Gott sei Dank – nicht), sondern vielmehr nur eine grundlegende Bemerkung.

*Drittens* braucht man einen Einfall. Das ist nicht bei jeder Denkaufgabe erforderlich. Zum Beispiel hat sich die obige Aufgabe mit etwas logischem Nachdenken ohne jeden Einfall sozusagen von selbst entwirrt. Bei vielen Denkaufgaben muss man jedoch vom gewohnten Alltagstrott etwas abweichen. Seien wir hierzu geistige „Erneuerer"! Natürlich müssen wir zu Beginn nur kleinere Einfälle ausschwitzen, aber je größer später die Schwierigkeiten werden, desto mehr Freude empfinden wir über eine gute Idee.

Unter meinen Bekannten habe ich noch keinen gefunden, der sich beim Lesen eines Buches vollständig an die Prinzipien und Instruktionen des Vorworts gehalten hat. Dennoch möchte ich jetzt solche Hinweise geben. Der Leser kann diese nach seinem Geschmack verwenden. Wohl bekomm's!

Wie der Leser vielleicht schon bemerkt hat, besteht das Buch nicht aus Kapiteln, sondern ist inhaltlich in 52 Wochen aufgeteilt. Ich habe das Buch deswegen so aufgeteilt, damit man in jeder Woche einen geistigen Leckerbissen findet. Und der Umstand, dass in jeder Woche nur wenige Denkaufgaben gestellt werden (in den ersten 36 Wochen sind es pro Woche drei, in den letzten 16 Wochen dann pro Woche nur zwei), mahnt zur Geduld.

Nimm dir Zeit beim Lösen – sage ich. Brich die Lösung einer Aufgabe nicht übers Knie und überspringe sie auch nicht, weil du denkst: „Das schaffe ich sowieso nicht." Und ob! Du schaffst es, wenn du beharrlich bist.

Wenn jemand die Aufgaben nicht der Reihe nach systematisch löst, dann kann es leicht vorkommen, dass er auf Begriffe stößt, die er nicht kennt. Aus diesem Grund empfehle ich, die Rätsel der Reihe nach zu lösen. Ganz sicher haben wir nämlich Begriffe, die nicht allgemein bekannt sind, irgendwo erklärt. Der Leser sollte sich die Lösung auch dann ansehen, wenn er die Aufgabe selbständig gelöst hat. Häufig beruht die von uns angegebene Lösung auf einem allgemeinen Prinzip, das wir auch bei einer späteren Aufgabe gut verwenden können.

Sollte es dem Leser auch nach mehrmaligen Versuchen nicht gelungen sein, eine Denkaufgabe zu lösen (nachdem er sie sich etwa 3–4 Tage lang immer mal vorgenommen und angeschaut hat), dann sollte er sich zunächst im zweiten Teil des Buches die *Hinweise* ansehen. Zu einer ganzen Reihe von Aufgaben findet man dort Lösungsideen. Das sind noch keine vollständigen Lösungen – diese sind im dritten Teil *Lösungen* angegeben. In den *Hinweisen* stehen auch, falls erforderlich, Verweise auf frühere Aufgaben. Das am Zeilenrand grüßende „Hinweismännchen" bedeutet, dass man zur betreffenden Aufgabe in den *Hinweisen* Lösungsideen und Einfälle findet.

Den letzten 16 Wochen haben wir eine gesonderte Überschrift gegeben: *Die hohe Schule des Denkens*. Hier haben wir pro Woche nur zwei Denkaufgaben gestellt, aber wer wöchentlich zwei solche Rätsel schafft, der kann sich selbst auf die Schulter klopfen.

Das Buch richtet sich hauptsächlich an Mathematikerliebhaber, interessierte Schüler höherer Klassen, Studenten mit mathematischen Grundkenntnissen und an alle, die ihre Freude an schönen Einfällen haben. Los geht's, Leser und Löser, wer sucht, der findet – sucht die Lösung und findet Erlösung! Viel Vergnügen dabei. Nun sind die wöchentlichen Denksportaufgaben an der Reihe!

# Erster Teil

# RÄTSEL

# 1. Woche

## Eine Schiffsreise

Zweimal täglich, nach Greenwicher Zeit zu Mittag und um Mitternacht, fährt jeweils ein Schiff aus New York nach Lissabon ab und jeweils ein anderes von Lissabon nach New York. Die Schiffe haben die gleiche Reiseroute und eine Schiffsreise dauert genau acht Tage.

Neulich bin ich mit einem solchen Schiff von New York nach Lissabon gefahren.

Wieviele entgegenkommende Schiffe konnte ich dabei zählen? (Dabei betrachte ich auch das bei der Abfahrt ankommende und das bei der Ankunft abfahrende Schiff als entgegenkommend.)

## Zwei Schachpartien

Ich bin seit langem ein begeisterter Schachfreund und Schachspieler, konnte aber meine Schwester dennoch nicht dazu bewegen, das Schachspiel zu erlernen. Sie kennt gerade mal die Züge.

Zwei meiner Schachfreunde sind einmal zu mir zu Besuch gekommen und gewohnheitsmäßig habe ich mit beiden je eine Partie Schach gespielt. Ich kann nicht bestreiten, dass ich in sehr schlechter Form gewesen bin und beide Partien schmählich verloren habe. Als meine

Schwester ins Zimmer kam und erfuhr, dass ich verloren hatte, konnte sie sich nicht mehr zurückhalten:

– Ich schäme mich für den schmachvollen Auftritt meines Bruders!

– Gebt mir bitte die Gelegenheit – wandte sie sich an meine Gäste – die Scharte auszuwetzen. Ich möchte mit euch beiden je eine Partie spielen. Ich verspreche, dass ich ein besseres Ergebnis erzielen werde als mein Bruder. Ich bitte euch noch nicht einmal um den Vorteil, in beiden Partien zu beginnen. In der einen Partie möchte ich mit Weiß und in der anderen mit Schwarz spielen. Außerdem gebe ich euch auch den Vorteil, dass ich beide Partien gleichzeitig spiele.

So geschah es dann auch. Und ungeachtet der Tatsache, dass meine beiden Gäste mit äußerster Kraftanstrengung spielten, erreichte meine Schwester ein besseres Ergebnis als ich.

Wie ist das möglich?

## Eine Flugreise

Budapest liegt ungefähr 200 km von Debrecen entfernt. Wir fliegen mit dem Flugzeug von Budapest nach Debrecen und zurück. Die Geschwindigkeit des Flugzeugs beträgt 150 km/h. Dabei haben wir festgestellt, dass während des ganzen Fluges ein gleichmäßig starker Wind mit einer Geschwindigkeit von 30 km/h in Richtung Budapest–Debrecen wehte. Von Budapest nach Debrecen sind wir also mit dem Wind geflogen, der unsere Geschwindigkeit erhöht hat. Auf dem Rückflug hat der Wind unsere Geschwindigkeit natürlich um den gleichen Betrag gesenkt. Im Endergebnis hat demnach der Wind die Flugdauer nicht verändert.

Ist diese Schlussfolgerung richtig?

# 2. Woche

## Der Rechenkünstler

– Es ist schon eine ziemlich unangenehme Sache, wenn man im Kopf Brüche voneinander subtrahieren muss – meinte Hansi.

– Du hast Recht – erwiderte Peter –, aber es gibt da so mancherlei Tricks, mit denen wir uns oft helfen können. Häufig treten Brüche auf, deren Zähler um eins kleiner ist als der Nenner, zum Beispiel

$$\frac{1}{2}, \frac{3}{4}.$$

Die Differenz zweier solcher Brüche lässt sich ganz leicht ausrechnen; der Trick ist bereits anhand eines einzigen Beispiels ersichtlich:

$$\frac{3}{4} - \frac{2}{3} = \frac{3-2}{4 \cdot 3} = \frac{1}{12}.$$

Einfach, nicht wahr? Lässt sich diese Methode immer anwenden?

## Das Testament

Der Scheich liegt auf dem Sterbebett. Er lässt seine beiden Söhne rufen und teilt ihnen mit, dass er seine Schätze in einer nicht weit entfernten Oase versteckt habe. Er verfügt testamentarisch, dass sich die Söhne auf den Weg machen sollen und dass der gesamte Schatz demjenigen gehört, dessen Kamel später in der Oase ankommt. Die beiden Söhne sind nach dem Tod ihres Vaters in großer Verlegenheit. Jeder der beiden möchte den Schatz ergattern. Aber wie soll er es anstellen, dass sein Kamel später als das Kamel des anderen in der Oase ankommt? Würde etwa einer der Söhne in der Wüste ein Lager aufschlagen, dann tut das auch der andere – und am Schluss verdursten sie beide …

Also gingen sie zum Kadi, um Rat einzuholen. Der Kadi forderte sie auf, ganz nahe an ihn heranzutreten. Die Söhne stiegen von ihren Kamelen, erfüllten den Wunsch des Kadis, und dieser flüsterte ihnen etwas ins Ohr. Daraufhin sitzen beide auf und galoppieren in wahnwitzigem Tempo in Richtung Oase. Und im Ergebnis der mörderischen Hetzjagd gewinnt einer von ihnen den Schatz.

Welchen Rat hatte ihnen der Kadi gegeben?

## Die Uhr

Im letzten Jahrhundert, zu einer Zeit, in der es nur mechanische Uhren (zum Beispiel Uhren mit Feder) gab, erzählte ein Mann Folgendes:

„Ich habe keine Armbanduhr, aber in meiner Wohnung steht eine herrliche und genaue Wanduhr. Manchmal vergesse ich jedoch, die Uhr aufzuziehen, und ich habe auch kein Radio, nach dem ich sie einstellen könnte. Einmal hatte ich mich gerade auf den Weg zu einem meiner Freunde machen wollen, als ich bemerkte, dass meine Wanduhr stehengeblieben war. Ich hatte gerade noch Zeit, die Uhr aufzuziehen und in Gang zu setzen, aber ich konnte sie nicht mehr einstellen. Ich habe den Abend bei meinem Freund verbracht. Wir haben im Radio ein wunderschönes Konzert gehört, dann bin ich nach Hause gegangen und habe meine Uhr genau eingestellt."

Wie konnte er die genaue Zeit einstellen, ohne zu messen, wie lange der Fußmarsch von der Wohnung seines Freundes bis zu seiner eigenen Wohnung dauert?

# 3. Woche

## Das Haus des Nikolaus

– Papa, wir haben in der Schule die Aufgabe bekommen, dieses Haus mit einem einzigen Linienzug so zu zeichnen, dass wir den Bleistift nicht hochheben und keine Linie ein zweites Mal durchlaufen.

– Und, hast du es geschafft?

– Ja. Nach einigen Versuchen hat es geklappt.

– Dann stelle auch ich dir jetzt einige Fragen. Bei welchem Punkt musst du beginnen, damit du die Aufgabe lösen kannst? Bei welchem Punkt kommst du an? Und wenn du bei einem richtig gewählten Punkt anfängst, welches Verfahren musst du dann anwenden, damit es dir

gelingt, das Haus zu zeichnen? Wenn du auf diese Fragen richtig antwortest, dann wird es dir in Zukunft immer ohne Probieren gelingen, das Haus zu zeichnen.

Wie lauten die Antworten auf diese leichten Fragen?

## Ein besonderes Jahr

– Ich bin in einem besonderen Jahr geboren – erzählt Kati. – In dem besagten Jahr ist der Freitag dreimal auf den Dreizehnten gefallen. Und noch dazu war es ein Schaltjahr.

– Wann hast du Geburtstag?

– Nach diesen Angaben findest du unschwer heraus, dass ich an einem 1. April geboren bin.

– Und ist im besagten Jahr vielleicht auch der 1. April auf einen Freitag gefallen?

Antworten Sie anstelle von Kati, auf welchen Tag in ihrem Geburtsjahr der 1. April gefallen ist.

## Konkurrenten oder *Die Gehaltserhöhung*

Drei junge Männer haben sich um eine Stelle beworben. Um zu entscheiden, welcher der drei genommen werden soll, stellte man ihnen einen Frage.

– Wie Sie wissen, beträgt das Monatsgehalt eines Anfängers hunderttausend Forint, die wir in halbmonatlichen Raten auszahlen; und wenn Sie Ihre Arbeit gut machen, dann erhöhen wir Ihr Gehalt in jedem Monat. Wie hätten Sie es lieber? Sollen wir Ihr Gehalt dann jeden

Monat um 1500 Forint oder jeden halben Monat um 500 Forint erhöhen?[1]

Zwei der Bewerber wählten sofort die erste Möglichkeit, während sich der Dritte nach kurzem Nachdenken für die zweite Möglichkeit entschied. Er wurde eingestellt.

Warum?

# 4. Woche

## Die Metallstange

Eine Messingstange wiegt 85 kg. Ich möchte sie so in zwei Teile zersägen, dass beide Teile ein Vielfaches von 1 kg wiegen.

Auf wieviele Weisen kann ich das tun?

## Der altgriechische Kupferlöwe

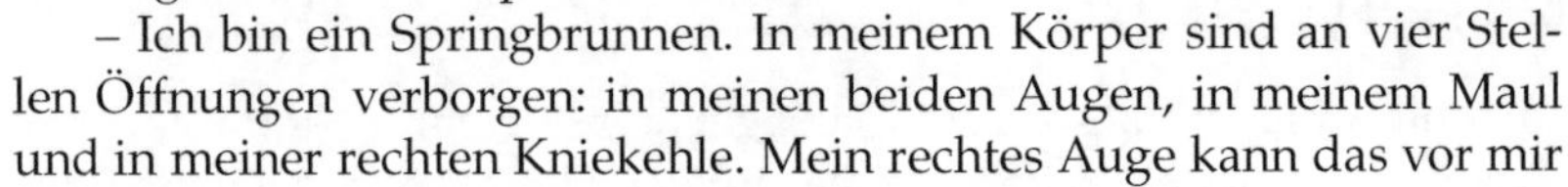

Ein altgriechischer Kupferlöwe erzählt:

– Ich bin ein Springbrunnen. In meinem Körper sind an vier Stellen Öffnungen verborgen: in meinen beiden Augen, in meinem Maul und in meiner rechten Kniekehle. Mein rechtes Auge kann das vor mir

[1] Von der ungarischen Währung Forint wird noch öfter die Rede sein. Auch zum Zeitpunkt des Erscheinens der vorliegenden Übersetzung ist der Forint in Ungarn das gesetzliche Zahlungsmittel. Damals war 1 Forint in 100 Fillér eingeteilt und es gab die genannten Münzen noch. Die Fillérmünzen wurden 1999 eingezogen. Die 1-Forint-Münzen und die 2-Forint-Münzen wurden 2008 aus dem Verkehr gezogen.

liegende Becken innerhalb von zwei Tagen füllen; mein linkes Auge schafft das in drei Tagen, mein rechtes Knie in vier Tagen und mein Maul braucht dazu sechs Stunden. (Wir erinnern daran, dass bei den alten Griechen ein Tag zwölf Stunden hatte!)

In welcher Zeit füllt sich das Becken, wenn das Wasser gleichzeitig aus meinen vier Öffnungen fließt?

## Der Araber

Der alte Araber ordnete vor seinem Tode an, dass seine drei Söhne seine 19 edlen Pferde erben sollen. Der älteste Sohn soll die Hälfte der Pferde bekommen, der mittlere ein Viertel und der jüngste ein Fünftel. Als der Vater gestorben war, konnten die drei Söhne das Testament nicht vollstrecken. Das ist verständlich, denn sie konnten die Pferde ja nicht in mehrere Teile zerlegen. Also baten sie den alten Kadi um Rat, der zur Lösung des Problems ein eigenes Pferd mitbrachte. Er gab die Hälfte der insgesamt 20 Pferde, also zehn Pferde, dem ältesten Sohn; der mittlere Sohn erhielt ein Viertel, also fünf Pferde, und der jüngste Sohn bekam ein Fünftel, also vier Pferde. Das übrig gebliebene Pferd – sein eigenes – nahm er wieder mit nach Hause. Somit war in Sachen Testamentsvollstreckung jetzt alles in Ordnung.

Oder vielleicht doch nicht?

# 5. Woche

## In der Straßenbahn

Mitte des vorigen Jahrhunderts, in den 1950er Jahren, gab es in den Budapester Straßenbahnen zweierlei Fahrkarten für Erwachsene: eine Umsteigekarte für 70 Fillér und eine Streckenkarte für 50 Fillér. Damals musste man die Fahrkarten beim Schaffner kaufen und es gab 5-Fillér-Münzen, 10-Fillér-Münzen, 20-Fillér-Münzen, 50-Fillér-Münzen und 1-Forint-Münzen.[2]

Ein erwachsener Fahrgast steigt mittags in eine Straßenbahn und gibt dem Schaffner 1 Forint. Daraufhin gibt der Schaffner, der den Fahrgast noch nie gesehen hatte, diesem wortlos 30 Fillér und händigt ihm eine Umsteigekarte aus.

Woher wusste der Schaffner, dass der Fahrgast eine Umsteigekarte haben wollte?

---

[2] Bezüglich der ungarischen Geldeinheiten Forint und Fillér s. Fußnote auf S. 24.

## Hasenjagd

Neulich habe ich an einer Hasenjagd teilgenommen. Ich hatte gerade an die Stelle geschaut, an der einer der Treiber einen Hasen aus einem Gebüsch aufscheuchte. Die Jäger und die Windhunde hatten das nicht gleich bemerkt, so dass der Hase bereits einen Vorsprung von 34 Hasensprüngen hatte, bevor ihm einer der Windhunde nachhetzte.

Man muss nun wissen, dass ein Windhund viel größere Sprünge macht als ein Hase. Genauer gesagt entsprechen fünf Windhundsprünge genau neun Hasensprüngen. Wahr ist aber auch, dass ein Hase viel häufiger springt als ein Windhund: Macht der Windhund acht Sprünge, dann schafft der Hase in der gleichen Zeit elf Sprünge.

Die Hatz endete mit dem Sieg des Windhunds. Wieviele Sprünge hat der Hase gemacht, bevor ihn der Windhund gepackt hat?

## Das Telefonkabel – lange Leitung?

Wir nehmen an, die Erde sei exakt kugelförmig und die Länge des Äquators betrage genau 40 000 km.

Eine Telefongesellschaft hat 5 Meter über der Erde eine Telefonleitung rund um den ganzen Äquator verlegt. Ein Ingenieur der Gesellschaft schlägt wegen der häufigen Beschädigungen vor, die ganze Leitung 1 Meter höher zu verlegen. Einer der Leiter der Gesellschaft antwortet sofort, dass er die Sache nicht richtig fände, denn der viele neue Draht würde sehr teuer werden, da 1 Meter Draht 200 Forint kostet. Darauf erwidert der Ingenieur, dass er den Preis des zusätzlich erforderlichen Drahtes auf der Stelle bezahlen könne.

Wieviel Forint kostet den Ingenieur das Angebot?

# 6. Woche

## Das Abendessen beim Knödelwirt

Drei müde Touristen kehrten in einen Gasthof ein. Sie setzten sich an den Tisch und bestellten eine Schüssel Pflaumenknödel. Als der Gastwirt das Essen brachte, waren sie jedoch allesamt tief eingeschlafen. Auf einmal wachte einer der Touristen auf, aß ein Drittel der Knödel und schlief dann weiter. Dann wachte der Zweite auf, merkte aber nicht, dass einer seiner Kumpel bereits etwas gegessen hatte; also aß er ein Drittel der übrig gebliebenen Knödel und schlief dann ebenfalls weiter. Schließlich wachte auch der Dritte auf und verspeiste ein Drittel der in der Schüssel verbliebenen Knödel. Als der Gastwirt am Morgen zurückkam, fand er nur noch acht Knödel in der Schüssel vor.

Wieviele Knödel hatte der Gastwirt ursprünglich serviert?

## Das Paradoxon des Protagoras

Protagoras, der große griechische Philosoph, lebte und wirkte im fünften Jahrhundert vor unserer Zeitrechnung. Bei einer Gelegenheit trug es sich zu, dass er mit einem seiner Schüler, den er die Rechtswissenschaften lehrte, folgende Vereinbarung traf: Der Schüler muss für den Unterricht je nachdem zahlen oder nicht zahlen, ob er seinen ersten Prozess gewinnt oder nicht.

Der Schüler beendete sein Studium, wollte nun aber nicht mit der juristischen Praxis beginnen. Protagoras verklagte daraufhin seinen Schüler wegen Zahlungsunwilligkeit.

Hat Protagoras richtig gehandelt?

## Weißt du wieviel Fahnen wehen?

In der Mathematikstunde entwerfen die Kinder Fahnen. Jede Fahne ist durch zwei horizontale Linien in drei Teile unterteilt (wie bei der ungarischen Flagge[3]) und die Kinder färben die drei Streifen mit unterschiedlichen Farben. Für die drei Farben stehen vier im Voraus gegebene Farben zur Verfügung: Rot, Blau, Grün und Gelb.

a) Wieviele verschiedene Fahnen können sie entwerfen, wenn sich die Farben nicht wiederholen dürfen?

[3] Die ungarische Nationalflagge besteht aus drei waagerechten Streifen in den Farben Rot (oben), Weiß (Mitte) und Grün (unten).

b) Wieviele Fahnen sind möglich, wenn die beiden äußeren Streifen die gleiche Farbe haben?

# 7. Woche

## Hausaufgabe

Mein Sohn erhielt als Hausaufgabe, zwei Produkte schriftlich auszurechnen. Er musste eine auf 7 endende sechsstellige Zahl mit 5 multiplizieren, und zu seiner großen Verwunderung stellte er fest, dass sich das Resultat aus der ersten Zahl dadurch ergab, dass man die an letzter Stelle stehende Sieben an den Anfang stellte.

Noch größer war seine Verwunderung, als sich herausstellte, dass auch das zweite Produkt der Hausaufgabe so ähnlich beschaffen war. Hier musste er nämlich eine mit 1 beginnende sechsstellige Zahl mit 3 multiplizieren, und das Resultat ergab sich dadurch, dass man die 1 an das Ende stellte.

Wie lautete die Hausaufgabe?

## Das Superhotel

Sieben müde Männer kommen in ein Provinzhotel. Sie bitten um Unterkunft, bedingen sich aber aus, dass jeder von ihnen ein Einzelzimmer bekommt.

Der Hotelier teilt ihnen mit, dass er nur sechs freie Zimmer habe, aber dennoch hoffe, die lieben Gäste ihrem Wunsch entsprechend unterzubringen.

Er führte den ersten Gast in das erste Zimmer und bat einen anderen Gast, einige Minuten im ersten Zimmer zu warten. In dieser Zeit brachte er den dritten Gast in das zweite Zimmer, den vierten Gast in das dritte Zimmer, den fünften Gast in das vierte Zimmer und den sechsten Gast in das fünfte Zimmer. Danach ging er zum siebenten Gast in das erste Zimmer zurück und geleitete ihn in das sechste Zimmer. Auf diese Weise hatte er alle komfortabel untergebracht.

Oder doch nicht?

## Eifersüchtige Ehemänner

Zwei eifersüchtige Ehemänner möchten mit ihren Frauen über den Fluss übersetzen, aber es steht nur ein Kahn für zwei Personen zur Verfügung. Keiner der beiden Männer möchte jedoch seine Frau in einer Gesellschaft lassen, in der sich bei seiner eigenen Abwesenheit ein anderer Mann befindet.

Wie können sie die Überquerung des Flusses bewerkstelligen?

# 8. Woche

## Noch ein Superhotel

Drei Touristen suchten in einem kleinen amerikanischen Hotel eine Unterkunft. Der Hotelbesitzer bot ihnen ein Dreizimmer-Apartment für 300 Dollar an. Die drei Männer gingen mit dem Hotelboy nach oben, um sich das Apartment anzusehen. Sie fanden alles in Ordnung und jeder von ihnen übergab dem Hotelboy, der sie nach oben begleitet hatte, 100 Dollar. Als der Besitzer vom Hotelboy die 300 Dollar bekommen hatte, stellte er fest, dass er sich geirrt hatte, denn der Preis des Apartments belief sich auf nur 250 Dollar. Deswegen schickte er den Hotelboy mit fünf Zehndollarnoten zurück. Beim Weg nach oben überlegte sich der Hotelboy, dass es schwierig sei, fünf Zehndollarnoten unter drei Leuten aufzuteilen. Also steckte er zwei Zehndollarnoten in die eigene Tasche und gab den drei Männern je zehn Dollar zurück. Somit hatte jeder 90 Dollar gezahlt, das heißt, insgesamt 270 Dollar. 20 Dollar waren in der Tasche des Hotelboys gelandet. Das macht zusammen $270 + 20 = 290$ Dollar, obwohl die drei Gäste ursprünglich 300 Dollar gegeben hatten.

Wo sind die zehn Dollar abgeblieben?

## Three-letter words: Wörter mit drei Buchstaben

In der untenstehenden, zweimal nacheinander erfolgenden Addition von Wörtern, die aus je drei Buchstaben bestehen, stehen identische Buchstaben für identische Ziffern und unterschiedliche Buchstaben für unterschiedliche Ziffern.

```
  BEA
+ IST
-----
  UTA
+ BEA
-----
  WAR
```

Welche Ziffern können die Buchstaben bedeuten?

## Im Kindergarten

Infolge eines interessanten Zufalls gehen in einen Kindergarten nur Kinder mit zweierlei Haarfarben und zweierlei Augenfarben. Die Augen der Kinder sind blau oder grün, die Haare sind braun oder schwarz und diese Haarfarben beziehungsweise Augenfarben treten alle auch wirklich auf.

Für ein Spiel werden zwei Kinder gesucht, bei denen sowohl die Haarfarbe als auch die Augenfarbe unterschiedlich ist.

Ist es sicher, dass man zwei solche Kinder findet?

# 9. Woche

## Wie alt ist Susi?

– Es ist schon interessant – erzählt Susi –, dass meine Mutter genau halb so alt ist wie mein Vater und ich zusammen. Mein Vater und meine Mutter sind zusammen 100 Jahre alt und das Alter der beiden ist jeweils eine Primzahl.

– Wie alt ist Susi?

## Merkwürdige Addition

– Mein Lieber – sagt die Frau zu ihrem Mann, dem berühmten Mathematikprofessor –, unter deinem Schreibtisch habe ich dieses Blatt Papier gefunden. Brauchst du es nicht mehr?

– Doch, doch, ich brauche es – antwortet der Professor – gib es mir bitte!

– Soll das etwa eine Addition sein?

– Ja, natürlich.

– Dann wäre es aber besser, wenn du das Ganze nochmal durchrechnest. Du hast es falsch zusammengezählt.

– Nein, überhaupt nicht. Es handelt sich um eine ganz bestimmte Addition ...

Womit hat der Professor die Richtigkeit dieser merkwürdigen Addition begründet?

## Übung in Logik

Wir sehen uns die folgenden Aussagen an:

(1) Bacon hat alle Theaterstücke von Shakespeare geschrieben.
(2) Es gibt ein Theaterstück von Shakespeare, das Bacon geschrieben hat, aber Bacon hat nicht alle Theaterstücke von Shakespeare geschrieben.
(3) Es gibt ein Theaterstück von Shakespeare, das nicht von Bacon geschrieben wurde.

Wir wissen nicht, welche der obigen Aussagen richtig ist und welche nicht – und vielleicht werden wir es auch nie mit Sicherheit wissen. Es gibt jedoch unter den obigen drei Aussagen zwei solche, die beide gleichzeitig wahr und beide gleichzeitig auch nicht wahr sein können. Ebenso gibt es unter ihnen auch zwei Aussagen, die gleichzeitig nicht wahr sein können, aber nicht gleichzeitig wahr sein können.

Um welche Aussagen handelt es sich?

# 10. Woche

## Langsam stuckert der Personenzug

Von Primbach aus fährt der Personenzug mit 30 km/h in Richtung Nichterstedt. Ebenfalls von Primbach aus fährt der Schnellzug mit 60 km/h. Unter normalen Umständen holt der Schnellzug den Personenzug bei Nichterstedt ein. Einer dieser Personenzüge kann jedoch, nachdem er zwei Drittel des Weges zurückgelegt hat, seine Fahrt infolge eines technischen Defekts nur noch mit der Hälfte seiner ursprünglichen Geschwindigkeit fortsetzen. Deswegen holt ihn der Schnellzug bereits $27\frac{1}{9}$ km vor Nichterstedt ein.

Wieviele Kilometer sind es von Primbach nach Nichterstedt?

## Weiße und Schwarze

Auf der Kakao-Insel wohnen zwei Nationen, die Weißen und die Schwarzen. Auch die Weißen wohnen bereits so lange auf der Insel, dass ein Außenstehender sie aufgrund ihrer Farbe nicht von den Schwarzen unterscheiden kann. Die beiden Nationen unterscheiden sich nur durch eine Charaktereigenschaft voneinander: Die Schwarzen sagen immer die Wahrheit und die Weißen lügen immer.

Ein Anthropologe begab sich auf die Kakao-Insel. Der Gelehrte kannte die Sprache der Einwohner nicht, war aber ein wenig mit ihren Bräuchen vertraut. Als er eintraf, meldeten sich drei Inselbewohner bei ihm, weil sie gerne in seine Dienste treten würden. Zwei von ihnen sprachen gebrochen die Muttersprache des Forschers. Der Gelehrte wollte natürlich nur einen Schwarzen einstellen und deswegen fragte er Abl, einen der drei:

– Abl, bist du ein Weißer oder ein Schwarzer?

– Bhio, fa kutja marjion – war die Antwort.

– Also davon habe ich kein Wort verstanden. Bislu, kannst du mir erzählen, was Abl gesagt hat?

– Abl sagen, dass er Weißer ist – antwortete Bislu.

– Und was hat er deiner Meinung nach gesagt, Cacil?

– Abl sagen, dass er Schwarzer ist – antwortete Cacil.

Können wir entscheiden, ob Bislu und Cacil Weiße oder Schwarze sind?

## Der kleine Taugenichts

Alex erzählt: „Ich saß an meinem Schachbrett, mein Sohn und meine Tochter saßen daneben. Das Mädchen arbeitete an einer Rechenaufgabe, bei der sie zur Übung eine Division durchführen musste. Als sie für einige Augenblicke aus dem Zimmer ging, machte sich ihr kleiner Bruder emsig daran, die Ziffern der Divisionsaufgabe mit Schachfiguren zu bedecken.

Als ich hinschaute, waren nur noch zwei Ziffern frei geblieben. Ich habe folgendes Bild gesehen:

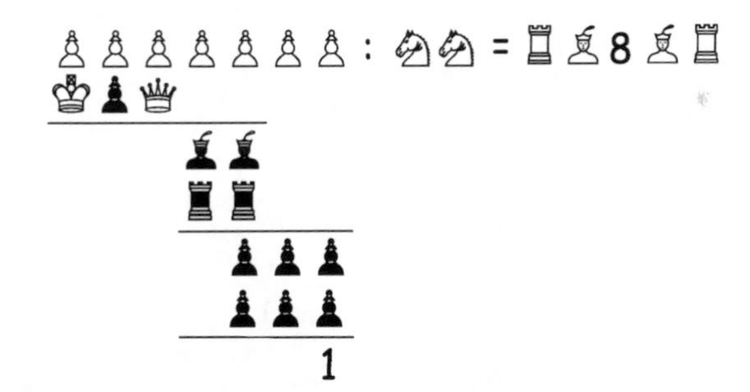


Wenn ich die Figuren einfach so vom Blatt fege, beginnt mein Junge zu heulen; lasse ich aber die Figuren stehen, dann regt sich meine Tochter über die Störung der Hausaufgaben auf. Ich hatte also keine Wahl, sondern machte mich daran, die Divisionsaufgabe herauszubekommen, ohne die Figuren zu entfernen. Als meine Tochter zurückkam, schrieb ich ihr auf einem anderen Blatt Papier auf, wie weit sie mit der Division gekommen war." Wie man sieht, war Alex ein guter Rätsellöser und das hat dazu beigetragen, einen Familienkrach zu verhindern.

Hätten wir das an seiner Stelle auch tun können?

# 11. Woche

## Im Garten

Herr Klein empfängt Gäste. Nach einem gemütlichen Nachmittagskaffee führt er sie hinaus in den herrlichen Garten der Villa. Die Gäste bitten ihn, ihnen den schönen Garten ausführlich zu zeigen. Herr Klein möchte jedoch nicht allzu viel Zeit verlieren und seine Gäste deswegen so herumführen, dass sie auf jedem Weg nur einmal gehen, aber auch jeden Weg entlanggehen.

Ist das machbar? Und wenn ja, auf welcher Treppe muss man in den Garten hinabgehen?

## Fünf kleine Kartenspiele

Der Zauberer und vier seiner begeisterten Fans sitzen zu fünft am Tisch. Der Zauberer bittet ums Wort.

– Ich möchte euch einen einfachen Trick vorführen und hoffe, dass ihr ihn innerhalb kurzer Zeit nachmachen könnt.

Er nahm fünf kleine Kartenspiele hervor; jedes Spiel bestand aus fünf Karten. Nun forderte er die vier Zuschauer auf, sich je ein Kartenspiel auszusuchen. Diese nahmen das ausgewählte Kartenspiel in die Hand und jeder merkte sich eine Karte aus seinem Spiel. Der Zauberer sammelte danach die fünf Kartenspiele wieder ein, zerteilte sie erneut in fünf kleine Spiele, die jeweils aus fünf Karten bestanden, und sagte:

– Ich zeige euch jetzt der Reihe nach die fünf Spiele, wobei ich jedes so ausbreite wie einen Fächer. Wer sieht, dass sich unter den gezeigten Karten auch diejenige befindet, die er sich gemerkt hat, der soll sich melden, und ich werde euch dann sagen, um welche Karte es sich gehandelt hat.

So geschah es. Sogar dann, wenn sich in einem der gezeigten Spiele die ausgewählten Karten zweier Fans befanden, konnte er jedem der beiden exakt sagen, welche Karte wem gehört.

Können wir diesen Trick nachmachen?

## Hinkende Division

Die Divisionsaufgabe neulich (10. Woche, *Der kleine Taugenichts*, S. 33) war toll, mir hat sie sofort gefallen – erzählt Karli – und ich habe mich gleich daran gemacht, selbst eine solche Aufgabe zu formulieren. Schließlich ist mir das auch gelungen, aber sie hätte mehrere Lösungen gehabt und deswegen muss ich außer der Abbildung noch einige Dinge verraten.

Zuerst wollen wir uns aber die Abbildung ansehen:

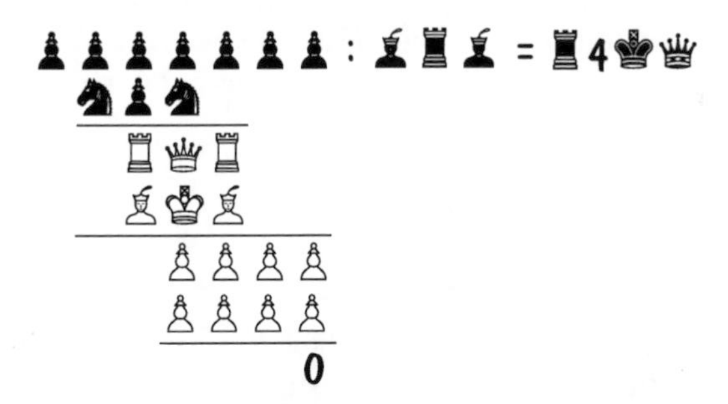


– Ich verrate euch also noch Folgendes: Teilt man den Divisor durch neun, dann erhält man sieben als Rest. Teilt man dagegen den Quotienten durch neun, dann ergibt sich drei als Rest. Und gleiche Schachfiguren bedeuten nicht unbedingt auch gleiche Ziffern.

Können wir nach diesen Angaben nun das Rätsel lösen, das sich Karli ausgedacht hat?

# 12. Woche

## Die Radtour I

Schorsch und Tommy, zwei gute Freunde, machten eine Radtour. Da sie aber das lange Schweigen satt hatten, beschlossen sie, sich die Zeit mit Spielen zu vertreiben, die man auch im Kopf spielen kann. Tommy schlug Folgendes vor:

– Schorsch, bestimmt kennst auch du das Spiel, das ich dir jetzt erklären möchte. Derjenige Spieler, der anfängt, sagt eine ganze Zahl zwischen 1 und 10 (das heißt, eine Zahl, die nicht kleiner als 1 und nicht größer als 10 ist). Danach addieren wir abwechselnd zu der von unserem Gegner genannten Zahl eine ganze Zahl zwischen eins und zehn und sagen die so erhaltene Summe als Antwort. Gewinner ist, wer als Erster die 100 erreicht.

– Ja, kenne ich, man hat mir sogar den Trick mal erklärt – antwortete Schorsch –, und deswegen hoffe ich, dass es mir bald wieder einfällt.

Es dauerte wirklich nicht lange, bis ihm das Geheimnis wieder einfiel.

Wie geht der Trick?

## Noch mehr eifersüchtige Ehemänner

Drei eifersüchtige Ehemänner möchten mit ihren Frauen in einem Kahn für zwei Personen über einen Fluss übersetzen. Keiner der Männer wagt es, seine Frau allein zu lassen, wenn auch ein anderer Mann zugegen ist.

Wie können sie die Überfahrt organisieren?

## Soldatenspiel – rührt euch!

Der kleine Junge spielt mit seinen Soldaten. Er stellt seine Soldaten der Reihe nach hin und achtet immer darauf, dass in jeder Reihe gleichviele Soldaten stehen und dass diese Reihen immer vollständig sind. Dabei bleiben jedoch immer einige Soldaten übrig.

Er beschwert sich bei seinem Papa, weil sich Folgendes herausgestellt hat: Wenn er die Soldaten in vier Reihen aufstellt, dann bleiben drei Soldaten übrig; wenn er sie aber in neun Reihen aufstellt, dann bleiben fünf Soldaten übrig. Anschließend fragte er den Vater, ob viele Soldaten übrig bleiben, wenn er versucht, sie in 36 Reihen aufzustellen.

Der Vater konnte die Frage jedoch nicht aus dem Stegreif beantworten.

Helfen wir ihm dabei!

# 13. Woche

## Großes Problem – Schachproblem

Ich wollte ausprobieren, auf wieviele Weisen ich auf einem Schachbrett zwei Türme unterschiedlicher Farbe so aufstellen kann, dass sie einander nicht schlagen können.

Ich habe zahlreiche Möglichkeiten ausprobiert und dabei gesehen, dass es sehr lange dauern würde, bis ich dem Problem auf den Grund gehe.

Die Leser sind vielleicht geschickter und können die möglichen Fälle einfacher zusammenzählen.

## Radtour II

Schorsch zerbrach sich den Kopf, wie er Tommy überlisten könnte. Seinerzeit (12. Woche, *Radtour I*, S. 36) waren sie nämlich draufgekommen, dass der Spieler, der beginnt, immer gewinnt, wenn er eine geeignete Strategie anwendet. Jetzt möchte Schorsch die Zehnerschranken der Anfangszahlen bzw. derjenigen Zahlen, die zu der vom Gegner genannten Zahl addiert werden müssen, so verringern, dass der beginnende Spieler verliert, wenn der andere richtig spielt. Damit das Spiel aber nicht zu lange dauert, möchte er keine Schranke festlegen, die kleiner als fünf ist.

Welche Zahl könnten wir Schorsch empfehlen?

## Mit Geduld und Zeit kommt man weit

Die Zahl 100 soll möglichst oft ausgedrückt werden, wobei aber nur die Ziffern

$$1, 2, 3, 4, 5, 6, 7, 8, 9$$

und die vier Grundrechenarten (Addition, Subtraktion, Multiplikation, Division) verwendet werden dürfen und jede Ziffer nur einmal auftreten darf, aber auch einmal auftreten muss.

Zwei Beispiele sind

$$100 = 97 + \frac{6}{4} + \frac{1}{2} + \frac{3+5}{8}$$
$$100 = 123 + 4 - 5 + 67 - 89 .$$

Wer hat die größere Geduld und schafft die meisten Darstellungen?

Wir können noch verraten, dass wir als Lösungen außer den obigen beiden Darstellungen noch weitere 33 Darstellungen der Zahl 100 finden konnten. Und das sind bestimmt noch nicht alle Darstellungen.

# 14. Woche

## Umgießen – nicht nach dem Gießkannenprinzip!

Wir haben ein 8-Liter-Gefäß, ein 5-Liter-Gefäß und ein 3-Liter-Gefäß. Das 8-Liter-Gefäß ist vollständig mit Wein gefüllt. Wie können wir den Wein in zwei gleiche Teile teilen, indem wir nur die drei Gefäße als Hilfsmittel verwenden?

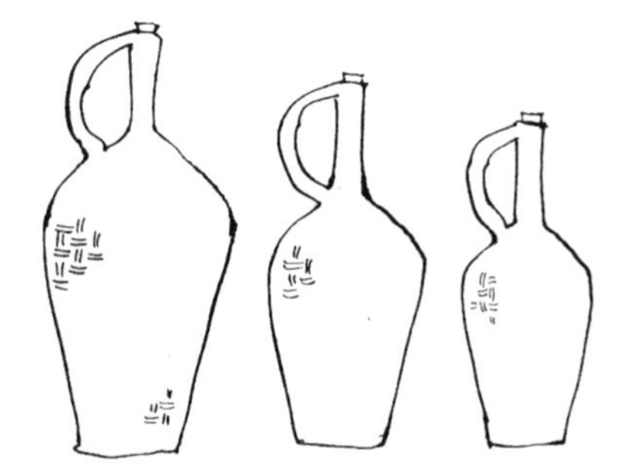

## Der Barbier

Ein Fremder kam in die Stadt und ließ sich mit dem Barbier des Hotels in ein Gespräch ein.

– Ist die Konkurrenz groß? – fragte er.

Der Barbier gab folgende Antwort:

– Oh nein, ganz und gar nicht. Außer mir gibt es überhaupt keinen Barbier in der Stadt. Ich rasiere alle diejenigen Männer, die sich nicht selbst rasieren. Aber mit Rücksicht auf meine Überbelastung rasiere ich keinen einzigen derjenigen Männer, die sich selbst rasieren.

Der Fremde sah den Barbier lachend an und sagte:

– In Ihren Worten steckt ein Widerspruch.

Der Barbier überlegte vergeblich, kam aber trotzdem nicht darauf, welcher Widerspruch in seinen Worten steckt.

Können wir ihm vielleicht helfen?

## Altendorf

Der Klügstenrat von Altendorf besteht aus neun Männern mit folgenden Namen:

Töpfer, Soldat, Schmied, Schlosser, Metzger, Schneider, Fuhrmann, Sattler und Kürschner.

Ihre Berufe sind:

*Töpfer, Soldat, Schmied, Schlosser, Metzger, Schneider, Fuhrmann, Sattler* und *Kürschner*.

Natürlich ist es nicht notwendig, dass jemand den Beruf ausübt, dessen Namen er trägt.

Hier sind einige Neuigkeiten und Gerüchte aus dem Dorf:

Der *Metzger* ist der Schwiegervater des *Soldaten*; Herr Metzger hat sich mit der einzigen Tochter des *Schlossers* verlobt, die bereits zwei Rivalen von Metzger abgewiesen hat, nämlich den *Schmied* und den *Töpfer*, die seitdem noch immer nicht verheiratet sind. Die Tochter von

Schneider ist eine hervorragende Tennispartnerin ihres Verlobten; der Junggeselle Töpfer hat für die Leitung des örtlichen Schachklubs dasjenige Mitglied des Klügstenrates gewonnen, dessen Name mit Töpfers Beruf zusammenfällt. Fuhrmann und sein Schwiegersohn spielen zusammen Lotto. Der *Töpfer* hat nur eine Schwester und keine weiteren Geschwister; diese Schwester ist die Ehefrau von Schmied. Der *Kürschner* und der *Schneider* haben ihr gemeinsames Geschäft auch auf verwandtschaftlichen Beziehungen aufgebaut: Sie haben jeweils die Schwester des anderen zur Frau genommen. Zwei Mitglieder des Klügstenrates haben Töchter, kein Mitglied hat einen Sohn und kein Mitglied hat mehr als eine Tochter. Der Name des *Kürschners* ist derselbe wie der Beruf desjenigen Mitglieds, dessen Name mit dem Beruf von Schneider identisch ist. Ferner ist der Name des *Schneiders* derselbe wie der Beruf desjenigen Mitglieds, dessen Name mit dem Beruf von Fuhrmann identisch ist.

Nun ist doch wohl klar, wer welchen Beruf ausübt! Oder etwa nicht? Denken wir darüber nach!

# 15. Woche

## Die Geschichte des Josephus Flavius

Im Jahr 66 vor unserer Zeitrechnung hatten die Römer die Stadt Jotapata erobert und die Juden mussten flüchten, obwohl sie die Stadt 47 Tage lang verteidigt hatten. Unter ihnen war auch der große Geschichtsschreiber Josephus Flavius, der zusammen mit seinen 40 Gefährten in einer Höhle zeitweilige Zuflucht fand. Sie alle beschlossen, lieber zu sterben, als den Römern in die Hände zu fallen. Josephus Flavius und einem seiner Freunde gefiel dieser Beschluss nicht, aber sie wagten nicht, sich offen zu widersetzen. Hinsichtlich der Todesart wurde der folgende Vorschlag des Geschichtsschreibers angenommen. Josephus Flavius stellte die 41 Menschen in einem großen Kreis auf und sagte: Jeder Dritte wird getötet, bis nur einer übrig bleibt, und der begeht dann Selbstmord. Josephus Flavius stellte seinen Freund und sich selbst so auf und begann die Zählung so, dass sie zu zweit als Letzte übrig blieben. Dadurch sind sie davongekommen.

An welche Stellen mussten sich Josephus Flavius und sein Freund stellen?

## Autoreise

Wir haben uns mit einem großen Personenkraftwagen auf eine lange Reise gemacht. Ein gesonderter Lastkraftwagen hat das Gepäck transportiert.

Da der Lkw langsamer fährt, haben wir ihn früher auf die Reise geschickt und besprochen, dass wir uns in Debrecen treffen. Der Pkw fuhr mit einer Geschwindigkeit von 66 km/h und wir sind um 6:53 Uhr in Debrecen angekommen. Der Lkw fuhr mit einer Geschwindigkeit von 42 km/h und ist trotz seines Vorsprungs erst um 7:11 Uhr eingetroffen.

Wieviele Kilometer vor Debrecen haben wir den Lastwagen überholt?

## Von der Wichtigkeit der direkten Rede

Ich hatte einen meiner Freunde gefragt, wie alt die Mitglieder seiner Familie sind. Er gab mir folgende Antwort:

– Mein Vater wird in sechs Jahren dreimal so alt sein wie ich war, als die Anzahl der Lebensjahre meines Vaters gleich der Summe meiner damaligen Lebensjahre und der damaligen Lebensjahre meiner jüngeren Schwester war. Ich bin jetzt genauso alt wie mein Vater damals war. In 19 Jahren wird mein Vater zweimal so alt sein, wie meine jüngere Schwester heute ist.

Wissen wir jetzt, wie alt die Familienmitglieder meines Freundes sind?

# 16. Woche

## Die Fliege

Abgets und Bremsten sind durch eine schnurgerade Straße von 120 km Länge miteinander verbunden. Zur gleichen Zeit, als ein Rennteam von Fahrradfahrern aus Abgets in Richtung Bremsten durchstartet, fahren einige Amateurradfahrer aus Bremsten in Richtung Abgets los. Das Rennteam fährt mit 25 km/h, die Amateure mit 15 km/h.

In dem Moment, in dem die Rennfahrer aus Abgets losfuhren, setzte sich eine Fliege von dieser Gruppe ab und flog mit einer Geschwindigkeit von 100 km/h so lange nach vorn, bis sie bei der entgegenkommenden Gruppe ankam. Nachdem sie dort angekommen war, wendete sie plötzlich und flog mit unverminderter Geschwindigkeit in Richtung der ersten Gruppe zurück. Auf diese Weise flog sie zwischen den beiden Gruppen hin und her und wurde auf tragische Weise zerquetscht, als die beiden Teams zusammenprallten.

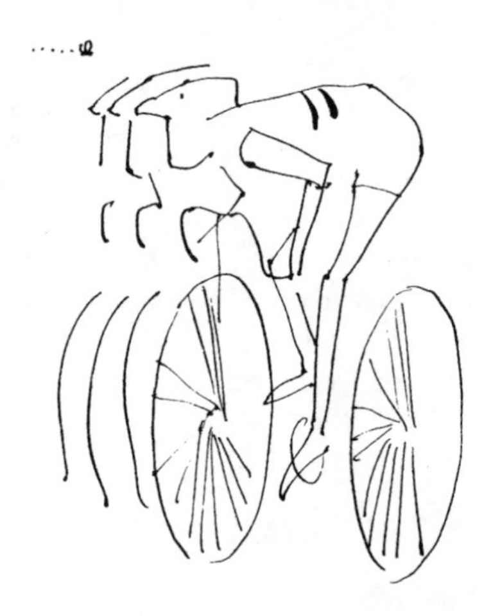

Wieviele Kilometer ist unsere heldenhafte Fliege ohne Zwischenhalt geflogen?

## Überraschender Trick

Ich nehme eine Uhr hervor und fordere meinen Partner auf, an eine Zahl zwischen 1 und 12 zu denken. Nun nehme ich einen Bleistift in die Hand und klopfe damit durcheinander auf verschiedene Zahlen des Zifferblattes. Dabei bitte ich meinen Partner, dass er bei jedem einzelnen Klopfen ab der gedachten Zahl um eins weiterzählen und sich laut melden soll, wenn er bei 20 angekommen ist. Er wird überrascht feststellen, dass ich dann gerade auf die gedachte Zahl geklopft habe.

Wie habe ich das gemacht?

## Preisfrage

An einem Mathematikwettbewerb haben 30 Schüler teilgenommen. Dabei mussten sie drei Aufgaben lösen. Ich erinnere mich an die folgenden Angaben aus der Lösungsstatistik der Aufgaben:

20 Schüler haben die erste Aufgabe gelöst.
16 Schüler haben die zweite Aufgabe gelöst.
10 Schüler haben die dritte Aufgabe gelöst.
11 Schüler haben die erste und die zweite Aufgabe gelöst.
7 Schüler haben die erste und die dritte Aufgabe gelöst.
5 Schüler haben die zweite und die dritte Aufgabe gelöst.
4 Schüler haben alle drei Aufgaben gelöst.

Ich möchte wissen, wieviele Schüler am Wettbewerb teilgenommen haben, die keine einzige Aufgabe gelöst haben.

Können wir das auf der Grundlage der obigen Angaben feststellen?

# 17. Woche

## Fahrradmotor

In einem Radfahrverein wird regelmäßig notiert, wie hoch die Gesamttagesleistung der Mitglieder in Kilometern ist. Der Verein wurde beauftragt, einen Motor auszuprobieren, der sich an die Fahrräder anmontieren lässt. Zunächst wurde der Motor bei 40 Fahrrädern anmontiert und dadurch erhöhte sich deren Gesamttagesleistung um 20%. Wird der Motor aber nicht nur bei diesen ersten 40 Fahrrädern, sondern bei insgesamt 60% der Vereinsfahrräder verwendet, dann schaffen es die Radfahrer, täglich das 2,5-fache der ursprünglichen Weglänge zurückzulegen.

Wieviele Sportler hat der Verein und um das Wievielfache erhöht sich die Gesamtzahl der zurückgelegten Kilometer, wenn der Motor an alle Fahrräder anmontiert wird?

## Der Neunte fällt raus

Eine Gesellschaft von 35 Personen möchte ein neues Gesellschaftsspiel spielen, für das jedoch nur 18 Teilnehmer erforderlich sind. Deswegen stellen sie sich in einem Kreis auf und beginnen ab eins zu zählen; auf wen die 9 oder ein Vielfaches von ihr fällt, darf nicht mitspielen. Das Verfahren wird so lange fortgesetzt, bis nur noch 18 Leute übrig sind.

Einer der Männer hat die Gesellschaft so geschickt in einem Kreis aufgestellt, dass gerade seine 17 Freunde und er im Spiel geblieben sind.

Wohin musste er seine 17 Freunde und sich selbst stellen?

## Effektvoller Kartentrick

Wir nehmen 27 Karten hervor und bitten jemanden, sich eine der 27 Karten zu merken. Danach mischen wir die Karten und legen sie dann in drei Stößen derart auf den Tisch, dass die erste Karte in den ersten Stoß, die zweite in den zweiten, die dritte in den dritten und die vierte Karte wieder in den ersten Stoß auf die erste Karte kommt und so weiter. Nach dem Auslegen der Karten bitten wir unseren Partner, der sich zu Beginn eine Karte gemerkt hatte, uns zu sagen, in welchem Stoß sich die gemerkte Karte befindet. Danach legen wir die drei Stöße so zusammen, dass der Stoß mit der gemerkten Karte in die Mitte kommt. Dieses Verfahren wiederholen wir noch zweimal, das heißt, wir legen die Karten wie oben beschrieben in drei Stößen auf den Tisch, bitten den Betreffenden, uns zu sagen, in welchem Stoß sich die gemerkte Karte befindet, und geben beim Zusammenlegen der Stöße den Stoß mit der gemerkten Karte beide Male in die Mitte.

Danach nehmen wir das ganze Kartenpaket in die Hand. Die gemerkte Karte ist – von oben gezählt – die 14. Karte.

Können wir erklären, warum das so ist?

# 18. Woche

## Woher wusste er es?

– Denk dir eine dreistellige Zahl so, dass sich die erste und die letzte Ziffer mindestens um zwei unterscheiden.

– Hab ich getan. (Sie hat sich 246 gedacht.)

– Dreh jetzt die Reihenfolge der Ziffern um und subtrahiere die kleinere Zahl von der größeren.

– Auch damit bin ich fertig. (Sie hat $642 - 246 = 396$ erhalten.)

– Dreh wieder die Reihenfolge der Ziffern um und addiere beide Zahlen.

– Ist ebenfalls erledigt. (Sie hat $396 + 693 = 1089$ bekommen.)

– Das Ergebnis ist 1089. Stimmt's?

– Ja. Woher hast du das gewusst?

## Wiegetrick I

Wir haben vier Schachteln, von denen drei ein und dasselbe Gewicht haben, die vierte aber ein anderes Gewicht hat. Wir haben aber auch drei andere Schachteln, die jeweils dasselbe Gewicht haben wie die drei gleichviel wiegenden Schachteln der erstgenannten vier Schachteln.

Wir sollen mit zwei Wägungen feststellen, welche der vier Schachteln ein von den anderen abweichendes Gewicht hat, und ob diese Schachtel schwerer oder leichter als die anderen ist. Beim Wiegen dürfen wir keine Gewichte verwenden und wir haben nur eine Balkenwaage zur Verfügung.

## Springer auf dem Schachbrett

Mit einem Springer sollen wir auf dem Schachbrett so ziehen, dass wir von der linken unteren Ecke in die rechte obere Ecke kommen und zwischendurch jedes Feld genau einmal berühren.

Ist diese Aufgabe lösbar?

# 19. Woche

## Handgeld

Wir bitten einen unserer Freunde, dass er in jede Hand Münzen nehmen soll – und zwar so, dass er in der einen Hand eine gerade Anzahl von Münzen und in der anderen eine ungerade Anzahl von Münzen hat. Nun fordern wir ihn auf, die Anzahl der in seiner linken Hand befindlichen Münzen mit einer beliebigen geraden Zahl zu multiplizieren, die Anzahl der in seiner rechten Hand befindlichen Münzen dagegen mit einer beliebigen ungeraden Zahl. Und schließlich soll er die so erhaltenen Zahlen addieren. Anhand der Summe können wir sofort sagen, in welcher Hand er die gerade Anzahl von Münzen hält und in welcher die ungerade Anzahl von Münzen.

Wie ist das möglich?

## Rohrmaterial als Rohmaterial

Herr Schmidt hat einen schönen großen Garten. Der Garten hat die Form eines Dreiecks und alle drei Seiten sind gleich lang. Eigentlich wäre er ja zufrieden, aber leider gibt es im Garten keinen Brunnen und allein hat Herr Schmidt nicht genug Geld, um einen Brunnen graben zu lassen.

Also verabredet er mit seinen drei Nachbarn, in seinem Garten einen elektrisch betriebenen Brunnen bauen zu lassen und das Wasser durch Rohre zu den drei Hähnen zu leiten, die an den Trennmauern

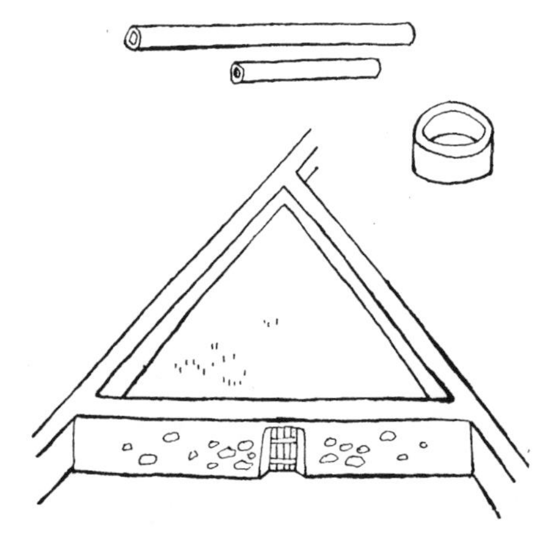

der Gärten installiert werden sollen. Auf diese Weise könnten sie den Brunnen zu viert nutzen.

Sie hatten bereits alle Einzelheiten besprochen, und nun zerbricht sich Herr Schmidt nur noch den Kopf darüber, wo der Brunnen gegraben werden soll, damit das Wasser mit möglichst wenig Rohrmaterial umgeleitet werden kann. Herrn Schmidts Frau gab den Rat, den Brunnen in einer Gartenecke graben zu lassen, da man dann nur eine einzige Rohrleitung benötige; ein Nachbar meinte dagegen, dass ein Brunnen in der Mitte des Gartens das Gescheiteste wäre, weil der Brunnen dann von den drei Mauern gleichweit entfernt sei.

Welchen Rat können wir Herrn Schmidt geben?

## Radtour III

– Ich habe eine ausgezeichnete Idee – sagte Tommy –, modifizieren wir das Spiel so, dass nicht der gewinnt, der die 100 erreicht, sondern dass gerade der verliert, der als Erster die 100 erreicht.

– Geht in Ordnung, aber zähl doch bitte nochmal die Voraussetzungen auf, da ich mich nicht mehr genau daran erinnere.

– Der Beginnende nennt ein ganze Zahl zwischen 1 und 10 (auch die 1 und die 10 dürfen genannt werden). Anschließend addieren wir abwechselnd zu der vom Gegner genannten Zahl eine ganze Zahl zwischen 1 und 10 (einschließlich 1 und 10) und sagen das Ergebnis als Antwort. Verlierer ist derjenige, der erzwungenermaßen 100 erreicht (genauer gesagt: mindestens 100). Ich fange auch gleich an – meinte Tommy und dachte bei sich, wie schön es ist, Erster zu sein.

Hatte Tommy Recht?

# 20. Woche

## Die Kannen – yes, we can!

Ich habe eine 7-Liter-Kanne und eine 13-Liter-Kanne, beide sind voll Wein. Ich möchte einem meiner Bekannten 10 Liter Wein ausschenken, habe aber nur eine leere 19-Liter-Kanne.

Kann ich mit dieser leeren Kanne 10 Liter Wein ausschenken?

## Drei Rätsel in drei Sprachen

Bei den folgenden drei Additionen sind Ziffern derart an die Stelle der Buchstaben zu schreiben, dass identischen Buchstaben identische Ziffern entsprechen und unterschiedlichen Buchstaben unterschiedliche Ziffern entsprechen. Zunächst ein deutschsprachiges Rätsel:

```
  J E D E R
+ L I E B T
-----------
B E R L I N
```

Das folgende englische Rätsel basiert auf dem Hilferuf SEND MORE MONEY:

```
   S E N D
 + M O R E
 ---------
 M O N E Y
```

Zur Abrundung noch ein ungarisches Rätsel, das aus einer Zeit stammt, in der am Internationalen Tag der Arbeit die Losung (nicht die Lösung)

ES LEBE DER ERSTE MAI! hinausposaunt wurde. Auf Ungarisch heißt das ÉLJEN MÁJUS ELSEJE!

$$
\begin{array}{r}
\text{É L J E N} \\
+\ \text{M Á J U S} \\
\hline
\text{E L S E J E}
\end{array}
$$

Da die Aufgabe in dieser Form mehrere Lösungen hätte, setzen wir zusätzlich auch noch voraus, dass in den beiden Summanden (das heißt in ÉLJEN und in MÁJUS) die Summe der Ziffern gleich groß ist.

## Schokokauf

Peter und Paul sowie ihre Freundinnen Theresa und Berta haben Schokolade gekauft. Nach dem Kauf stellte sich heraus, dass zufällig jeder im Durchschnitt für jede seiner Tafeln ein Vielfaches von 10 Forint bezahlen musste, wobei dieses Vielfache mit der Anzahl seiner gekauften Tafeln übereinstimmte. Darüber hinaus hat jedes Paar zusammen 650 Forint ausgegeben. Peter hat eine Tafel mehr gekauft als Theresa; Berta hat dagegen nur eine Tafel gekauft.

Wie heißt Bertas Freund?

# 21. Woche

## Blitzschnelle Addition

Mit dem folgenden Trick können wir großen Erfolg haben.

Wir fordern einen unserer Freunde auf, sich zwei Zahlen zu merken – der Einfachheit halber nach Möglichkeit zwei Zahlen, die kleiner als zehn sind. Anschließend soll er die beiden Zahlen untereinander schreiben, addieren und die so erhaltene Zahl als dritte niederschreiben. Danach soll er die zweite und die dritte Zahl addieren, wodurch sich die vierte Zahl ergibt. Er soll das Verfahren so lange fortsetzen, bis er die zehnte Zahl erreicht hat. Danach soll er den Zettel zwischen der fünften und der sechsten Zahl falten und mir die untere Hälfte des Papiers zeigen (auf der also die sechste bis zehnte der Zahlen stehen). Nach kurzem Nachdenken sage ich ihm die Summe der von ihm notierten zehn Zahlen und lasse ihn diese Summe aufschreiben. Danach sehe ich schmunzelnd zu, wie er die zehn Zahlen mühevoll addiert.

Ein Beispiel: Die Zahlen, die er sich gemerkt hat, waren 8 und 5. Somit erhält er der Reihe nach die folgenden Zahlen: 8, 5, 13, 18, 31, 49, 80, 129, 209, 338. Auf der unteren Hälfte des Zettels, den er mir zeigt, stehen die Zahlen 49, 80, 129, 209 und 338.

Dann sage ich ihm sofort, dass die Summe 880 beträgt.

Wer kann diesen Trick nachmachen?

## Noch viel mehr eifersüchtige Männer

Wir kennen bereits die Geschichte mit den eifersüchtigen Männern und dem Kahn für zwei Personen (7. Woche, *Eifersüchtige Ehemänner*, S. 29, und 10. Woche, *Noch mehr eifersüchtige Männer*, S. 36).

Am jetzigen Ausflug nehmen mehr als drei Ehepaare teil. Diese wissen, dass es vorher bereits zwei beziehungsweise drei Ehepaaren gelungen ist, überzusetzen. Deswegen hoffen sie, dass es ihnen ebenfalls gelingen wird.

Ist ihre Hoffnung berechtigt?

## Fußball

Vier Fußballmannschaften – Mainz 05, der FC Bayern, Werder und der HFC – haben an einem Sommerturnier teilgenommen, bei dem jedes Team einmal gegen jedes andere Team gespielt hat. Wie üblich, hat der Sieger einer Begegnung zwei Punkte bekommen, und für ein Unentschieden haben beide Mannschaften je einen Punkt erhalten.[4]

Mainz 05 ist mit 5 Punkten Turniersieger geworden, Werder hat 3 Punkte bekommen und der FC Bayern hat 1 Punkt erhalten. Insgesamt gab es 11 Tore, 5 davon hat Werder geschossen. Werder hat 2:1 gegen den FC Bayern gewonnen.

Wie lautete das Ergebnis der Begegnung Mainz 05 – FC Bayern?

# 22. Woche

## Primzahl

– Denk dir eine Primzahl größer als drei.

– Geschehen (11).

– Quadriere sie und addiere 17 dazu.

[4] Heute gibt es für einen Sieg 3 Punkte und für ein Unentschieden 1 Punkt.

– Geht klar (138).
– Teile sie durch zwölf und merke dir den Rest.
– Habe ich gemacht. ($138 = 11 \cdot 12 + 6$, das heißt, der Rest ist 6.)
– Der Rest ist sechs. Korrekt?
– Ja! Woher weißt du das?

## Radtour IV

– Ich habe es satt, immer nur Varianten ein und desselben Spiels zu spielen. Ich kenne ja schon alle Kniffe – regt sich Schorsch auf.

– In Ordnung – antwortet Tommy. – Wir werden ohnehin bald am Balaton[5] unser Lager aufschlagen, und dafür habe ich ein anderes Spiel in Reserve. Aber vorläufig erzähle ich dir noch ein Rätsel, das mit dem abgedroschenen Spiel zu tun hat.

– Wir ändern die Spielregeln dahingehend ab, dass ich eine Anfangszahl von 1 bis 10 sagen darf, beziehungsweise eine Zahl zu der von dir gesagten Zahl addieren darf, und du darfst mit einer Zahl zwischen 1 und $n$ dasselbe tun, wobei $n$ eine später passend zu wählende natürliche Zahl ist. Gewinner ist, wer zuerst 100 erreicht. Wir beginnen abwechselnd: einmal du und einmal ich. Meine Frage lautet: Wie groß darf $n$ sein, damit das Spiel gerecht ist?

Wird uns dieses Spiel viel Neues bieten?

## Grünes Kreuz

Der Direktor sucht einen Sekretär. Unter den vielen Bewerbern hat er drei intelligente junge Männer ausgewählt. Er lässt sie in sein Zimmer rufen und sagt zu ihnen:

– Sie sind alle drei intelligente junge Männer. Mit einer interessanten Logikaufgabe werde ich den Geeignetsten von Ihnen auswählen. Ich habe zwei kleine Kreidestücke in der Hand, ein grünes und ein weißes. Ich schalte das Licht aus und zeichne Ihnen dreien mit einem Kreidestück ein kleines Kreuz auf die Stirn. Nachdem das Licht wieder eingeschaltet ist, schauen Sie auf die Stirn der beiden anderen Kandidaten, und wenn jemand von Ihnen ein grünes Kreuz sieht, dann hebt er die Hand. In dem Augenblick jedoch, in dem jemand draufkommt, welche Farbe das Kreuz auf seiner eigenen Stirn hat, sagt er: „Ich weiß es.“ Wer zuerst sagt, dass er weiß, welche Farbe das Kreuz auf seiner eigenen Stirn hat und dazu auch eine überzeugende Erklärung abgeben kann, der wird mein Sekretär.

---

[5] Plattensee.

Als jeder die Anweisungen verstanden hatte, schaltete der Direktor das Licht aus und malte mit der grünen Kreide je ein Kreuz auf die Stirn aller drei Kandidaten. Nachdem das Licht wieder eingeschaltet war, meldeten sich alle drei gleichzeitig und nach ganz kurzer Zeit sagte einer von ihnen, Herr S. Harp Log Ik: „Ich weiß es."

– Prima – antwortete der Direktor –, und welche Farbe hat das Kreuz auf Ihrer Stirn?

– Es ist grün, Herr Direktor.

Woher wusste Herr S. Harp Log Ik, welche Farbe das Kreuz auf seiner Stirn hatte?

## 23. Woche

### Geld für Eis

Diese Geschichte hat sich im vorigen Jahrhundert abgespielt, als eine Kugel Eis noch 1 Forint gekostet hat.

Ich habe meinem Cousin von unserem Onkel erzählt, der ein sehr anständiger Mensch ist und den wir Kinder sehr gern haben, weil er uns immer Geld für Eis gibt.

Auch neulich waren wir zu viert bei ihm und er hat 19 Forint an uns verteilt. Zwar war das nicht ganz gerecht, aber trotzdem hat jeder so viel bekommen, dass es für Eis gereicht hat. Unser Onkel hat eine zweistellige Zahl auf ein Blatt Papier geschrieben und diese Zahl mit sich selbst multipliziert, so dass eine vierstellige Zahl herauskam. Der Kleinste von uns bekam so viel, wie die erste Ziffer angab, der Zweitkleinste so viel, wie die zweite Ziffer angab usw. (wir betrachten die Ziffern von links nach rechts). Die beiden größten Jungen erhielten den gleichen Betrag. Als Lieblingskind meines Onkels habe ich das meiste bekommen.

Wieviele Kugeln Eis konnte ich mir für mein Geld kaufen?

## Am Balaton I

Schorsch und Tommy sind am Balaton angekommen und haben dort ein Lager aufgeschlagen. Nun konnten sie sich die Zeit auch mit Spielen vertreiben, die man nicht im Kopf spielen muss.

Schorsch nimmt eine Schachtel Streichhölzer hervor.

– Man hat mir einmal folgendes Spiel erklärt – sagt Schorsch, und legte Streichhölzer in verschieden großen Haufen hin. – Die Regeln sind: Wir nehmen abwechselnd Streichhölzer weg. Bei einem „Zug" darf ein Spieler nur von *einem* Haufen Streichhölzer nehmen; er muss aber mindestens ein Streichholz nehmen, und wenn er möchte, dann kann er auch den ganzen Haufen nehmen. Verlierer ist, wer das letzte Streichholz nimmt.

Sie probierten das Spiel sofort aus. Für den Anfang reichte es ihnen, nur zwei Haufen zu bilden, die aus je drei Streichhölzern bestanden. Schorsch nahm von dem einen Haufen zwei Streichhölzer weg, Tommy entfernte das verbleibende Streichholz. Daraufhin nahm Schorsch freudestrahlend zwei Streichhölzer vom anderen Haufen weg

und somit sah sich Tommy gezwungen, das letzte Streichholz zu entfernen. Also hatte Tommy verloren.

Danach spielen sie ein neues Spiel. Wieder hat Schorsch die Streichhölzer verteilt: er hat mehrere Streichhölzer so ausgelegt, dass jeweils ein Streichholz einen Haufen für sich bildete und es nur einen einzigen Haufen mit mehreren Streichhölzern gab.

Was muss Tommy tun, damit Schorsch verliert?

## Der neidische Cousin

Es hat den Anschein, dass mich mein Cousin um das viele Geld beneidete, das ich für Eis bekommen hatte (vgl. 23. Woche, *Geld für Eis*, S. 52).

– Als ich bei unserem Onkel war, hat er etwas viel Interessanteres gemacht als das, was du erzählt hast. Er hat damals ebenfalls das Geld für das Eis so aufgeteilt, dass er eine Zahl genommen hat, diese mit sich selbst multipliziert hat und auf der Grundlage des Ergebnisses das uns zugedachte Geld verteilt hat. Dem Kleinsten gab er auch jetzt so viel Geld wie die erste Ziffer anzeigte – wobei er die Reihenfolge der Ziffern wieder von links nach rechts betrachtete. Danach erhielt das *der Größe nach* folgende Kind so viel Geld wie die zweite Ziffer anzeigte, und so weiter. Da ich der Größte war, bekam ich das Geld entsprechend der letzten Ziffer, aber jetzt ging es gerechter zu als damals, als du bei ihm gewesen bist. Die vier größten Kinder, zu denen auch ich gehörte, haben den gleichen Geldbetrag bekommen, und deswegen ist es auch zu keinem Streit gekommen.

Mein Cousin legte an dieser Stelle eine kleine Atempause ein. Ich nutzte die Gelegenheit und ergriff das Wort:

– Also, wenn das alles wirklich so war wie du erzählt hast, dann hast du dir vom Geld unseres Onkels ja gar kein Eis kaufen können.

Wie habe ich meine Meinung begründet?

# 24. Woche

## Ein Schiff wird kommen

Einige Kinder streiten sich am Flussufer. Auf dem Fluss fährt parallel zum Ufer ein Schiff. Die Kinder hätten gerne die Länge des Schiffes gemessen. Mehrere von ihnen meinten, dass das nicht gehen würde, da sie ja nicht wüssten, wie schnell der Fluss fließt. Tommy hat jedoch bereits mit der Arbeit begonnen. Er hat gemessen, dass die Schiffslänge 200 Schritte beträgt, wenn wir uns in die gleiche Richtung bewegen wie das Schiff. Gehen wir aber in die entgegengesetzte Richtung, dann fährt das Schiff in seiner ganzen Länge bereits nach 40 Schritten an uns vorbei.

Aufgrund dieser Messungen stellte er mühelos fest, wie lang das Schiff war.

Wie lässt sich die Schiffslänge berechnen?

## Am Balaton II

Tommy hat die Streichhölzer in kleinen Haufen ausgelegt: in einem Einerhaufen, einem Zweierhaufen und in einem Dreierhaufen. (Vgl. 23. Woche, Bedingungen des Rätsels *Am Balaton I*, S. 53.)

Schorsch beginnt.

Wer hat eine Gewinnstrategie?

## Zu Gast

Ein Lehrerehepaar hat als Gäste ein Arztehepaar und ein Ingenieurehepaar zum Essen eingeladen. Die blonde Frau ist in der Küche beschäftigt, ihr Mann bringt den Schachtisch in Ordnung. Es klingelt. Der Hausherr bittet zwei braunhaarige und zwei schwarzhaarige Gäste hinein. Nach einigen Minuten befassen sich Stefan, Thomas und Paul mit Schachaufgaben, während Dora, Ella und Petra tratschen.

Wir bitten wegen der Störung um Entschuldigung und richten einige Fragen an die Anwesenden.

Wir fragen

(1) Paul, welche Haarfarbe seine Frau hat (Antwort: braun);

(2) den Ingenieur, welchen Vornamen Doras Mann hat (Antwort: Thomas);

(3) Petra, ob es in der Gesellschaft zwei Frauen mit gleicher Haarfarbe gibt (ja);

(4) den Lehrer, wer seine Frau ist (Antwort: Petra);

(5) ein schwarzhaariges Mitglied der Gesellschaft nach dem Beruf des Ehepartners (Antwort: Arzt).

Wir verabschieden uns von allen und ein rothaariges Mitglied der Gesellschaft begleitet uns hinaus.

Leider wird der Wert der Antworten dadurch ziemlich beeinträchtigt, dass das Arztehepaar und ein weiteres Mitglied der Gesellschaft an diesem Abend aus Spaß nie die Wahrheit gesagt haben. Da wir aber wissen, dass die anderen immer die Wahrheit gesagt haben, können wir dennoch feststellen, wer welchen Beruf hat, wer welche Haarfarbe hat und wie die Namen der Ehepartner lauten.

# 25. Woche

## Neben-Unter

Das *Neben-Unter*-Spiel geht folgendermaßen: Wir nehmen einen Stoß Karten in die Hand. Danach legen wir die oberste Karte auf den Tisch, die zweite ganz nach unten in den Stoß, die dritte wieder auf den Tisch, die nächste wieder nach unten in den Stoß und so weiter, bis wir keine Karte mehr in der Hand haben. Einer meiner Freunde hat neulich den Trick vorgeführt, wobei von den 13 Karten, die er in der Hand hielt, die auf den Tisch nebeneinander gelegten Karten die nachstehende Reihenfolge hatten: Ass, König, Dame, Bube, 10, 9, 8, 7, 6, 5, 4, 3, 2.

Was war die ursprüngliche Reihenfolge?

## Ökonomie-Lektion

Eine alte englische Geschichte aus der Zeit, als noch der Schilling zum Wechselgeld des Pfundes gehörte (20 Schilling waren 1 Pfund):

Also – sagte der Transportleiter zu seinem Stellvertreter –, wie Sie wissen, müssen wir diese Lieferung 1000 Meilen weit transportieren. Was wird das kosten?

– Das hängt sehr von der Liefergeschwindigkeit ab – lautete die Antwort.

Der Grundpreis pro Meile ist 1 Pfund, der Zuschlag beträgt für jede über 10 liegende Meile pro Stunde einen Schilling, natürlich ebenfalls pro Meile. Wenn wir also zum Beispiel mit 20 Meilen pro Stunde fahren, dann müssen wir 1 Pfund und 10 Schilling für jede Meile Weg zahlen.

– Dann ist es also am besten, wenn wir mit 10 Meilen pro Stunde fahren?

– Nicht ganz. Sie vergessen, dass wir, solange die Lieferung dauert, für jede über 20 Stunden Lieferzeit liegende Stunde 25 Pfund Bußgeld zahlen müssen.

Was ist die wirtschaftlichste Liefergeschwindigkeit?

## Autorennen

Von Cambridge nach Northy führt eine serpentinenförmige Autostraße. Die erste Meile des Weges führt auf einer schwierigen Bergstraße hinauf auf den Gipfel des hohen Berges, an dessen Fuß Northy liegt; auf der zweiten Meile schlängelt sich die Straße nach Northy hinab. Ein berühmter Autorennfahrer ließ sich darauf ein, trotz des außerordentlich schweren Geländes mit einer Durchschnittsgeschwindigkeit von 30 Meilen pro Stunde von Cambridge nach Northy zu fahren. Beobachter auf dem Berggipfel stellten fest, dass er auf dem Weg nach oben nur mit einer Geschwindigkeit von 15 Meilen pro Stunde fahren konnte. Dennoch kam er mit einer Verspätung von nur wenigen Sekunden in der Stadt Northy an. Am nächsten Tag wurde er beerdigt.

Wie ist er gestorben?

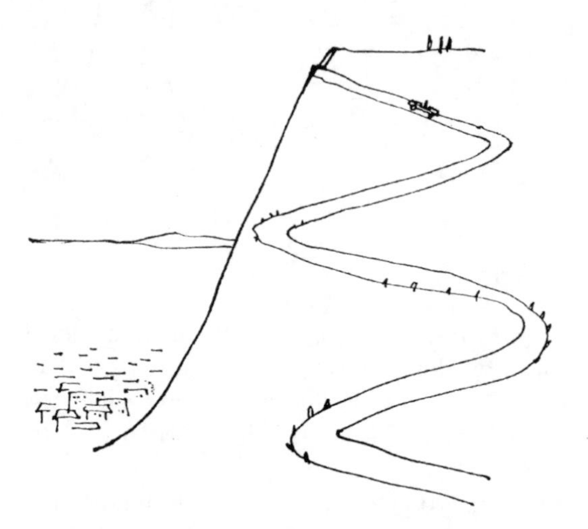

# 26. Woche

## Der Onkel prüft

Der Onkel unterhält sich mit seinem Neffen:

– Thilo, kannst du mir sagen, wieviele Gleichungen ich im Allgemeinen vorgeben muss, damit du sechs Unbekannte finden kannst?

– Sechs.

– Also, ich werde dir jetzt nur fünf Gleichungen geben und hoffe, dass du die Aufgabe trotzdem löst.

– Sechs Gruppen von Arbeitern arbeiten in der Fabrik unter meiner Anleitung. Ich habe die Anzahl der Arbeiter jeder einzelnen Gruppe mit der Gesamtzahl der Arbeiter der jeweils anderen Gruppen multipliziert und auf diese Weise sechs Zahlen erhalten. Von diesen sechs Zahlen verrate ich dir aber nur fünf, und du sollst anhand dieser Zahlen herausbekommen, wieviele Arbeiter in jeder Gruppe sind. Die fünf Zahlen sind 1000, 825, 549, 325 und 264.

– Also das ist ja wirklich keine schwere Aufgabe und ich werde sie sofort lösen. Natürlich ist klar, dass weniger Gleichungen gelöst werden müssen als es Unbekannte gibt, denn aus der Natur der Aufgabe folgt, dass die Unbekannten nur positive ganze Zahlen sein können.

Wenn Thilo die Lösung der Aufgabe für so leicht hält, dann verursacht sie hoffentlich auch uns keine Schwierigkeiten.

## Der Neffe schlägt zurück

– Ob du es glaubst oder nicht, aber ich habe das Rätsel bereits gelöst – sagte der Neffe nach kurzer Zeit –, und ich habe eine interessante Bemerkung (vgl. vorhergehendes Rätsel, *Der Onkel prüft*, S. 58). Wenn du nur gefragt hättest, wieviele Arbeiter unter deiner Anleitung arbeiten, dann hätten zwei der vorgegebenen Zahlen gereicht, zum Beispiel 1000 und 264.

– Das ist ja fast unglaublich – sagte der Onkel verwundert –, warum ist das so?

Wir wollen dem Onkel helfen, damit ihm jede weitere Schmach vor seinem Neffen erspart bleibt.

## Der Irrtum der Schaufensterdekorateurin

Meine Freundin Judith ist Schaufensterdekorateurin. Sie hat mir folgende Geschichte erzählt:

Sie setzt die auf kleine Kartonblätter geschriebenen Zahlen im Schaufenster zu Preisen zusammen. Bei einer Gelegenheit hatte sie gerade vier dieser Kärtchen neben einen Hut gestellt, als der Geschäftsleiter sie darauf aufmerksam machte, dass sie einen falschen Preis angegeben habe, und dass der tatsächliche Preis ein Vielfaches des angegebenen Preises sei. Der Fehler ließ sich jedoch leicht beheben, da sie nur die Reihenfolge der Kartonblätter umkehren musste.

Können wir sagen, wieviel der Hut kostete, wenn ich auch noch verrate, dass der ursprünglich angegebene Preis und der tatsächliche Preis beides Quadratzahlen sind?

# 27. Woche

## Am Balaton III

Mehrmals nacheinander hatten Tommy und Schorsch immer solche Partien gespielt, bei denen es zwei Haufen Streichhölzer gab. Bald gingen sie jedoch zu mehr als zwei Haufen über. Sie waren nämlich auf Folgendes gekommen: Ist die Gesamtzahl der Streichhölzer größer als 2 und befinden sich in den beiden Haufen gleichviele Streichhölzer, dann verliert im Falle einer richtigen Spielweise immer der Beginnende; andernfalls gewinnt im Falle einer richtigen Spielweise immer der Beginnende. (Vgl. 23. Woche, Bedingungen im Rätsel *Am Balaton I*, S. 53.)

Welches ist die richtige Spielweise des Gewinners?

## Farbige Würfel

Im Mathematiklager bemalten die Kinder Würfel mit sechs verschiedenen Farben. Dabei gingen sie so vor, dass sie die einzelnen Flächen von 1 bis 6 derart durchnummerierten, dass sich die Zahlenpaare 1 und 6, 2 und 5, sowie 3 und 4 jeweils auf gegenüberliegenden Würfelflächen befinden. Danach bemalten sie die sechs Flächen mit sechs Farben; demnach erhielt jede Würfelfläche eine andere Farbe. (Alle Kinder verwendeten die gleichen sechs Farben.)

Jedes Kind bemalte 20 Würfel und unter den fertig bemalten Würfeln gab es keine, die in Bezug auf ihre Färbung und Nummerierung gleich waren.

Was lässt sich über die Anzahl der Kinder im Lager sagen?

## Franziskas Lehrer

In einer Klasse werden die Fächer Mathematik, Physik, Chemie, Biologie, Englisch und Geschichte von insgesamt drei Lehrern unterrichtet.

Die Lehrer sind Frau Anger, Herr Kallwitz und Frau Engler.[6]

(1) Jeder Lehrer unterrichtet genau zwei Fächer.

(2) Frau Anger ist der jüngste der drei Lehrer.

(3) Der Mathematiklehrer und Frau Engler gehen immer zusammen ins Schwimmbad.

(4) Der Chemielehrer wohnt im gleichen Haus wie der Mathematiklehrer.

(5) Der Physiklehrer ist jünger als Herr Kallwitz, der Biologielehrer ist dagegen jünger als der Physiklehrer.

(6) Der älteste der drei Lehrer wohnt der Schule am nächsten.

Kann man herausfinden, wer welche Fächer unterrichtet?

# 28. Woche

## Gekritzel

– Du hast ja schon wieder die Rückseite dieses wichtigen Briefes bekritzelt.

– Nicht böse sein, Papa, aber seitdem ich mich mit dem Rätsel beschäftigt habe, wie man ein Häuschen ohne Hochheben des Bleistifts

[6] Wir bezeichnen hier auch die Frauen als *Lehrer*. Bei der Verwendung des Begriffes *Lehrerin* würde die Formulierung des Rätsels zu kompliziert werden.

so zeichnen kann, dass man keine Linie zweimal durchläuft (3. Woche, *Das Haus des Nikolaus*, S. 22), zeichne ich dauernd solche Figuren, die ich mit einem einzigen Bleistiftstrich ohne Unterbrechung ziehen kann.

– Und das hier soll auch eine solche Figur sein?

– Ja.

– Na dann zeig mir mal, wie man diese Figur mit einem einzigen Bleistiftstrich zeichnen kann!

Obwohl es der Vater mehrmals probierte, gelang es ihm nicht. Vielleicht haben wir mehr Glück?

## Randolinis Kartentrick

Randolini, der berühmte Zauberkünstler, hatte mit folgendem Kartentrick immer großen Erfolg: Er gab einem Zuschauer einen Stoß Karten. Danach drehte er sich um, so dass er mit dem Rücken zum besagten Zuschauer stand, und bat diesen, die folgenden Tätigkeiten durchzuführen:

(1) Als Erstes möge der Zuschauer beliebig oft abheben (das bedeutet, dass der Stoß durch Abheben einiger der oben liegenden Karten des Stoßes in zwei Teile zerlegt wird, und danach die abgehobenen Karten in unveränderter Reihenfolge auf die Unterseite des Stoßes gelegt werden. Die Zerlegung des Stoßes muss so erfolgen, dass sich sowohl im oberen als auch im unteren Teil mehr als eine Karte befindet).

(2) Er möge einen Teil des Stoßes nehmen und neben den verbliebenen Kartenstoß legen.

(3) Er möge den einen Kartenstoß hochheben und die unterste Karte in den anderen Stoß geben.

(4) Im Endergebnis gibt es also zwei Kartenstöße. Der Zuschauer möge einen der Stöße mischen und Randolini übergeben.

Randolini wollte noch nicht einmal wissen, welchen Stoß er bekam – denjenigen Stoß, dem der Zuschauer eine Karte entnommen hatte, oder denjenigen Stoß, dem er eine Karte hinzugefügt hatte.

Randolini nahm den Teil des Kartenstoßes in die Hand, den er zurückbekommen hatte. Er dachte etwas nach, betrachtete die Karten und gab danach die Karte an, die von dem einen Stoß in den anderen gelangt war. Und falls sich diese Karte in dem Stoß befand, den Randolini in der Hand hielt, dann zeigte er diese Karte zur großen Verwunderung des Publikums.

Wie funktioniert Randolinis Trick?

## Ferien

Ich habe fünf gute Freunde mit den Familiennamen Bonner, Nürnberger, Leipziger, Hamburger und Berliner. Jeder meiner fünf Freunde wohnt in einer Stadt, die einem dieser Namen entspricht, aber keiner wohnt in derjenigen Stadt, die seinem eigenen Namen entspricht.

In diesem Jahr hat jeder in einer dieser Städte auch seinen Urlaub verbracht. Wir wissen noch, dass keine zwei meiner Freunde in ein und derselben Stadt wohnen, dass keine zwei von ihnen in ein und dieselbe Stadt in den Urlaub gefahren sind, keiner in die seinem eigenen Namen entsprechende Stadt in den Urlaub gefahren ist, und keiner seinen Urlaub an seinem eigenen Wohnort verbracht hat.

Ich habe den Briefen meiner Freunde noch einige andere Dinge entnommen:

Hamburger ist nach Berlin gefahren. Nürnberger hat seinen Urlaub in derjenigen Stadt verbracht, die dem Namen meines in Berlin wohnenden Freundes entspricht; mein in Bonn wohnender Freund hat seinen Urlaub in Hamburg verbracht, mein in Berlin wohnender Freund dagegen in derjenigen Stadt, die dem Namen meines in Bonn wohnenden Freundes entspricht.

Wer ist nach Nürnberg gefahren? Lässt sich exakt feststellen, wo mein Freund Berliner wohnt?

# 29. Woche

## Typischer Mathematiker

Augustus De Morgan, der große englische Mathematiker des 19. Jahrhunderts, gab einmal folgende Antwort, als er nach seinem Alter gefragt wurde: Ich wurde in diesem Jahrhundert geboren und war in der glücklichen Lage, dass ich im Jahr $x^2$ gerade $x$ Jahre alt war.

In welchem Jahr wurde De Morgan geboren?

## Wiegetrick II

Ein weiterer interessanter Fall (den ersten Fall hatten wir in der 18. Woche auf S. 45 als *Wiegetrick I* kennengelernt) ist folgender: von den neun Schachteln haben acht ein und dasselbe Gewicht, und nur eine Schachtel ist etwas leichter als die anderen.

Mit wievielen Wägungen können wir mit Hilfe einer Balkenwaage die leichtere Schachtel auswählen?

## Am Balaton IV

In fleißiger Arbeit haben Schorsch und Tommy für sich eine gute Strategie ausgewählt. Lassen wir diesbezüglich Tommy zu Wort kommen:

– Wir schreiben die Anzahl der in den einzelnen Haufen liegenden Streichhölzer im Binärsystem auf. Die so erhaltenen Zahlen schreiben wir untereinander und addieren sie spaltenweise. Wir addieren sie also nicht so, als ob es sich um eine Addition im Binärsystem handelt, sondern betrachten jede Spalte gesondert für sich und schreiben die Summe (spaltenweise) im Dezimalsystem auf.

Dann haben wir eine Gewinnsituation vor uns, wenn wir in jeder Spalte eine gerade Zahl erhalten und unser Gegner am Zug ist. Steht in irgendeiner Spalte eine ungerade Zahl und sind wir an der Reihe, dann müssen wir so ziehen, dass wir in der dann entstandenen Situation in jeder Spalte eine gerade Zahl erhalten und dadurch für uns eine Gewinnsituation entsteht. Auf diese Weise spielen wir so lange weiter, bis der Fall eintritt, dass wir nicht zum Zug kommen. Dann befindet sich mit einer Ausnahme bereits auf jedem Haufen ein Streichholz (23. Woche, *Am Balaton I*, S. 53).

Wir wissen bereits, dass wir den Haufen, der aus mehreren Streichhölzern besteht, so „dezimieren" müssen, dass die Anzahl der einelementigen Haufen (andere gibt es nicht mehr) ungerade bleibt; wir müssen also den ganzen Haufen wegnehmen oder nur ein Streichholz übrig lassen.

Probieren Sie diese Gewinnstrategie an den bisherigen Beispielen aus! Betrachten Sie auch ein neues Beispiel, in dem sich ein Sechserhaufen, zwei Fünferhaufen und ein Dreierhaufen von Streichhölzern befinden.

# 30. Woche

## Kartenpuzzles

Auf wieviele verschiedene Weisen lässt sich das Wort KARTENPUZZLES aus der folgenden Abbildung ablesen? (Dabei ist es wichtig, sich an die nachfolgende Definition des Ablesens zu halten.)

Das Ablesen soll fortlaufend so erfolgen, dass wir mit dem Buchstaben K beginnen und dann immer schräg nach unten nach links oder rechts gehen, bis wir zu dem ganz unten stehenden Buchstaben S kommen.

## Haargenaue Frage – keine Haarspalterei!

Gibt es in Budapest zwei Menschen mit exakt der gleichen Anzahl von Haaren auf dem Kopf? Ist es möglich, dass es auch mehrere solche Menschen gibt? Wenn ja, mindestens wieviele solche gibt es dann? (Man verwende dabei, dass ein Mensch höchstens 250 000 Haare auf dem Kopf hat, und dass Budapest ca. 1 700 000 Einwohner hat.)

## Spielzeugsoldaten – stillgestanden!

Klein-Robert spielt mit seinen Soldaten. Er stellt sie schön ordentlich so auf, dass in jeder Reihe ein und dieselbe Anzahl von Soldaten steht. Danach geht er zu seinem Vater und erzählt ihm, was er gemacht hat.

– Ich habe gespielt, dass fünf meiner Soldaten krank sind, und die übrigen habe ich in 24 Reihen aufgestellt. Dann waren alle wieder gesund und ich habe 16 Soldaten losgeschickt, damit sie sich im angrenzenden Wald umschauen, ob dort der Feind steht. Während dieser Zeit habe ich für die anderen Appell geblasen und sie haben sich daraufhin in 15 Reihen aufgestellt.

– Na, na, Robert, du hast hier einen kleinen Fehler gemacht. So, wie du es erzählt hast, können die Reihen nicht gleichmäßig lang gewesen sein.

Warum nicht?

# 31. Woche

## Würfelfrage

Ich habe einen Bekannten gebeten, dass er – während ich ihm den Rücken zudrehe – drei Spielwürfel werfen solle, einen roten, einen blauen und einen grünen. Dabei soll er sich auch in Bezug auf die Farbe merken, wie die Würfel gefallen sind.

Danach möge er die vom roten Würfel gezeigte Zahl mit 2 multiplizieren, zum Ergebnis 5 addieren und dann die so erhaltene Zahl mit 5 multiplizieren. Hierzu addiere er weiter die vom blauen Würfel gezeigte Zahl, multipliziere das Ergebnis mit 10, addiere zur so erhaltenen Zahl die vom grünen Würfel gezeigte Zahl und sage mir das Endergebnis.

Bei einer Gelegenheit kam zum Beispiel 484 als Endergebnis heraus. Daraufhin habe ich ihm geantwortet, dass die drei geworfenen Zahlen (in der Reihenfolge rot, blau, grün) 2, 3 und 4 waren.

Wie kann man das herausbekommen?

## Gesellschaftsfrage

In einer Gesellschaft zählen wir, wer wieviele Leute kennt. (Es handelt sich um eine Gesellschaft, in der nicht unbedingt jeder jeden kennt.) Dabei betrachten wir niemanden als Bekannten von sich selbst, setzen aber voraus, dass die Bekanntschaften wechselseitig sind, das heißt, wenn ein Anwesender einen anderen Anwesenden kennt, dann kennt der letztere auch den ersteren. Wir finden heraus, dass die Anzahl derjenigen Anwesenden gerade ist, die eine ungeradzahlige Anzahl von Anwesenden kennen.

Ist das in jeder Gesellschaft so?

## Der erste und der letzte Tag des Jahres

Im Jahr 2007 fielen der 1. Januar und der 31. Dezember auf einen Montag. In welchen Jahren gilt allgemein, dass der 1. Januar und der 31. Dezember auf ein und denselben Wochentag fallen?

# 32. Woche

## Bridgepartie

An einem Winterabend spielen die Herren Nord, Ost, Süd und West Bridge. Der Bridge-Tisch steht so, dass die Spieler nordwärts, ostwärts, südwärts bzw. westwärts sitzen (das ist auf der Abbildung durch die auf den Tisch geschriebenen Buchstaben N, O, S und W gekennzeichnet).

Die Spieler ziehen nach jedem Robber[7] neu, und mit diesem Zug entscheiden sie, auf welcher Seite des Tisches sie spielen und mit wem sie zusammen ein Paar bilden (die Paare sitzen einander gegenüber und spielen zusammen gegen das jeweils andere Paar). An diesem

[7] Ein Robber ist im Bridge ein aus mehreren Partien bestehender Wettkampf, der bei Erreichen einer gegebenen Punktzahl beendet wird.

Abend saß bei keinem einzigen Robber jemand auf derjenigen Seite des Tisches, die in diejenige Richtung zeigt, die durch den Namen des betreffenden Spieler angegeben wird; bei unterschiedlichen Robbern war die Sitzordnung der Spieler unterschiedlich und Herr West gehörte bei jedem Robber zum Siegerpaar.

Können wir sagen, wieviele Robber Herr Nord höchstens gewonnen hat?

## Noch einmal Neben-Unter

Ich habe Gabor das *Neben-Unter-Spiel* (25. Woche, *Neben-Unter*, S. 56) erzählt, und es hat ihm so sehr gefallen, dass er eine ganze Menge Reihenfolgen herausfand und die auszulegenden Kartenstöße dementsprechend zusammensetzte. So hat er zum Beispiel einen riesigen Stoß von 971 Karten zusammengestellt und die Karten der Reihe nach von 1 bis 971 durchnummeriert.

Er zeigte den neuen Kartenstoß seiner Schwester und sagte ihr, dass die Karten von 1 bis 971 durchnummeriert seien und die Karte der Nummer 971 zuunterst liege. Danach begann er, die Karten mit Hilfe der *Neben-Unter-Methode* auszulegen. Beim Auslegen der Karten fragte er seine Schwester:

– Was meinst du, welche Karte als letzte in meiner Hand bleibt? Danach fragte er weiter: – Weißt du, als wievielte Karte die Karte Nr. 228 auf den Tisch kommt? Und welche Karte gebe ich als 634. Karte aus der Hand?

Wie hat Gabors Schwester die Fragen beantwortet?

## Wiegetrick III

Wir haben zwölf Schachteln und wissen, dass elf von ihnen das gleiche Gewicht haben. Mit drei Wägungen soll entschieden werden, welche der Schachteln das abweichende Gewicht hat, und ob sie leichter oder schwerer als die übrigen ist.

# 33. Woche

## Der Spion, der um die Ecke kam

Die nachstehende Karte zeigt die Bürogebäude einer gigantischen Fabrikanlage.

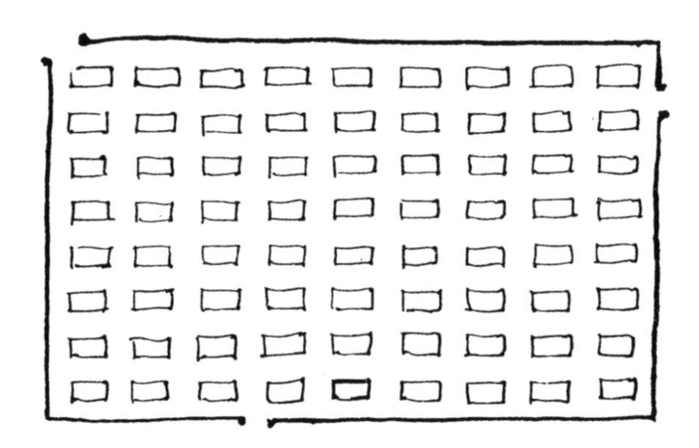

Aus Sicherheitsgründen ist um die Anlage herum eine hohe Mauer errichtet worden, die insgesamt drei Tore hat, wie man auch auf der Karte gut erkennen kann.

Es stellte sich jedoch heraus, dass in der Fabrikanlage auch ein Spion arbeitete, der von Zeit zu Zeit wichtige Informationen hinausschmuggelte. Es bestand keine große Hoffnung, den Spion zu enttarnen, da er sehr geschickt arbeitete. Einmal hatte der Spion jedoch einen verhängnisvollen Fehler begangen und die Nachricht, die er seinem Verbindungsmann schickte, wurde abgefangen.

In der Nachricht stand folgender Text:

> Wir treffen uns jeden Dienstag an der Ecke neben meinem Bürohaus. Komm durch das Tor herein, das sich in der linken oberen Ecke der Karte befindet. Damit es nicht auffällt, dass du oft zu Besuch kommst, geh bitte jedes Mal einen anderen Weg entlang. Das ist ohne weiteres möglich, da du 715 verschiedene Wege zur Verfügung hast.

Natürlich konnte vorausgesetzt werden, dass der Besucher keine Umwege macht. Unter dieser Voraussetzung gelang es schnell, den geheimen Treffpunkt zu finden und den Spion zu ergreifen.

Welche Ecke war der Treffpunkt?

## Der Großvater und sein Enkel

Eine alte Geschichte erzählt von jemandem, der 1932 genauso alt war, wie die aus den letzten beiden Ziffern der Jahreszahl seiner Geburt gebildete Zahl. Das Interessante an der Sache war, dass der Großvater des Betreffenden gleichzeitig genau dasselbe von sich sagen konnte.

Wie ist das möglich?

## Letztmalig über eifersüchtige Männer

Fünf eifersüchtige Männer kamen mit ihren Ehefrauen an einen Fluss und wollten übersetzen. Ihnen waren die früheren Aufgaben (7. Woche, *Eifersüchtige Männer*, S. 29, 12. Woche, *Noch mehr eifersüchtige Männer*, S. 36, und 21. Woche, *Noch viel mehr eifersüchtige Männer*, S. 50) bekannt. Diesmal stand ihnen ein Kahn für drei Personen zur Verfügung, mit dem sie den Fluss überquerten.

Wie haben sie das gemacht?

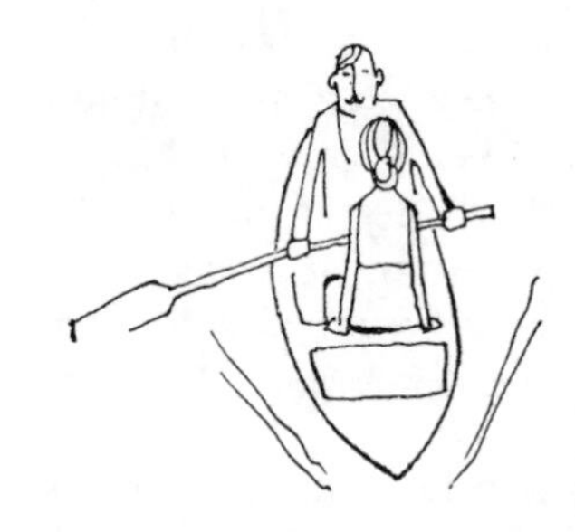

# 34. Woche

## Noch einmal: Springer auf dem Schachbrett

In der Lösung von *Springer auf dem Schachbrett* (18. Woche, S. 46 und S. 163) haben wir erfahren, dass wir auf dem Schachbrett nicht mit einer ungeraden Anzahl von Zügen derart von der linken unteren Ecke in die rechte obere Ecke gelangen können, dass wir bei jedem Zug auf ein andersfarbiges Feld ziehen. Deswegen ist es nicht möglich, auf dem Schachbrett mit einem Springer so zu ziehen, dass wir in der linken unteren Ecke anfangen, auf jedes Feld genau einmal ziehen und in die rechte obere Ecke gelangen.

Nun wollen wir versuchen, mit dem Springer so auf dem Schachbrett zu ziehen, dass wir auf jedes Feld genau einmal kommen. (Wir lassen die Bedingung weg, dass wir in der linken unteren Ecke anfangen und in der rechten oberen Ecke ankommen.)

## Kartenschlacht

Andreas, Bert, Christian und Daniel spielen zu viert Karten. Nach der ersten Runde haben Andreas, Bert und Christian doppelt so viel Geld wie sie zu Spielbeginn hatten. In der zweiten Runde verdoppelten Andreas, Bert und Daniel ihr Geld, in der dritten Runde verliert Bert so viel, dass sich das Geld von Andreas, Christian und Daniel verdoppelt, und in der vierten Runde verliert Andreas so viel, dass sich das Geld von Bert, Christian und Daniel verdoppelt. Nach der vierten Runde hat jeder von ihnen 64 Forint.

Wieviel Geld hatte jeder von ihnen zu Spielbeginn?

## Rechenreste

In einer meiner Schreibtischladen fanden wir ein verwaschenes Blatt Papier, auf dem einmal eine Divisionsaufgabe gestanden hat. Die untenstehenden Ziffern konnten wir mit Sicherheit ablesen (die unlesbaren Ziffern sind durch die kleinen Striche gekennzeichnet):

```
1____5_ : ___ = 5__3
_ _9_
-----
   ___
   __6
   ---
   ____
   ____
   ----
    __3_
    ____
    ----
       0
```

Wie lautete die Divisionsaufgabe?

# 35. Woche

## Zettelwirtschaft

Wir schreiben die Zahlen von 1 bis 10 auf zehn Zettel und geben die Zettel in einen Hut. Anita, Gregor, Ludwig, Hilde und Maria ziehen je zwei Zettel aus dem Hut. Die Summen der von den Kindern jeweils gezogenen zwei Zahlen betragen: 17 (Maria), 16 (Hilde), 11 (Anita), 4 (Gregor) und 7 (Ludwig).

Wer hat welche Zettel gezogen?

## Turmspaziergang

Der Turm steht in der linken unteren Ecke des Schachbretts. Können wir mit ihm so in die rechte obere Ecke gelangen, dass wir unterwegs jedes Feld genau einmal durchlaufen?

## Ehepaare

Drei Männer (Andreas, Bernd und Claus) gingen mit ihren Ehefrauen (Anna, Bella und Christel) in einen Niedrigpreisladen. Nachdem sie mit dem Einkauf fertig waren, stellte jeder von ihnen fest, dass der Durchschnittswert (in Forint) der von jedem gekauften Dinge mit der Anzahl der Waren übereinstimmte, die der Betreffende gekauft hat.

Andreas hat 23-mal mehr Waren gekauft als Bella; der Durchschnittswert der von Bernd gekauften Dinge lag um 11 Forint höher als der Durchschnittswert der von Anna gekauften Dinge. Jeder Ehemann hat 63 Forint mehr ausgegeben als seine Ehefrau.

Wie heißt die Frau von Andreas?

# 36. Woche

## Juristisches Problem aus der Antike

Caius und Sempronius organisierten ein gemeinsames Gelage. Hierzu brachte Caius 7 und Sempronius 8 Gerichte mit. Als unerwarteter Gast traf auch Titus ein, und sie teilten die Gerichte untereinander auf. Titus verzehrte Speisen im Wert von 30 Denar und deswegen sagte er:

– Das Verhältnis der mitgebrachten Speisemengen beträgt 7:8, und deswegen teile ich mein Kostgeld in diesem Verhältnis unter euch auf.

Dementsprechend zahlte Titus 14 Denar an Caius und 16 Denar an Sempronius.

Sempronius protestierte gegen diese Aufteilung des Geldes, und da seine „Mitesser" nicht auf ihn hörten, wandte er sich mit dem Gerichtsproblem an ein Gericht.[8]

Welches Urteil hat das Gericht gefällt?

## Auf dem Schulball

Bei einem Schulball tanzten insgesamt 430 verschiedene Paare. Das erste Mädchen tanzte mit 12 verschiedenen Jungen, das zweite mit 13 verschiedenen Jungen und so weiter ... das letzte Mädchen tanzte mit allen Jungen.

Wieviele Mädchen und wieviele Jungen nahmen an dem Tanzvergnügen teil?

## Quadratzahlen

Die Zahlen 190 246 849 und 190 302 025 sind jeweils das Quadrat zweier aufeinanderfolgender ungerader Zahlen.

Berechnen Sie ohne Verwendung von Rechenhilfsmitteln das Quadrat der zwischen den beiden ungeraden Zahlen liegenden geraden Zahl.

[8] Es muss nicht befürchtet werden, dass der Leser die beiden Interpretationen des Wortes Gericht miteinander verwechselt.

# Die hohe Schule des Denkens

# 37. Woche

## Halbwahrheiten

Endlich haben alle fünf – Kati, Eva, Susi, Paula und Rosi – das Tischtennisturnier geschafft. Sie beschließen, ihren Eltern einen Streich zu spielen, indem jede von ihnen den eigenen Eltern nur eine Halbwahrheit erzählt, das heißt, eine wahre und eine nicht wahre Aussage mitteilt. Die Aussagen waren die folgenden:

Kati: Paula wurde Turnierzweite. Leider bin ich nur Dritte geworden.
Eva: Ich bin Erste geworden, Susi dagegen Zweite.
Susi: Ich bin Dritte geworden, die arme Eva wurde dagegen Letzte.
Paula: Ich bin auf dem zweiten Platz gelandet, Rosi dagegen auf dem vierten.
Rosi: Ich bin Vierte geworden. Kati hat's gut, denn sie ist Erste geworden.

Können wir feststellen, wer welchen Platz erreicht hat?

## Die große Jagd

Vier Jäger (Andreas, Bernd, Christian und Dieter) haben bei einer Jagd nur viererlei Wild erlegt, nämlich eine gewisse Anzahl von Keilern, Hirschen, Wölfen und Füchsen. Von jedem dieser Tiere wurde mindestens eines von irgendeinem der Jäger erlegt. Die Jäger veranstalteten einen Wettbewerb, bei dem das erlegte Wild in der Reihenfolge *Keiler, Hirsch, Wolf, Fuchs* Punktwerte durch monoton abnehmende (positive ganze) Zahlen erhielt. Zu den zur Strecke gebrachten Tieren gehörten

drei Wölfe, aber nur ein Keiler, der von Christian geschossen wurde. Alle vier haben zusammen 18 Punkte erzielt. Dieter hatte die niedrigste Punktzahl, obwohl er das meiste Wild erlegt hatte. Andreas und Dieter hatten zusammen genauso viele Punkte wie Bernd und Christian zusammen.

Wer hat welche Tiere zur Strecke gebracht?

# 38. Woche

## Kopfzerbrecher mit Mützen

Ich habe drei meiner Freunde, allesamt Mathematiker, gebeten, sich „im Gänsemarsch" nacheinander hinzusetzen.

Danach habe ich ihnen gesagt, dass ich ihre Augen verbinde und ihnen dann eine Mütze aufsetze, wobei ich die Mützen aus einem Bestand von zwei gelben und drei grünen Mützen nehme. Danach wird die Binde wieder abgenommen und jeder soll versuchen herauszufinden, welche Farbe die Mütze auf seinem Kopf hat. Es gibt nur noch eine wichtige Bedingung: Keiner darf nach hinten sehen, das heißt, jeder kann nur die Köpfe der vor ihm Sitzenden sehen.

Kurze Zeit, nachdem ich die Augenbinden wieder abgenommen hatte, sagte der ganz hinten Sitzende: – Ich kann nicht feststellen, welche Farbe die Mütze auf meinem Kopf hat.

Danach sprach der in der Mitte Sitzende: – Auch ich kann nicht sagen, welche Farbe die Mütze auf meinem Kopf hat.

Was konnte mein vorne sitzender Freund sagen?

## Schulmädchen

Die zehn Mädchen Anna, Berta, Christel, Doris, Edit, Franzi, Gisela, Hedwig, Ilona und Jessica gehen in eine Zwölfklassenschule. Sie lernen in zehn verschiedenen Klassen und jedes der Mädchen geht höchstens in die zehnte Klasse.

Wir wissen Folgendes über die Mädchen:

(1) Edits Cousine geht in die siebente Klasse, Franzis Cousine in die fünfte.

(2) Anna ist eine Klasse über Ilona, Franzi zwei Klassen unter Jessica.

(3) Christel war in diesem Jahr noch nicht in der zehnten Klasse.

(4) Hedwig hat nach dem Abschluss der dritten Klasse eine schriftliche Belobigung erhalten.

(5) Christel hat bereits die vierte Klasse abgeschlossen, Berta die fünfte.

(6) Anna, Ilona und die Sechstklässlerin nehmen am Biologiefachzirkel der Unterstufe teil; Berta, Franzi und die Achtklässlerin nehmen am Biologiefachzirkel der Oberstufe teil (die ersten sechs Klassen bilden die Unterstufe).

(7) Anna und das Mädchen aus der siebenten Klasse wohnen im Stadtteil Budakeszi; Doris und die Fünftklässlerin wohnen im Stadtteil Schwabenberg; Edit, die Erstklässlerin und das Mädchen aus der achten Klasse wohnen im Stadtteil Óbuda; Ilona und das Mädchen aus der zehnten Klasse wohnen in Schaumar, einem Dorf nordwestlich von Budapest.

(8) Den im Lernstoff zurückgebliebenen Mädchen hilft jeweils eine Schülerin aus einer höheren Klasse: Berta hilft Franzi, Edit hilft Hedwig und Doris hilft Anna.

Welches Mädchen geht in welche Klasse?

Muss zur eindeutigen Lösbarkeit jede der Bedingungen verwendet werden?

# 39. Woche

## Tennisturnier

Bei einem Tennisturnier hat jeder gegen jeden gespielt und kein einziges Spiel endete mit einem Unentschieden.

Ich habe eine Reportage über das Turnier geschrieben. Ich dachte mir, dass es interessant wäre, einen der Teilnehmer herauszugreifen und zu fragen, wen er alles besiegt hat. Anschließend würde ich auch jedem der von ihm Besiegten diese Frage stellen. Aus Erfahrung weiß ich jedoch, dass jemand, der in einer solchen Reportage nicht genannt wird, mit Sicherheit gekränkt wäre.

Kann ich einen Turnierteilnehmer derart finden, dass in der entsprechenden Reportage jeder Teilnehmer mit Sicherheit vorkommt?

## Hindernislauf

Zwischen fünf Mannschaften von identischer Größe wurde ein Hindernislauf veranstaltet. Die Sieger bekamen als Belohnung Spielmünzen, die in einem Automaten eingelöst werden können. Die Organisatoren des Wettkampfs hatten an die Belohnung noch eine kleine Bedingung geknüpft: Zu Beginn des Wettkampfs erklärten sie, dass im Falle eines Sieges jede Mannschaft die Belohnung unter ihren Mitgliedern nach einer jeweils anderen Vorschrift verteilen muss. Einige Prinzipien gelten jedoch für jede Mannschaft: Jedes Mannschaftsmitglied erhält eine Belohnung, aber keine zwei Mannschaftsmitglieder erhalten eine gleich große Belohnung; ferner erhält derjenige, der innerhalb der Mannschaft eine bessere Platzierung erreicht, eine größere Belohnung. Und die Organisatoren achten sogar darauf, dass sie keine Verteilungsvorschrift erlassen, bei der die einzelnen Mannschaftsmitglieder genauso viel bekommen würden wie die Mitglieder einer anderen Mannschaft, aber nur in einer anderen Reihenfolge der Platzierungen innerhalb der Mannschaft.

Ein Mitglied der Siegermannschaft ist ein guter Freund von mir. Er berichtete mir Folgendes über die Belohnung und dachte, dass er mir damit eine hübsche kleine Denkaufgabe stelle:

– Wie sich herausstellte, haben sich die Organisatoren des Turniers gut überlegt, wie groß die Mannschaften sein sollten und wieviele Spielmünzen sie verteilen. Die Anzahl der verteilten Spielmünzen war durch 5 teilbar; ferner ließen sich bei dieser Anzahl von Spielmünzen und dieser Mannschaftsgröße die Spielmünzen entsprechend den Voraussetzungen auf genau fünferlei Weise verteilen. Unsere Mannschaft hat gewonnen und ich war innerhalb der Mannschaft der Drittplatzierte. Zusätzlich verrate ich noch, dass ich zusammen mit dem Viertplazierten genauso viele Spielmünzen erhalten habe wie der Erstplatzierte.

Danach hat er mir noch eine Information gegeben:

– Zur gleichen Zeit und unter den gleichen Voraussetzungen hat auch ein anderer Wettkampf zwischen Mannschaften identischer Größe stattgefunden. Zwar war dort die Anzahl der verteilten Spielmünzen und auch die Mannschaftsgröße eine andere, aber auch dort ließen sich die Spielmünzen gemäß den Voraussetzungen auf genau fünferlei Weise verteilen und die Anzahl der ausgeteilten Spielmünzen war ebenfalls durch 5 teilbar. Bei diesem anderen Turnier erhielt jedoch in der Siegermannschaft der Erstplatzierte nur so viel wie bei uns der Zweitplatzierte; hingegen betrug dort die Belohnung des Drittplatzierten und des Viertplatzierten zusammengenommen so viel, wie der Erstplatzierte erhielt. Zusätzlich verrate ich noch, dass in beiden Wettkämpfen weniger als 60 Spielmünzen ausgeteilt wurden.

Danach fragte er mich, ob ich herausfinden könne, wieviele Spielmünzen er erhalten hat. Wieviele könnten das wohl gewesen sein?

# 40. Woche

## Urlaubstage

In einem Betrieb bekam jeder am Jahresende 20 Tage Urlaub, die im Dezember und im Januar frei in Anspruch genommen werden konnten. Der Betriebsmathematiker bemerkte eine interessante Sache: Es gab mehrere Belegschaftsmitglieder, die die 20 Urlaubstage in drei Raten nahmen, und zwar jeder in einer anderen Aufteilung. Außerdem stellte der Mathematiker auch fest, dass damit sämtliche Möglichkeiten erschöpft waren, einschließlich der Fälle, bei denen die Anzahl der in einem Block genommenen Tage gleich war, aber in einer anderen Reihenfolge. Die Anzahl dieser Belegschaftsmitglieder betrug genau 15% der Gesamtbelegschaft.

Wieviele Belegschaftsmitglieder hatte der Betrieb?

## Der Nachlass des Weinbauern

Ein Weinbauer hinterließ seinen fünf Cousins Andreas, Bernd, Christian, Dagobert und Emil 45 Fässer. Ein Fünftel der 45 Fässer war voller

Wein, ein Fünftel war dreiviertelvoll, ein Fünftel halbvoll, ein Fünftel viertelvoll und ein Fünftel war leer. Die fünf Cousins teilten den Nachlass so auf, dass jeder von ihnen gleichviele Fässer und gleichviel Wein bekam. Dabei führten sie die Aufteilung so geschickt durch, dass nicht ein einziges Mal Wein aus einem Faß in ein anderes umgefüllt werden musste. Jeder erhielt mindestens ein Faß von jeder Sorte, in keinem einzigen Fall bekamen zwei der Cousins von jeder Sorte Faß gleichviele, und bei keinem von ihnen stimmte die Anzahl der erhaltenen vollen Fässer mit der Anzahl der dreiviertelvollen Fässer überein. Andreas erhielt die meisten leeren Fässer, Bernd und Dagobert bekamen die meisten viertelvollen Fässer, während Dagobert und Emil die wenigsten vollen Fässer erhielten.

Wie teilten die Cousins die Fässer untereinander auf?

# 41. Woche

## Göttlicher Befehl

Unter der Kuppel eines alten Tempels funkeln drei diamantene Nadeln, die auf einem Marmortisch befestigt sind. Vor langer Zeit, als der Tempel erbaut worden war, befanden sich auf der ersten Nadel 64 in der Mitte durchbohrte goldene Scheiben, die größte zuunterst,

darauf eine kleinere, auf dieser eine noch kleinere und so weiter, mit ständig abnehmenden Durchmessern.

Der göttliche Befehl lautete folgendermaßen:

„Alle 64 Scheiben sollen auf die zweite Diamantnadel umgelagert werden. Bei der Umlagerung darf auch die dritte Diamantnadel verwendet werden. Die folgenden Anweisungen müssen jedoch eingehalten werden:

(1) Es darf immer nur *eine* Scheibe genommen werden, und immer nur die oberste.

(2) Eine Scheibe darf entweder nur auf eine leere Nadel oder auf eine solche Nadel umgelagert werden, bei welcher der Durchmesser der obersten Scheibe größer ist als der Durchmesser derjenigen Scheibe, die umgelagert werden soll.

(3) In jeder Sekunde soll eine Umlagerung erfolgen.

Wenn die letzte Scheibe umgelagert worden ist, dann ist das Ende der Welt gekommen."

Wieviele Umlagerungen sind zur Durchführung der Aufgabe notwendig?

Wieviele Jahre wird das ungefähr dauern?

## Mathematiker unter sich

Andreas, Bernd, Christian und Peter sind zu viert. Alle vier sind Mathematiker und einer von ihnen ist als ziemlich zerstreut bekannt. Peter fragt die anderen drei, wie alt sie sind. Sie vereinbaren, ihr Alter in einem vom Dezimalsystem verschiedenen Zahlensystem anzugeben. Die Antworten lauten folgendermaßen:

– Wir betrachten vier Zahlen, die aufeinander mit einer Differenz von jeweils zwei folgen – sagt Andreas –, und schreiben nach der kleinsten Zahl die danach folgende auf. Die dadurch entstehende zweistellige Zahl gibt mein Alter an, und dieses stimmt mit dem Produkt der zwei größten Zahlen dieser vier Zahlen überein.

Jetzt ist Bernd an der Reihe:

– Mein Alter ergibt sich, wenn wir zwei benachbarte Zahlen nebeneinander schreiben und dadurch eine zweistellige Zahl erhalten, deren Größe exakt das Produkt derjenigen zwei Zahlen ist, die nach den beiden ausgewählten Zahlen folgen.

– Ich bin der Jüngste – sagt Christian –, und über mein Alter kann ich genau dasselbe sagen, was Andreas über sein Alter gesagt hat.

Nach diesen Angaben konnte Peter bereits sagen, wer wie alt ist. Außerdem konnte er sogar verkünden, wer von den Vieren der für seine ständige Zerstreutheit bekannte Mathematiker ist, denn dieser hatte seine Zerstreutheit nicht verleugnet und sich auch jetzt ein bisschen zerstreut verhalten.

Ob wir wohl auch herausbekommen, was Peter herausbekommen hat?

# 42. Woche

## Geschenke

Herr Schmidt hat fünf Töchter: Eva, Franzi, Klara, Mary und Susi. Besuch hat sich angesagt und Herr Schmidt erzählt seinen Töchtern: – Eure vier Cousins Bernd, Jürgen, Robert und Siegfried kommen morgen zu uns. Ich gebe jedem von euch 800 Forint; dafür kauft bitte den Jungen eine Kleinigkeit. Damit ihr aber auch etwas zum Nachdenken habt, müsst ihr die folgenden Bedingungen einhalten:

Jede von euch soll für jeden Jungen etwas kaufen und der Preis eines jeden Geschenks soll ein ganzzahliges Vielfaches eines Hunderters sein. Achtet dabei auch darauf, dass jede von euch ihre 800 Forint auf andere Weise unter den vier Jungen aufteilt, und dass ein und dieselbe Aufteilung in keiner anderen Reihenfolge auftreten darf. Und damit keiner der Jungen gekränkt ist, sollen alle vier Jungen von euch zusammen Geschenke im gleichen Wert erhalten. Und natürlich soll jede von euch die 800 Forint vollständig ausgeben.

Die Mädchen hielten sich an die Anweisungen ihres Vaters.

Franzi hat für Bernd mehr gekauft als für die drei anderen Jungen zusammen.

Klara hat für Siegfried und Robert zusammen genauso viel ausgegeben wie Franzi für die anderen beiden.

Mary hat mehr für Jürgen ausgegeben als für die anderen, Eva hat Robert auf ähnliche Weise beehrt.

Wie haben die Mädchen das Geld aufgeteilt, das sie für den Kauf von Geschenken bekommen hatten?

## Der wankelmütige Sultan

Ein Sultan sperrt in 100 Zellen je einen Gefangenen ein. An den Zellen sind Schlösser mit zwei Stellungen: Beim Drehen öffnen und schließen sie sich abwechselnd. Die Gefangenen merken nicht, wenn ihre Zellentür geöffnet oder geschlossen wird.

Nachdem die 100 Gefangenen eingesperrt sind, besinnt sich der Sultan eines anderen und lässt einen Wärter die Zellen entlanglaufen, damit dieser an jedem Schloss einmal dreht. Danach besinnt er sich wieder eines anderen und schickt einen zweiten Wärter los, damit dieser an jedem zweiten Schloss einmal dreht. Bereits im nächsten Augenblick schickt er einen dritten Wärter mit dem Befehl los, an jedem dritten Schloss einmal zu drehen. Auf diese Weise verfährt der Sultan weiter, bis er zuletzt dem hundertsten Wärter den Befehl erteilt, an jedem hundertsten Schloss einmal zu drehen.

Danach ordnet er an, jeden Gefangenen frei zu lassen, dessen Zelle geöffnet ist. Die Bewohner welcher Zellen dürfen das Gefängnis verlassen?

# 43. Woche

## Militärkapelle – haut auf die Pauke!

Brinkmann, Drewes, Engelhardt, Pieper und Voigt spielen zusammen in einer Militärkapelle. Jeder von ihnen hat einen anderen Dienstgrad: Unter ihnen ist (in aufsteigender Reihenfolge nach dem Dienstgrad) ein Leutnant, ein Hauptmann, ein Major, ein Oberstleutnant und ein Oberst.

Jeder von ihnen hat eine einzige Schwester und keine Brüder. Alle fünf haben die Schwester irgendeines anderen von ihnen geheiratet. Aber keine der Offiziersfrauen ist die Schwester des Mannes der Schwester ihres Mannes. Mindestens ein Schwager von Engelhardt hat einen höheren Dienstgrad als Engelhardt selbst.

Die beiden Schwäger von Drewes waren mit der Militärkapelle auf einer Tournee in Frankreich, ebenso auch die beiden Schwäger von Pieper, aber kein einziger Schwager des Obersten war mit auf der Tournee.

Der Hauptmann war noch nicht in Japan.

Pieper war zusammen mit seinen zwei Schwägern auf einem Festival in Finnland, der Leutnant hingegen war noch nicht in Finnland.

Der Oberstleutnant war zusammen mit seinen zwei Schwägern auf einer Tournee in Kanada.

Pieper und einer seiner Schwäger waren noch nicht in Kanada.

Der Oberst war zusammen mit seinen zwei Schwägern auf Tournee in Japan, aber noch nicht in Kanada.

Voigt war bisher weder in Japan noch in Finnland.

Welcher Offizier trägt welchen Namen?

## Am runden Tisch

An jedem Wochentag aßen vier Ehepaare in der Mittagspause immer an ein und demselben runden Gaststättentisch zu Mittag. Sie setzten sich immer so an den Tisch, dass Ehepaare niemals nebeneinander saßen. Als sie bereits einen Monat zusammen Mittag gegessen hatten, stellte einer von ihnen folgende Frage:

– Was meint ihr, wie oft können wir uns auf jeweils andere Weise so an den Tisch setzen, dass Ehepaare nicht nebeneinander sitzen?

Die Ansichten differierten ziemlich voneinander. So gab es etwa auch die Meinung, dass sie eventuell mehrere Wochen lang immer eine neue Möglichkeit finden.

Wie lautet die Antwort?

# 44. Woche

## Springbrunnen

Bei einem kreisförmigen Springbrunnen kommt das Wasser aus 366 Düsen heraus. Der Hahn jeder Düse hat zwei Stellungen: Bei der einen Stellung fließt kein Wasser, bei der anderen Stellung spritzt das Wasser aus der Düse. Ein Automat öffnet und schließt die Hähne. In Schaltjahren werden 366 Hähne verwendet, ansonsten nur 365 (in jedem Jahr so viele Hähne, wieviele Tage das Jahr hat).

Am Neujahrstag, am Anfang des 1. Januar, öffnet der Automat genau um Mitternacht die 366 oder 365 Hähne (je nachdem, ob es ein

Schaltjahr ist oder nicht). Zu Beginn des zweiten Tages (am 2. Januar) ändert jeder zweite Hahn (also die Hähne mit den laufenden Nummern 2, 4, 6..., gezählt von der auf dem Springbrunnen angebrachten Statue nach rechts) seine Stellung in die entgegengesetzte Stellung. Zu Beginn des dritten Tages ändert jeder dritte Hahn seine Stellung (also von der Statue aus nach rechts gezählt die Hähne mit den laufenden Nummern 3, 6, 9..., am vierten Tag jeder vierte Hahn und so weiter bis zum 365. Tag (in Nicht-Schaltjahren) beziehungsweise bis zum 366. Tag (in Schaltjahren).

Aus wievielen (und aus welchen) Düsen spritzt am 31. Dezember das Wasser?

## Tommy ist überrascht

Tommy – der meine Schwäche für Multiplikationsrätsel kennt, bei denen nur wenige Zahlen gegeben sind –, hat mich an meinem Geburtstag mit dem nachstehenden Rätsel überrascht:

```
. . T . . . T · . . . . T .
-------------
. . . T . . . .
  . . T T T . T .
    T T . . T . . T
        . . T . . . T
        . . . . . . . .
          . T . . . . . .
-------------------------
T . . T . . . . T . . . .
```

Er gab hierzu folgenden Kommentar:

– Der Buchstabe T bezeichnet überall ein und dieselbe Ziffer, und kein einziger Punkt steht für diejenige Ziffer, die der Buchstabe T bezeichnet. Das Rätsel ist nicht schwer und wenn du dich anstrengst, dann wirst du schon an deinem nächsten Geburtstag fertig sein.

Also, so lange hat es wirklich nicht gedauert. Ich hoffe, dass es auch bei anderen nicht so lange dauert.

# 45. Woche

## Die gedachte Zahl

Alfred hat sich eine positive ganze Zahl gedacht und von ihr so viel verraten:

– Das Quadrat der um eins größeren Zahl unterscheidet sich nur in der Reihenfolge der Zehner und der Einer vom Quadrat derjenigen Zahl, an die ich gedacht habe.

Welche Zahl hat er sich gedacht?

## Die hungrige Marktfrau

Eine Marktfrau saß hinter drei Körben Äpfel. Sie verkaufte die Äpfel für so viel Forint das Stück, wie die Anzahl der in den jeweiligen Körben befindlichen Äpfel angab. Multipliziert man die Beträge, welche die Marktfrau aus dem Verkauf der Äpfel der ersten beiden Körbe eingenommen hat, dann ergibt sich genau der Betrag für die Einnahmen aus dem Verkauf der in allen drei Körben befindlichen Äpfel.

Da die Marktfrau zum Abendessen nur den eingenommenen Betrag ausgeben konnte, blieb sie am Abend hungrig. Warum?

# 46. Woche

## Noch eine lückenhafte Division

Von einer schriftlich durchgeführten Division verraten wir nur zwei Ziffern, nämlich eine 0 und eine 7. Zusätzlich verraten wir noch, dass die Punkte in der nachfolgenden Darstellung irgendwelche Ziffern darstellen, die sich bei der Division ergeben. (Ausgenommen ist natürlich der Doppelpunkt, der den Dividenden vom Divisor trennt.)

```
. . . . . . . . : . . . = . 7 . . .
. . . .
-------
    . . .
    . . .
    -----
    . . . .
      . . .
    -------
        . . . .
        . . . .
        -------
              0
```

## Die Wiederkehr des Sultans

Dieses Rätsel ist eine interessante Variante des Rätsels *Der wankelmütige Sultan* (42. Woche, S. 84). Der Sultan lässt erneut in 100 Zellen je einen Gefangenen einsperren. (An den Zellen befinden sich Schlösser mit zwei Stellungen. Bei der einen Stellung sind die Schlösser offen, bei der anderen sind sie geschlossen. Die Schlösser lassen sich durch eine Drehung von einer Stellung in die andere überführen, und die Gefangenen bemerken von drinnen nicht, wenn an einem Schloss gedreht wird.)

Nachdem die 100 Gefangenen eingesperrt sind, besinnt sich der Sultan eines anderen und lässt einen Wächter die Zellen entlanglaufen, damit dieser an jedem Schloss einmal dreht. Dann besinnt sich der Sultan erneut und schickt einen zweiten Wächter los, damit dieser an jedem zweiten Schloss zweimal dreht. Schon im nächsten Augenblick schickt der Sultan einen dritten Wächter los, damit dieser an jedem dritten Schloss dreimal dreht. Und so macht der Sultan weiter, bis er zum Schluss dem hundertsten Wächter den Befehl erteilt, an jedem hundertsten Schloss einhundertmal zu drehen.

Die Bewohner welcher Zellen können freikommen?

# 47. Woche

## Ein interessantes Spiel

Das folgende Spiel kann man zu zweit spielen. Die Spieler legen abwechselnd 2-Euro-Münzen so lange auf einen rechteckigen Tisch, bis keine Münze mehr auf den Tisch passt. Achtung: Die Münzen dürfen sich höchstens berühren, aber nicht überdecken (auch nicht teilweise)! Gewinner ist, wer die letzte Münze auf den Tisch legt.

Gibt es eine Gewinnstrategie für denjenigen, der das Spiel beginnt?

## Am Balaton V

Unsere letzte diesbezügliche Aufgabe ist eine Zusammenfassung der Lösungsüberlegungen zur Rätselreihe *Am Balaton*. Ist die Gewinnstrategie, von der Schorsch im Rätsel *Am Balaton IV* (29. Woche, S. 64) erzählt hat, wirklich die einzige Gewinnstrategie?

# 48. Woche

## Das Rechenwunder

Mein Freund Gabor ist ein sehr schneller Rechner. Neulich konnte ich zusehen, wie er den nachstehenden komplizierten Ausdruck sehr schnell ausgerechnet hat. Machen wir es ihm nach!

$$\frac{6 \cdot 27^{12} + 2 \cdot 81^{9}}{8\,000\,000^{2}} \cdot \frac{80 \cdot 32^{3} \cdot 125^{4}}{9^{19} - 729^{6}} .$$

## Das rätselhafte Gekritzel

Wir hatten bereits bei der Lösung des Rätsels *Gekritzel* (28. Woche, S. 61) Folgendes gesehen: Enthält eine Kreuz-und-quer-Zeichnung (die wir im Rätsel *Gesellschaftsfrage* als Graph bezeichnet hatten) mehr als zwei Punkte, in denen ungeradzahlig viele Linien zusammenlaufen, dann lässt sich dieses „Gekritzel" nicht mit einem Linienzug und ohne Hochheben des Bleistifts so zeichnen, dass wir jede Linie nur einmal durchlaufen.

Lässt sich der Graph (in der oben beschriebenen Weise) zeichnen, wenn es nicht mehr als zwei solche Ausnahmepunkte gibt?

Natürlich kann man sehr schnell einsehen, dass die Frage verneint werden muss. Zum Beispiel lässt sich der auf der Abbildung zu sehende Graph *gewiß nicht* ohne Hochheben des Bleistifts zeichnen, obwohl er keinen einzigen Punkt hat, in dem ungeradzahlig viele Linien zusammenlaufen.

# 49. Woche

## Wettlauf

Neulich habe ich mir einen Wettlauf angesehen. Insgesamt starteten zwölf landesweit bekannte Läufer in Sporttrikots, die mit den Zahlen 1 bis 12 durchnummeriert waren. Als ein Mensch, der zur Zahlenkabbalistik neigt, ist mir (nach Beendigung des Wettlaufs) folgende interessante Feststellung nicht entgangen: Multipliziert man die auf dem Trikot des jeweiligen Sportlers stehende Zahl mit der Zahl, die seine

Platzierung angibt, dann ist das Produkt immer um 1 größer als eine durch 13 teilbare Zahl.

Welche Plätze belegten die einzelnen Wettläufer?

## Kein Betrug

Herr Schmidt erkundigt sich bei seinem Nachbarn, einem pensionierten Mathematiklehrer, über die Bewohner einer Wohnung. Wie wir gleich sehen, gibt der alte Herr nicht immer die zweckmäßigsten Antworten.

– Wieviele Personen wohnen in der Wohnung? – fragt Herr Schmidt.

– Drei.

– Wie alt sind sie?

– Das sage ich nicht, aber ich kann verraten, dass das Produkt ihres jeweiligen Alters 1296 ist.

– Also daraus kann ich noch nicht ersehen, wie alt sie sind.

– Dann verrate ich auch noch, dass die Summe ihrer in Jahren ausgedrückten Altersangaben mit unserer Hausnummer zusammenfällt.

Herr Schmidt rechnet im Schweiße seines Angesichts und sagt dann:

– Ich kriege immer noch nicht heraus, wie alt die Personen in der Wohnung sind.

– Aber Sie wissen doch, wie alt ich bin? – fragt der alte Herr.

– Ja.

– Nun, alle drei Bewohner sind jünger als ich.

– Vielen Dank für diese wertvolle Information. Jetzt weiß ich, wie alt diese Personen sind – antwortet Herr Schmidt.

Aber wie sollen wir vorgehen? Wir wissen doch noch nicht einmal, wie alt der alte Herr ist, ganz zu schweigen davon, dass wir auch die Hausnummer nicht kennen.

Oder können wir die Altersangaben vielleicht auch so bestimmen?

# 50. Woche

## Die Balkenwaage

Für eine Balkenwaage wollen wir eine Serie von Gewichten herstellen, mit denen man von 1 kg bis 40 kg alle ganzzahligen Kilogrammbeträge abwiegen kann.

Wieviele Gewichte benötigen wir hierzu mindestens?

## Misslungene Anordnung

Es gab einmal ein Land, in dem jeder Einwohner ein kleines Vermögen hatte. Der Herrscher ordnete einmal an, dass der einzige reichste Einwohner[9] des Landes sein eigenes Vermögen dazu verwenden muss, das Vermögen eines jeden anderen Einwohners zu verdoppeln. Nach der Ausführung der Anordnung stellte man verwundert fest, dass die Größen der einzelnen Vermögen unverändert blieben – obwohl jetzt die Vermögen in den Besitz von jeweils anderen Personen gelangt waren.

Wie groß waren die verschiedenen Vermögen?

[9] Wir schließen damit aus, daß es in Bezug auf das Vermögen mehr als einen Erstplatzierten gibt.

# 51. Woche

## Bücherfreunde

– Auf welcher Seite des Buches bist du jetzt? – fragte Stefan seinen Freund Peter.

– Das sage ich nicht, aber ich verrate dir, dass es eine Primzahl mit folgender Eigenschaft ist: Multiplizierst du diese Primzahl mehrmals mit sich selbst, dann erhältst du die Nummer der betreffenden Seite.

– Und wo bist du? – wandte sich Stefan an Thomas.

– Ich bin eine Seite weiter als Peter – antwortete Thomas –, und dennoch kannst du auch zu dieser Seitennummer eine (natürlich von der obengenannten Primzahl verschiedene) Primzahl mit folgender Eigenschaft finden: Multiplizierst du diese Primzahl mehrmals mit sich selbst, dann erhältst du die Nummer meiner Seite.

– Jetzt weiß ich schon, wo ihr seid – sagte Stefan, nachdem er länger nachgedacht hatte –, es sieht so aus, dass ihr noch nicht sehr weit gekommen seid.

Auf welchen Seiten waren Peter und Thomas?

## Gebt Acht: Sie waren zu acht

In einer Gesellschaft von acht Personen befinden sich insgesamt drei Ehepaare, ein Junggeselle und eine unverheiratete Frau. Die Namen der Frauen sind Judith, Maria, Margit und Magda, die Namen der Männer sind Jakob, Jürgen, Joseph und Michael. Die Berufe der Männer sind Tischler, Richter, Schlosser und Arzt.

Wir wissen noch Folgendes:

(1) Joseph ist Margits Bruder.

(2) Der Junggeselle hat den Arzt heute kennengelernt.

(3) Michael und der Richter waren als Kinder Schulfreunde.

(4) Magda hat keinen Verwandten, der Handwerker ist.

(5) Der Name des Richters hat den gleichen Anfangsbuchstaben wie der Name seiner Frau.

(6) Jürgen ist nicht mit Judith verwandt.

(7) Margit ist Jürgens Schwester.

(8) Joseph hat für seine Frau zum Geburtstag einen Schrank beim Tischler anfertigen lassen.

Ehemann, Ehefrau und Schwager zählen als Verwandte. Ferner setzen wir voraus, dass sich Verwandte auch bis jetzt schon kannten.

Können wir sagen, welcher Mann welchen Beruf hatte?

# 52. Woche

## Wer einmal wiegt, gewinnt

Ein große Fabrik für Maschinenersatzteile hat eine Stelle ausgeschrieben, die außerordentlichen Einfallsreichtum verlangt. Nach einigem Aussieben der Bewerber blieben am Schluss zwei junge Ingenieure im Rennen. Der Oberingenieur stellte ihnen folgende Aufgabe.

– Hier sind 200 Kisten. In jede Kiste mussten 500 Kugellager gepackt werden, von denen jedes 1 kg wiegt. Irrtümlicherweise wurden

jedoch in eine der Kisten Kugellager eines älteren Typs gepackt; diese älteren Kugellager sind pro Stück genau 100 Gramm schwerer als die neuen (aber so genau erinnere ich mich nicht mehr – es könnte auch sein, dass die älteren Kugellager die leichteren sind). Wir haben eine Waage, die sich auch bei größeren Massen zur Feststellung von solchen Gewichtsunterschieden eignet. Können Sie mit dieser Waage und mit einem einzigen Wiegevorgang – ohne die Verwendung anderer Hilfsmittel – feststellen, in welcher Kiste sich die alten Kugellager befinden?

Die beiden Ingenieure grübelten mit nachdenklicher Miene über die Frage nach. Dann hellte sich das Gesicht des einen auf. Er hatte die Lösung der unmöglich scheinenden Aufgabe gefunden. Der Oberingenieur hörte sich den Vorschlag an und stellte den jungen Mann sofort ein.

Wie lautete der Vorschlag?

## Schlaue Erben

Die Erben teilten eine Erbschaft folgendermaßen auf.

Der erste Erbe erhielt $a$ Forint und den $n$-ten Teil des verbleibenden Geldes. Der zweite Erbe erhielt $2a$ Forint und den $n$-ten Teil des noch verbliebenen Geldes und so weiter. Jeder folgende Erbe erhielt einen um $a$ größeren Geldbetrag als der vorhergehende und bekam außerdem noch den $n$-ten Teil des jeweils noch verbliebenen Geldes. Trotz der merkwürdigen Verteilungsweise erhielt jeder Erbe den gleichen Geldbetrag.

Wieviele Erben waren es?

# Zweiter Teil

# HINWEISE

# 1. Woche

## Eine Schiffsreise

Wieviel Zeit vergeht zwischen der Abfahrt des ersten und des letzten Schiffes?

## Zwei Schachpartien

Achten wir auf den Umstand, dass meine Schwester gleichzeitig mit beiden Schachspielern spielt.

## Eine Flugreise

Der Wind erhöht die Gesamtzeit des Hin- und Rückfluges.

# 2. Woche

## Die Uhr

Wir können voraussetzen, dass der Hinweg genauso lange dauert wie der Rückweg. Wozu war das Ingangsetzen der Uhr wichtig, wenn sie ohnehin nicht die genaue Zeit anzeigt?

Wenn wir mit Buchstaben rechnen, dann wird die Lage übersichtlicher!

# 3. Woche

## Ein besonderes Jahr

Wir bezeichnen die Wochentage in irgendeiner zyklischen Reihenfolge mit den Zahlen 1 bis 7. Angenommen, der 13. Januar fällt auf einen mit der Zahl 1 bezeichneten Tag. Hiervon ausgehend rechnen wir aus, auf welchen Tag die 13. der verschiedenen Monate fallen. Auf diese Weise lässt sich das Rätsel leicht lösen.

## Konkurrenten oder *Die Gehaltserhöhung*

Berechnen Sie, wie groß das jeweilige Einkommen bei den beiden Möglichkeiten ist.

# 4. Woche

## Der altgriechische Kupferlöwe

Als Unbekannte wähle man die Zeitdauer (in Stunden), in der sich das Becken füllt, wenn das Wasser aus allen vier Öffnungen gleichzeitig fließt.

# 5. Woche

## In der Straßenbahn

Der Fahrgast hat dem Schaffner zwar 1 Forint gegeben, aber keine 1-Forint-Münze.

## Hasenjagd

Als Unbekannte wähle man die Anzahl der Sprünge, die der Hase macht, bis ihn der Windhund einholt.

## Das Telefonkabel – lange Leitung?

Der Umfang eines Kreises mit dem Radius $r$ beträgt $2r\pi$, wobei $\pi$ annähernd $3,14$ ist.

# 8. Woche

## Noch ein Superhotel

Ist die Fragestellung korrekt? Warum sollte die fragliche Summe die ursprünglich addierten 300 Dollar ergeben?

## Three-letter words: Wörter mit drei Buchstaben

Wir gehen davon aus, dass $A + T = A$.

Achten Sie darauf, bei welchen Schritten der Addition ein Übertrag auftritt und bei welchen Schritten nicht.

## Im Kindergarten

Teilen Sie die Kinder so in vier Gruppen ein, dass die Kinder mit übereinstimmenden Augen- und Haarfarben in ein und derselben Gruppe sind.

# 9. Woche

## Wie alt ist Susi?

Als *Primzahlen* bezeichnen wir diejenigen Zahlen (unter Zahl verstehen wir hier eine positive ganze Zahl), die nur durch zwei Zahlen ohne Rest teilbar sind: durch 1 und durch sich selbst. Die 1 wird nicht zu den Primzahlen gezählt. Zum Beispiel ist 6 keine Primzahl, denn die 6 lässt sich – außer durch die Zahlen 1 und 6 – etwa auch durch 2 teilen; dagegen ist 7 eine Primzahl. Die 2 ist die einzige gerade Primzahl. (Im *Anhang* befindet sich eine Primzahltabelle.)

## Merkwürdige Addition

Die Addition erfolgt nicht im Dezimalsystem.

# 10. Woche

## Langsam stuckert der Personenzug

Als Unbekannte wähle man die Länge desjenigen Weges, den der Personenzug mit dem technischen Defekt bis zum Zeitpunkt des Einholens zurücklegt.

## Weiße und Schwarze

Welche Antwort kann ein Eingeborener auf die Frage „Bist du ein Weißer oder ein Schwarzer?“ geben?

## Der kleine Taugenichts

Gleiche Figuren bedeuten hier nicht unbedingt gleiche Ziffern.

Bestimmen Sie zunächst den Quotienten; die Ziffern des Quotienten ergeben sich unmittelbar aus der Länge der Teilprodukte.

# 11. Woche

## Fünf kleine Kartenspiele

Beim zweiten Auslegen müssen wir die Karten so gruppieren, dass in jedem Stoß nur je ein Blatt des ursprünglichen kleinen Stoßes liegt, und zwar in der uns bekannten Reihenfolge.

## Hinkende Division

Bestimmen Sie auch hier zuerst den Quotienten.

# 12. Woche

## Die Radtour I

Von 100 ausgehend suche man rückwärts nach denjenigen Situationen, in denen der Verlust oder der Gewinn sicher ist. Gehen wir auf diese Weise zurück, dann können wir auch die Frage beantworten.

## Soldatenspiel – rührt euch!

Verwenden Sie die Tatsache, dass sich jede Zahl in der Form $36k + r$ schreiben lässt, wobei $r$ eine nichtnegative ganze Zahl ist, die kleiner als 36 ist.

## 13. Woche

### Großes Problem – Schachproblem

Wenn wir einen Turm festhalten, auf wieviele Felder können wir dann den anderen setzen?

### Radtour II

Gehen Sie jeden einzelnen Fall der oberen Schranke (5, 6, 7, 8 oder 9) gemäß dem Gedankengang des Rätsels *Radtour I* (12. Woche) durch.

## 14. Woche

### Der Barbier

Darf sich der Barbier selbst rasieren?

## 15. Woche

### Autoreise

Nehmen Sie als Unbekannte die Länge des Weges, der ab dem Treffpunkt der beiden Fahrzeuge bis nach Debrecen zurückgelegt wird.

### Von der Wichtigkeit der direkten Rede

Führen Sie vier Unbekannte ein: jeweils eine Unbekannte für das Alter des Vaters, des Freundes und der Schwester, sowie eine Unbekannte dafür, wieviele Jahre zuvor das Alter des Vaters genauso hoch war, wie die Summe des damaligen Alters meines Freundes und seiner Schwester.

## 16. Woche

### Die Fliege

Man lasse den komplizierten Weg der Fliege außer Acht und berechne, wie lange sie fliegen musste.

### Überraschender Trick

Kann man mit den ersten sieben „Klopfern" bis 20 kommen? Und wie ist das beim achten Klopfer? Und beim neunten?

## 17. Woche

### Effektvoller Kartentrick

Versuchen Sie, in voller Allgemeinheit durchzugehen, was beim dreimaligen Auslegen geschieht.

## 18. Woche

### Woher wusste er es?

Eine beliebige dreistellige Zahl, deren Ziffern $a$, $b$ und $c$ sind, lässt sich in folgender Form aufschreiben: $100a + 10b + c$.

### Springer auf dem Schachbrett

Der Springer kommt bei jedem Zug auf ein andersfarbiges Feld.

## 20. Woche

### Drei Rätsel in drei Sprachen

Nach der exakten Bestimmung der Überträge erhalten wir für die Unbekannten ein Gleichungssystem.

## Schokokauf

Hat irgendeiner der jungen Männer $x$ Tafeln Schokolade und seine Freundin $y$ Tafeln Schokolade gekauft, dann erfüllt das Zahlenpaar $x$, $y$ die Gleichung $10x^2 + 10y^2 = 650$.

# 21. Woche

## Blitzschnelle Addition

Führen Sie die reihenweisen Additionen mit Buchstaben durch.

## Noch viel mehr eifersüchtige Männer

Das „Übersetzproblem" lässt sich nicht lösen. Der Beweis ist nicht ganz einfach.

## Fußball

Es gibt viele Möglichkeiten, die Begegnungen zu spielen. Man muss sich überlegen, wie die Mannschaften die gegebenen Punktzahlen erzielen konnten.

# 22. Woche

## Primzahl

Jede Primzahl, die größer als drei ist, hat bei einer Division durch sechs den Rest eins oder fünf. Hieraus folgt die Behauptung des Rätsels.

## Radtour IV

Würden sie zwei verschiedene Schranken vereinbaren, dann würde immer derjenige gewinnen, der die größere Schranke hat.

## Grünes Kreuz

Wir müssen davon ausgehen, dass auch die anderen Beteiligten intelligente junge Männer sind. Somit kann man diejenigen Fälle ausschließen, in denen für sie eine Entscheidung vollkommen klar gewesen wäre.

# 23. Woche

## Geld für Eis

Man überlege sich zunächst Folgendes: Stimmen die letzten beiden Ziffern einer Quadratzahl überein, dann können diese beiden Ziffern nur 00 oder 44 sein.

## Der neidische Cousin

Beweisen Sie: Sind die letzten vier Ziffern einer Quadratzahl identisch, dann sind diese Ziffern Nullen.

# 24. Woche

## Ein Schiff wird kommen

Aufgepasst! Die Lösungen des Rätsels unterscheiden sich in Abhängigkeit davon, ob sich das Schiff schneller oder langsamer bewegt als Tommy.

# 25. Woche

## Ökonomie-Lektion

Verwenden Sie den Zusammenhang zwischen dem arithmetischen und dem geometrischen Mittel. (Dieser Zusammenhang wurde bereits in der 1. Woche bei der Lösung des Rätsels *Eine Flugreise* verwendet.)

## Autorennen

Vergleichen Sie, in welcher Zeit das Auto von Cambridge nach Northy gelangen müsste und wieviel Zeit es gebraucht hat, um auf den Berggipfel zu kommen.

## 26. Woche

### Der Onkel prüft

Verwenden Sie die im *Anhang* gegebene Primzahltabelle.

## 27. Woche

### Farbige Würfel

Man zähle zunächst, auf wieviele Weisen man den Würfel färben kann. Danach zähle man, auf wieviele Weisen sich die Zahlen auf den gefärbten Würfel schreiben lassen.

## 28. Woche

### Randolinis Kartentrick

Wir nehmen einen Stoß Karten in die Hand und legen die Karten auf dem Umfang eines großen Kreises in Uhrzeigerrichtung auf den Tisch. Nach dem Auslegen ist nicht mehr zu erkennen, welche die erste Karte war und welche die letzte. Es geht demnach die Eigenschaft der Karten verloren, an wievielter Stelle sie sich befanden. Erhalten bleibt jedoch die Aufeinanderfolge der Karten im folgenden Sinne: Befand sich eine Karte vor einer anderen, dann bleibt das so. Man sagt dazu auch, dass die *zyklische Reihenfolge* der Karten erhalten bleibt.

## 30. Woche

### Kartenpuzzles

Schreiben Sie neben jeden Buchstaben, auf wieviele verschiedene Weisen man vom Buchstaben K ausgehend zu dem betreffenden Buchstaben gelangen kann.

## Spielzeugsoldaten – stillgestanden!

Das Aufstellen in Reihen verrät gewisse Teilbarkeiten, von denen wir zu einem Widerspruch kommen.

# 31. Woche

## Gesellschaftsfrage

Wenden Sie in Bezug auf die Bekanntschaften die vollständige Induktion an.

## Der erste und der letzte Tag des Jahres

Denken Sie an Folgendes: Die Tatsache, dass in *einem* Jahr zwei Datumsangaben auf ein und denselben Wochentag fallen, hängt davon ab, wieviele Tage das Jahr hat.

# 32. Woche

## Bridgepartie

Stellen Sie alle möglichen Sitzordnungen zusammen, die den Forderungen entsprechen.

## Noch einmal Neben-Unter

Man beobachte, in welcher Reihenfolge die Karten ausgelegt wurden. In der ersten Runde legen wir beispielsweise die ungeraden aus, in der zweiten Runde die durch 4 teilbaren und so weiter.

## Wiegetrick III

Man teile die Schachteln in drei Vierergruppen ein und verwende dann die bei der Lösung von *Wiegetrick I* (18. Woche, S. 162) gesammelten Erfahrungen.

# 33. Woche

## Der Spion, der um die Ecke kam

Wenn wir neben jede Straßenkreuzung schreiben, auf wieviele Weisen diese erreichbar ist, dann erhalten wir einen Teil des Pascalschen Dreiecks (vgl. Lösung des Rätsels *Kartenpuzzles*, 30. Woche, S. 198).

# 34. Woche

## Kartenschlacht

Betrachten Sie das ursprüngliche Geld der vier Kartenspieler als Unbekannte.

## Rechenreste

Bestimmen Sie zuerst den Divisor.

# 35. Woche

## Turmspaziergang

Führen Sie die Aufgabe auf das zurück, was in der Lösung von *Springer auf dem Schachbrett* (18. Woche, S. 163) beschrieben wurde.

## Ehepartner

Das ist ein ähnliches Rätsel wie in *Schokokauf* (20. Woche, S. 49).

# 36. Woche

## Juristisches Problem aus der Antike

Berücksichtigen Sie, von wem Titus wieviele Gerichte bekommen hat.

### Quadratzahlen

Man bezeichne die gerade Zahl mit $a$ und schreibe den Zusammenhang zwischen den drei Zahlen in allgemeiner Form auf.

## 38. Woche

### Kopfzerbrecher mit Mützen

Setzen Sie bei der Lösung voraus, dass alle drei logisch denken und das auch voneinander wissen.

### Schulmädchen

Die Aufgabe wird übersichtlicher, wenn wir eine $(10 \times 10)$-Tabelle anfertigen, in deren Zeilen wir die Namen und in deren Spalten wir die laufenden Nummern der Klassen schreiben. Danach kreuzen wir die „Schnittstelle" einer Zeile und einer Spalte an, wenn das der Zeile entsprechende Mädchen nicht in die der Spalte entsprechende Klasse gehen kann.

## 39. Woche

### Tennisturnier

Beweisen Sie: Wenn wir den Turniersieger fragen, dann kommen wir immer ans Ziel.

### Hindernislauf

Der Ausgangspunkt ist, dass es in beiden Wettkämpfen genau fünf Möglichkeiten gab, sämtliche Spielmünzen zu verteilen, und dass die Anzahl der verteilten Spielmünzen in beiden Fällen durch fünf teilbar war.

# 40. Woche

## Urlaubstage

Verwenden Sie das Lösungsschema des Rätsels *Die Metallstange* (4. Woche, S. 125)!

# 41. Woche

## Göttlicher Befehl

Wir nehmen an, dass sich auf der einen Nadel $n$ Scheiben befinden und beweisen mit vollständiger Induktion nach $n$ (vgl. *Anhang*), dass $2^n - 1$ die kürzeste Schrittzahl ist, in der man die Scheiben von dieser Nadel auf eine andere umschichten kann. Beim Induktionsschritt erfassen wir den Moment, bei dem wir die ursprünglich zuunterst befindliche Scheibe von der einen Nadel auf die andere umschichten.

## Mathematiker unter sich

Für die Lösung kann sich folgende Bemerkung als nützlich erweisen: Es seien $a_1, \dots, a_n$ und $b$ ganze Zahlen, für die

$$a_1 + \cdots + a_n = b$$

gilt, und wir nehmen an, dass die ganze Zahl $d$ mit einer Ausnahme alle $a_i$ teilt und auch ein Teiler von $b$ ist. Dann teilt $d$ sämtliche $a_i$.

Der Beweis dieser Bemerkung ist sehr leicht. Wir nehmen an, dass $a_1$ dasjenige der $a_i$ ist, für das die Ausnahme besteht und von dem wir noch nicht wissen, dass es durch $d$ teilbar ist. Die anderen $a_i$ und $b$ sind durch $d$ teilbar, und deswegen gilt: $a_2 = dk_2$, $a_3 = dk_3, \dots,$ $a_n = dk_n$, $b = dk$.

Mit diesen Bezeichnungen haben wir

$$a_1 = d(b - k_2 - \cdots - k_n) .$$

Also ist $a_1$ tatsächlich durch $d$ teilbar.

Die wichtigsten wissenswerten Dinge über Zahlensysteme findet man in der Lösung des Rätsels *Merkwürdige Addition* (9. Woche, S. 137).

# 42. Woche

## Geschenke

Gehen Sie von den möglichen Zerlegungen der 800 in Summanden aus, die die gegebenen Voraussetzungen erfüllen.

## Der wankelmütige Sultan

Zur Lösung des Rätsels müssen wir positive ganze Zahlen finden, bei denen die Anzahl ihrer jeweiligen Teiler ungerade ist.

# 43. Woche

## Militärkapelle – haut auf die Pauke!

Wir können davon ausgehen, dass jeder Offizier zwei Schwäger hat, und dass wir sie deswegen so in einer zyklischen Reihenfolge aufstellen können, dass sich jeder von ihnen unmittelbar zwischen seinen beiden Schwägern befindet.

## Am runden Tisch

Man berechne die Anzahl der Sitzmöglichkeiten, wenn

a) die Ehepartner aller vier Ehepaare nebeneinander sitzen;

b) die Ehepartner dreier Ehepaare nebeneinander sitzen und das vierte Ehepaar getrennt ist;

c) die Ehepartner zweier Ehepaare nebeneinander sitzen und die anderen beiden Ehepaare getrennt sind;

d) ein Ehepaar nebeneinander sitzt und die anderen Ehepaare getrennt sind.

Danach müssen wir die Summe der Anzahl dieser Möglichkeiten von der Anzahl sämtlicher Sitzmöglichkeiten subtrahieren.

# 44. Woche

## Tommy ist überrascht

Wir schicken der Lösung folgende Bemerkung voraus:

Es seien $a$ und $b$ einstellige ganze Zahlen, und wir wissen, dass das Produkt $a \cdot b$ auf $b$ (als Ziffer) endet. Ferner wissen wir, dass $a \neq 1$ und $b \neq 5$. Dann ist $a = 6$ und $b$ eine der Zahlen 2, 4, 6 oder 8.

Ist nämlich $b$ die letzte Ziffer von $a \cdot b$, dann haben wir

$$ab = 10x + b,$$

wobei $x$ eine positive ganze Zahl ist. Durch Umordnen erhalten wir:

$$(a-1)b = 10x\ .$$

Die rechte Seite ist durch 5 teilbar und deswegen gilt dies auch für die linke Seite. Ist jedoch ein Produkt durch 5 teilbar, dann ist auch irgendeiner seiner Faktoren durch 5 teilbar (da 5 eine Primzahl ist, lässt sie sich nicht in ein Produkt zweier Faktoren zerlegen, die beide kleiner als 5 sind). Die Zahl $b$ ist jedoch nicht durch 5 teilbar, denn das wäre nur in dem ausgeschlossenen Fall $b = 5$ möglich. Das bedeutet, dass 5 ein Teiler von $(a - 1)$ ist, und deswegen ist $a = 6$. Setzen wir das in die ursprüngliche Gleichung ein, dann erhalten wir $5b = 10x$, das heißt, $b = 2x$. Somit ist $b$ tatsächlich eine gerade Zahl.

Mit Hilfe der soeben bewiesenen Bemerkung bestimme man nun in dem lückenhaften Produkt zuerst den Wert von $T$.

# 45. Woche

## Die gedachte Zahl

Die letzte Ziffer einer Quadratzahl kann nicht beliebig gewählt werden. Auf dieser Grundlage können wir feststellen, welches die letzte Ziffer der gesuchten Zahl ist.

Als nützlich erweist sich noch folgende Bemerkung: Teilt man das Quadrat einer ungeraden Zahl durch 4, dann ergibt sich 1 als Rest. Dagegen ist das Quadrat einer geraden Zahl auch durch 4 teilbar.

Ist nämlich eine Zahl ungerade, dann hat sie die Form $2n + 1$ (mit einer ganzen Zahl $n$), und ihr Quadrat ist

$$4n^2 + 4n + 1\ .$$

Hieraus ist ersichtlich, dass dieser Ausdruck bei Division durch 4 den Rest 1 ergibt.

Ist eine Zahl gerade, dann hat sie die Form $2n$ (mit einer ganzen Zahl $n$), und das Quadrat $4n^2$ ist offensichtlich durch 4 teilbar.

### Die hungrige Marktfrau

Man kann sich überlegen, dass alle drei Körbe leer waren.

## 46. Woche

### Die Wiederkehr des Sultans

Man muss diejenigen positiven ganzen Zahlen suchen, die nicht größer als 100 sind, und bei denen die Summe der jeweiligen Teiler ungerade ist. Man kann sich überlegen, dass die Summe der Teiler nur dann ungerade sein kann, wenn die Anzahl der ungeraden Teiler ungerade ist.

Bei der Lösung kann man auf die Lösung des Rätsels *Der wankelmütige Sultan* (42. Woche, S. 238) zurückgreifen.

## 47. Woche

### Ein interessantes Spiel

Nutzen Sie die Symmetrie des Tisches aus.

## 49. Woche

### Wettlauf

Man muss diejenigen Zahlen betrachten, die kleiner als oder gleich 144 sind, bei Division durch 13 den Rest 1 lassen und in ein Produkt zweier Zahlen zerlegt werden können, die beide kleiner als 13 sind.

## Kein Betrug

Man schreibe alle möglichen Zerlegungen von 1296 in ein Produkt dreier Faktoren auf und rechne der Reihe nach die Summe der Faktoren aus. Danach ist die Lösung des Rätsels ganz einfach.

# 51. Woche

## Bücherfreunde

Die im *Anhang* angegebenen Identitäten

$$a^n - b^n = (a-b)(a^{n-1} + a^{n-2}b + a^{n-3}b^2 + \cdots + a^2b^{n-3} + ab^{n-2} + b^{n-1})$$

($n$ positiv ganz) und

$$a^n + b^n = (a+b)(a^{n-1} - a^{n-2}b + a^{n-3}b^2 - \cdots + a^2b^{n-3} - ab^{n-2} + b^{n-1})$$

($n$ ungerade positiv ganz)

werden sich als nützlich erweisen.

# 52. Woche

## Wer einmal wiegt, gewinnt!

Beachten Sie, dass aus der Formulierung des Rätsels nicht folgt, dass man die Kisten nicht öffnen darf!

# Dritter Teil

# LÖSUNGEN

# 1. Woche

## Eine Schiffsreise

Wenn mein Schiff zum Beispiel am 10. mittags losgefahren und am 18. mittags angekommen ist, dann ist das erste entgegenkommende Schiff am 2. mittags losgefahren, und das letzte Schiff ist bei meiner Ankunft am 18. mittags losgefahren. Unterdessen sind 16 Tage, das heißt 32 halbe Tage, vergangen. Da jedoch auch der Anfangszeitpunkt und der Endzeitpunkt mitgezählt werden, konnte ich 33 entgegenkommende Schiffe zählen.

## Zwei Schachpartien

Meine Schwester setzte meine beiden Schachfreunde an zwei verschiedene Tische, die wir als ersten und als zweiten Tisch bezeichnen. Angenommen, meine Schwester hatte am ersten Tisch die schwarzen Figuren (das heißt, sie war Nachziehende) und am zweiten Tisch die weißen Figuren. Zuerst ging sie zum ersten Tisch und sagte ihrem Gegner, dass er beginnen solle. Der am ersten Tisch Sitzende machte einen Zug, meine Schwester ging zum zweiten Tisch und machte genau denselben Zug als Anziehende. Dann wartete sie, bis der am zweiten Tisch Sitzende gezogen hatte, ging zurück zum ersten Tisch und machte dort den gleichen Antwortzug am ersten Brett. Mit dieser Methode spielte sie weiter, das heißt, im Endergebnis haben die am ersten und am zweiten Tisch Sitzenden gegeneinander gespielt, und meine Schwester hat nur die Züge zwischen ihnen vermittelt. Damit hat sie tatsächlich ein besseres Ergebnis erzielt, denn entweder endeten beide Partien remis oder sie hat eine Partie verloren und dafür die andere gewonnen.

## Eine Flugreise

Die Antwort lautet „nein“. Die Windgeschwindigkeit beträgt 30 km/h, und deswegen fliegen wir von Budapest nach Debrecen mit einer Geschwindigkeit von 180 km/h, während wir auf dem Rückflug eine Geschwindigkeit von 120 km/h haben. Die Zeitdauer des Fluges erhalten wir, wenn wir die Entfernung durch die Geschwindigkeit dividieren.

Somit hat der betreffende Flug folgende Zeitdauer (in Stunden):

$$\frac{200}{180} + \frac{200}{120} = 2 + \frac{7}{9} = 2,777\ldots$$

Bei Windstille dauert der Flug

$$\frac{400}{150} = 2 + \frac{2}{3} = 2,666\ldots$$

Stunden.

Wir können auch Folgendes einsehen: Bei einer beliebigen Windgeschwindigkeit erhöht sich die Flugdauer auf jeden Fall. Beträgt nämlich die Windgeschwindigkeit $x$ km/h, wobei $x$ eine beliebige positive Zahl bezeichnet, dann gilt für die Zeitdauer des Fluges folgende Beziehung:

$$\frac{200}{150 + x} + \frac{200}{150 - x} = 200\left(\frac{1}{150 + x} + \frac{1}{150 - x}\right).$$

Es reicht demnach, einzusehen, dass

$$\frac{1}{150 + x} + \frac{1}{150 - x} \geq \frac{2}{150}$$

gilt und dass das Gleichheitszeichen nur bei $x = 0$ auftreten kann, denn der auf der rechten Seite stehende Wert ist derjenige, den wir bei $x = 0$, das heißt bei Windstille, erhalten.

Wir können $x < 150$ voraussetzen, denn andernfalls könnte die Maschine in einer der Richtungen gar nicht starten. Durch Multiplikation mit dem Produkt $150(150 + x)(150 - x)$ sehen wir, dass die zu beweisende Behauptung zu folgender Aussage äquivalent ist: $150^2 \geq (150 + x)(150 - x)$. Die rechte Seite können wir in der Form $150^2 - x^2$ schreiben, womit unsere Behauptung bewiesen ist.

* * *

Die Ungleichung $150^2 \geq (150 + x)(150 - x)$ ist ein Spezialfall der bekannten Ungleichung, die zwischen dem arithmetischen und dem geometrischen Mittel besteht. Diese Beziehung lautet: Sind $a$ und $b$ positive Zahlen, dann gilt

$$\frac{a + b}{2} \geq \sqrt{ab}$$

und Gleichheit besteht nur im Fall $a = b$. Setzt man $a = 150 + x$ und $b = 150 - x$, dann ergibt sich tatsächlich die obige Ungleichung.

Der Beweis für den Zusammenhang zwischen dem arithmetischen und dem geometrischen Mittel geht folgendermaßen:

Das Quadrat einer beliebigen reellen Zahl ist nichtnegativ und deswegen gilt $(\sqrt{a} - \sqrt{b})^2 \geq 0$, wobei die Gleichheit nur im Fall $a = b$ auftreten kann.

Umformen der linken Seite liefert $a + b - 2\sqrt{ab} \geq 0$, und hieraus folgt die gewünschte Ungleichung durch Umordnen.

# 2. Woche

## Der Rechenkünstler

Die im Rätsel beschriebene Methode lässt sich immer anwenden, wie man mit Hilfe von einfachen Umformungen sieht.

Beide Brüche sind so beschaffen, dass ihr Zähler um eins kleiner ist als ihr Nenner, und deswegen können wir die Brüche mit beliebigen von $-1$ verschiedenen ganzen Zahlen $a$ und $b$ in der Form $\frac{a}{a+1}$ bzw. in der Form $\frac{b}{b+1}$ darstellen ($-1$ mussten wir ausschließen, weil andernfalls der Nenner gleich 0 wäre und Brüche mit dem Nenner 0 sinnlos sind).

Wir rechnen nun die Differenz dieser Brüche aus:

$$\begin{aligned}\frac{a}{a+1} - \frac{b}{b+1} &= \frac{a(b+1) - b(a+1)}{(a+1)(b+1)} = \\ &= \frac{ab + a - ab - b}{(a+1)(b+1)} = \frac{a-b}{(a+1)(b+1)}\,.\end{aligned}$$

Die allgemeine Regel lautet also: Subtrahiert man die Zähler voneinander, dann ergibt sich der Zähler des Ergebnisses, und multipliziert man die Nenner miteinander, dann erhält man den neuen Nenner.

## Das Testament

Der Kadi gab ihnen den Rat, dass sich jeder auf das Kamel des anderen setzen solle, um mit dem Kamel des Bruders möglichst schnell zur Oase zu reiten. Wer dann nämlich zuerst die Oase erreicht, dessen Kamel kommt dort später an, womit der betreffende Bruder die Schätze des Vaters erhält.

## Die Uhr

Ich habe die Uhr deswegen in Gang gesetzt, um bei meiner Rückkehr feststellen zu können, wie lange ich von zuhause weg gewesen bin. Ziehe ich nämlich von der Zeit, die auf meiner Wanduhr angezeigt wird (und die ich feststellen kann, wenn ich mir bei meinem Weggang die Uhrzeit angeschaut habe), diejenige Zeit ab, die ich bei meinem Freund verbracht habe, dann erhalte ich genau die Zeit, die ich gebraucht habe, um die beiden Wege zurückzulegen. Die Hälfte dieser Zeit addiere ich zu der Zeit, zu der ich von meinem Freund aus nachhause gegangen bin (diese Zeit habe ich noch bei meinem Freund abgelesen). Die so erhaltene Zeit habe ich bei meiner Rückkehr auf meiner Wanduhr eingestellt.

Wir wollen uns jetzt diese kleine Rechnung auch algebraisch ansehen. Mit $A$ bezeichnen wir die Zeit, die meine Wanduhr bei meinem Weggang von zuhause angezeigt hat. Im Haus meines Freundes habe ich auf die genaue Zeit meiner dortigen Ankunft und meines Weggangs von dort geachtet; diese beiden Zeitangaben seien mit $h$ und $k$ bezeichnet. Als ich wieder zuhause ankam, zeigte meine Wanduhr die Zeit $B$ an. Die Zeitdauer meiner Abwesenheit von zuhause ist $B - A$. Hiervon habe ich die Zeit $(k - h)$ bei meinem Freund verbracht. Bezeichnen wir nun mit $t$ die Dauer des Weges zwischen meiner Wohnung und der Wohnung meines Freundes, dann gilt $2t = (B - A) - (k - h)$. Demnach war $k + t$ die genaue Zeit bei meiner Rückkehr. (Natürlich habe ich den Weg in beiden Richtungen mit der gleichen Geschwindigkeit zurückgelegt.)

# 3. Woche

## Das Haus des Nikolaus

Man sieht leicht ein, dass man nur mit einem der beiden Punkte beginnen kann, die auf der nachstehenden Abbildung mit 1 bzw. 2 bezeichnet sind. Das können wir ohne Versuche folgendermaßen feststellen: In den Punkten 1 und 2 laufen ungeradzahlig viele Linien zusammen (nämlich jeweils drei Linien). Wenn also der Punkt 1 bei einem Durchlauf weder der Anfangspunkt noch der Endpunkt wäre, dann müssten wir genauso oft an Punkt 1 ankommen, wie wir Punkt 1 wieder verlassen.

Das heißt, jeder Durchlauf würde die in 1 zusammenlaufenden Kanten zu „Paaren machen“, und somit müsste in 1 eine gerade An-

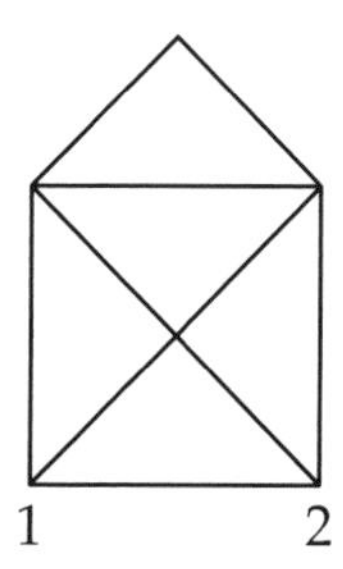


zahl von Kanten zusammenlaufen. Das ist jedoch nicht der Fall; also kann 1 (und ebenso 2) nur Anfangspunkt oder Endpunkt sein.

Demnach müssen wir entweder bei Punkt 1 oder bei Punkt 2 anfangen und dementsprechend bei Punkt 2 oder bei Punkt 1 aufhören.

Wenn wir diese Regel einhalten, dann können wir beim Durchlaufen nicht steckenbleiben.

## Ein besonderes Jahr

Wir bezeichnen mit 1 denjenigen Tag, auf den der 13. Januar des fraglichen Jahres gefallen ist. Die danach folgenden Wochentage bezeichnen wir der Reihe nach mit 2, 3, ..., 7. War beispielsweise der 13. Januar ein Mittwoch, dann trägt der Mittwoch die Bezeichnung 1, der Donnerstag die 2, ..., der Dienstag die 7. Wie können wir auf einfache Weise ausrechnen, auf welchen Tag der 13. Februar fiel? Hätte der Januar 28 Tage, dann würde der 13. Februar auf einen Tag fallen, der dieselbe Bezeichnung trägt wie der 13. Januar, das heißt die 1. Da aber der Januar 31 Tage hat, entsteht eine Verschiebung von drei Tagen, das heißt, der 13. Februar trägt die Bezeichnung 4. Allgemein gilt: Hat ein Monat $x$ Tage und hat $x$ bei Division durch 7 den Rest $r$, dann entsteht dadurch eine Verschiebung um $r$. Hieraus und aus der Voraussetzung, dass es sich um ein Schaltjahr handelt, ergibt sich, auf welche Tage die 13. fallen: 13. Januar (1), 13. Februar (4), 13. März (5), 13. April (1), 13. Mai (3), 13. Juni (6), 13. Juli (1), 13. August (4), 13. September (7), 13. Oktober (2), 13. November (5), 13. Dezember (7).

Wir sehen also, dass es nur *eine* Zahl gibt, die dreimal vorkommt, nämlich die Zahl 1. Folglich wird der Freitag durch 1 bezeichnet (denn in Katis Geburtsjahr fiel der 13. dreimal auf einen Freitag). Und weil der 13. April demnach ein Freitag war, fiel der 1. April auf einen Sonntag. Kati war also ein Sonntagskind.

* * *

Wir sehen uns jetzt an, wie sich die zum jeweils 13. eines Monats gehörenden Zahlen ändern, wenn es sich nicht um ein Schaltjahr handelt. Offensichtlich bleiben der Januar und der Februar unverändert, während die anderen Zahlen jeweils um 1 kleiner sind; wir erhalten also der Reihe nach 1, 4, 4, 7, 2, 5, 7, 3, 6, 1, 4, 6. Wir können jetzt noch eine interessante Sache feststellen. Sowohl in einem Schaltjahr als auch in einem „gewöhnlichen" Jahr (das heißt in einem Nicht-Schaltjahr) treten in der Aufzählung alle Zahlen von 1 bis 7 auf. Hieraus folgt unter anderem die interessante Tatsache, dass in jedem Jahr mindestens ein Freitag auf den 13. fällt.

## Konkurrenten oder *Die Gehaltserhöhung*

Der Bewerber, der sich für die zweite Möglichkeit entschieden hatte, wurde eingestellt, denn er hat sich von allen drei am vernünftigsten verhalten: Nach kurzem Nachdenken war er draufgekommen, dass die zweite Möglichkeit ein höheres Gehalt bedeutet. Das können wir am einfachsten einsehen, wenn wir aufschreiben, wie hoch die Gehälter entsprechend den beiden Möglichkeiten sind:

| | erste Möglichkeit | zweite Möglichkeit |
|---|---|---|
| 1. Monat | $50\,000 + 50\,000 = 100\,000$ | $50\,000 + 50\,500 = 100\,500$ |
| 2. Monat | $50\,750 + 50\,750 = 101\,500$ | $51\,000 + 51\,500 = 102\,500$ |
| 3. Monat | $51\,500 + 51\,500 = 103\,000$ | $52\,000 + 52\,500 = 104\,500$ |

Die zweite Möglichkeit ist somit viel einträglicher. Man kann algebraisch leicht nachrechnen, wie das Verhältnis zwischen den Beträgen der halbmonatlichen und der monatlichen Gehaltserhöhung beschaffen sein muss, damit die Wahl der halbmonatlichen Gehaltserhöhung günstiger ist.

Es bezeichne $n$ das Grundgehalt. Bei der ersten Möglichkeit werde das Gehalt monatlich um $a$ Forint erhöht, bei der zweiten Möglichkeit halbmonatlich um $b$ Forint. Bei der ersten Möglichkeit sind die monatlich gezahlten Beträge die folgenden: $n$, $n + a$, $n + 2a$, $n + 3a$, ... Bei der zweiten Möglichkeit ergibt sich: $n + b$, $n + 5b$, $n + 9b$, $n + 13b$, ...

Überschreitet also $a$ nicht das Vierfache von $b$, dann ist die zweite Möglichkeit günstiger. Insbesondere sind für den Fall $a = 4b$ die Gehaltserhöhungen gleich groß, aber derjenige, der die zweite Möglichkeit wählt, erhält monatlich $b$ Forint mehr.

Wir sehen demnach, dass eine halbmonatliche Erhöhung um 500 Forint tatsächlich noch besser ist als eine monatliche Erhöhung um 2000 Forint.

# 4. Woche

## Die Metallstange

Wir nehmen an, dass die ganze Stange eine Länge von 85 cm hat. Somit hat ein genau 1 cm langes Stück ein Gewicht von 1 kg. Möchte ich also die Stange so zersägen, dass beide Teile ein ganzzahliges Vielfaches von 1 kg wiegen, dann muss ich dort sägen, wo die Zentimeterskala des Zollstocks ganzzahlige Werte anzeigt. Da sich der 0. und der 85. cm an den beiden Enden der Stange befinden, kann ich die Stange bei den Werten $1, 2, \ldots, 84$ zersägen. Demnach kann ich die Stange auf 84 Weisen zersägen.

## Der altgriechische Kupferlöwe

Mit $x$ bezeichnen wir die Anzahl der Stunden, die zum Füllen des Beckens benötigt werden, wenn das Wasser gleichzeitig aus allen vier Öffnungen fließt.

Dann füllt während der $x$ Stunden das rechte Auge einen Anteil von $x/24$ des Beckens (wir rechnen mit 12-Stunden-Tagen), das linke Auge einen Anteil von $x/36$, das rechte Knie einen Anteil von $x/48$ und das Maul des Kupferlöwen einen Anteil von $x/6$ des Beckens. Da diese Anteile zusammen innerhalb von $x$ Stunden das Becken füllen, muss die Summe dieser Brüche gleich 1 sein:

$$\frac{x}{24} + \frac{x}{36} + \frac{x}{48} + \frac{x}{6} = 1 .$$

Das heißt,

$$x \cdot \left( \frac{1}{24} + \frac{1}{36} + \frac{1}{48} + \frac{1}{6} \right) = x \cdot \frac{6 + 4 + 3 + 24}{144} = \frac{37}{144} = 1 .$$

Hieraus folgt

$$x = \frac{144}{37} = 3 + \frac{33}{37}$$

und somit füllt sich das Becken innerhalb einer Zeit von ungefähr drei Stunden und 54 Minuten.

## Der Araber

Der Plan des Kadi war sehr geistreich, entsprach aber offensichtlich nicht dem Testament, da die Erben nicht den ihnen zukommenden Anteil an den 19 Pferden erhalten. Übrigens verteilt das Testament nicht den gesamten Pferdebestand unter den Söhnen, denn die Hälfte, ein Viertel und ein Fünftel von irgendetwas ergibt zusammengenommen nur 19/20 des Ganzen.

# 5. Woche

## In der Straßenbahn

Für diesen Fall gibt es eine einzige logische Erklärung: Der Fahrgast hat dem Schaffner zwei 50-Fillér-Münzen gegeben.

## Hasenjagd

Gemäß den Angaben macht der Windhund während der Zeit eines Hasensprunges 8/11 Sprünge, und ein Windhundsprung entspricht 9/5 Hasensprüngen. In der Zeit, in welcher der Hase 11 Sprünge macht, macht der Windhund 8 Sprünge, und das entspricht $72/5 = 14{,}4$ Hasensprüngen. Nach jeweils 11 Hasensprüngen kommt der Windhund 3,4 Hasensprünge näher an den Hasen heran. Somit holt er den Rückstand von 34 Hasensprüngen innerhalb von $10 \cdot 11 = 110$ Hasensprüngen ein, und das entspricht 80 Windhundsprüngen.

* * *

Die Aufgabe lässt sich auch mit einer Gleichung in einer Unbekannten leicht lösen.

Wir nehmen an, dass der Hase $x$ Sprünge macht, bevor er eingeholt wird. Dann macht der Windhund in der gleichen Zeit $8x/11$ Sprünge und das entspricht demnach

$$\frac{9}{5} \cdot \frac{8x}{11} = \frac{72x}{55}$$

Hasensprüngen. Also gilt

$$34 + x = \frac{72x}{55} \,.$$

Hieraus folgt $x = 110$, und somit beträgt die Anzahl der Windhundsprünge

$$8 \cdot \frac{110}{11} = 80\,.$$

Der Hase macht also noch 110 Sprünge, bis ihn der Windhund mit seinem 80. Sprung einholt.

## Das Telefonkabel – lange Leitung?

Ein Kreis mit dem Radius $r$ hat bekanntlich den Umfang $2r\pi$, also näherungsweise $6,28r$ (dieser Näherungswert reicht für unsere Zwecke aus).

Mit $r$ bezeichnen wir den Radius des Kreises, auf dessen Umfang das jetzige Telefonkabel verläuft. Der Ingenieur möchte, dass die Leitung auf einem Kreis mit dem Radius $r + 1$ liegt. Die Längenzunahme der Leitung beträgt dann $6,28(r+1) - 6,28r = 6,28$ Meter.

Die Leitung würde also 6,28 Meter länger werden, und das würde 1256 Forint kosten. (Rechnet man mit einem genaueren Wert von $\pi$, etwa 3,1412, dann ergibt sich 1256,5 Forint. Auch das lässt sich noch aushalten!)

# 6. Woche

## Das Abendessen beim Knödelwirt

Nach jedem Verzehr sind $2/3$ der davor vorhandenen Knödel geblieben. Wollen wir also nach jedem solchen Verzehr herausbekommen, wieviele Knödel sich davor in der Schüssel befanden, dann müssen wir den Rest mit $3/2$ multiplizieren. Die ursprüngliche Anzahl der Knödel ist also

$$8 \cdot \frac{3}{2} \cdot \frac{3}{2} \cdot \frac{3}{2} = 27\,.$$

* * *

Die Aufgabe lässt sich auch mit einer Gleichung lösen. Waren es ursprünglich $x$ Knödel, dann hat der erste Tourist $x/3$ Knödel gegessen, so dass

$$x - \frac{x}{3} = \frac{2x}{3}$$

Knödel übrig geblieben sind. Der zweite Tourist hat hiervon ein Drittel gegessen, das heißt $\frac{2x}{9}$ Knödel. Somit sind für den dritten Touristen $\frac{2x}{3} - \frac{2x}{9} = \frac{4x}{9}$ Knödel übrig geblieben und dieser Tourist hat davon ein Drittel gegessen, also $\frac{4x}{27}$ Knödel. Nachdem der dritte Tourist fertig war, sind demnach noch

$$\frac{4x}{9} - \frac{4x}{27} = \frac{8x}{27}$$

Knödel übrig geblieben. Hieraus folgt

$$\frac{8x}{27} = 8\,,$$

das heißt

$$x = 27\,.$$

Folglich befanden sich ursprünglich 27 Knödel in der Schüssel.

* * *

Die Lösung lässt sich auch durch eine Tabelle veranschaulichen:

| | Anzahl der Knödel vor dem Verzehr | Anzahl der verzehrten Knödel | Anzahl der Knödel nach dem Verzehr |
|---|---|---|---|
| 1. Tourist | $x$ | $\frac{x}{3}$ | $x - \frac{x}{3} = \frac{2x}{3}$ |
| 2. Tourist | $\frac{2x}{3}$ | $\frac{2x}{3} \cdot \frac{1}{3} = \frac{2x}{9}$ | $\frac{2x}{3} - \frac{2x}{9} = \frac{4x}{9}$ |
| 3. Tourist | $\frac{4x}{9}$ | $\frac{4x}{9} \cdot \frac{1}{3} = \frac{4x}{27}$ | $\frac{4x}{9} - \frac{4x}{27} = \frac{8x}{27}$ |

Da 8 Knödel übrig geblieben sind, haben wir $\frac{8x}{27} = 8$. Hieraus folgt $x = 27$. Es befanden sich also ursprünglich 27 Knödel in der Schüssel.

## Das Paradoxon des Protagoras

Mit Protagoras können wir folgendermaßen argumentieren: Wenn er den Prozess gewinnt, dann bekommt er im Sinne des Gerichtsentscheides sein Geld. Verliert er hingegen den Prozess, dann hat sein Schüler seinen ersten Prozess gewonnen und muss somit laut Vertrag seinem Lehrmeister das Geld zahlen.

Der Schüler argumentierte jedoch folgendermaßen: Wenn ich gewinne, dann muss ich gemäß Gerichtsentscheid nicht zahlen. Verliere ich jedoch, dann muss ich laut unserem Vertrag nicht zahlen.

Die Doppeldeutigkeit der Überlegungen ergibt sich natürlich daraus, dass beide den für sich jeweils günstigen Fall auswählen: den Gerichtsentscheid oder die vertragliche Vereinbarung. Legen wir fest, dass in jedem Fall der Gerichtsentscheid maßgeblich ist, dann kann man eine eindeutige Antwort geben.

* * *

In der Erkenntnistheorie ist die Relativität von besonderer Wichtigkeit. So meint etwa Protagoras (ca. 480–410 v. Chr.): „Über jedes Ding lassen sich zwei einander widersprechende Aussagen machen." Das heißt, in der einen Situation ist die eine Aussage wahr und in einer anderen Situation die andere Aussage. Hieraus zieht er letztlich die Schlussfolgerung, dass es keinen objektiven Sachverhalt gibt. Davon leitet sich der „Homo-Mensura-Satz" des Protagoras ab: „Der Mensch ist das Maß aller Dinge ..."[10] Somit wurde, durch den Menschen gesehen, nicht einmal das Dasein als objektiv betrachtet, sondern nur als ein subjektives Phänomen.

## Weißt du wieviel Fahnen wehen?

a) Wir schauen uns zuerst an, wieviele dreifarbige Fahnen man mit vier verschiedenen Farben herstellen kann. Für die Färbung des obersten Streifens der Fahne gibt es vier Möglichkeiten. Ist jedoch der oberste Streifen gefärbt, dann gibt es zur Färbung des mittleren Streifens nur noch drei verschiedene Möglichkeiten, weil die Farbe des obersten Streifens nicht mehr gewählt werden darf. Da wir jede Möglichkeit mit jeder Möglichkeit paarweise verwenden dürfen, gibt es zur Färbung des obersten und des mittleren Streifens $4 \cdot 3 = 12$ verschiedene Möglichkeiten. Sind der oberste und der mittlere Streifen gefärbt, dann können wir bei dem unteren Streifen nur noch zwischen zwei Farben wählen. Insgesamt kann man also $12 \cdot 2 = 24$ Fahnen herstellen.

b) Haben jedoch die beiden äußeren Streifen auch die gleiche Farbe, dann gibt es zur Färbung dieser beiden Streifen vier Möglichkeiten: beide Streifen rot, oder beide blau, oder beide grün, oder beide gelb. In allen diesen Fällen kann der mittlere Streifen auf dreierlei Weise gefärbt werden, das heißt, man kann insgesamt $4 \cdot 3 = 12$ Fahnen herstellen, bei denen die beiden äußeren Streifen die gleiche Farbe haben.

* * *

[10] Omnium rerum mensura homo.

Die beiden obigen Aufgaben ließen sich durch leichte Überlegungen lösen. Würden wir aber die Grundzüge der Kombinatorik kennen, dann wären wir mit den Aufgaben noch leichter zurechtgekommen. Da ähnliche Probleme häufig vorkommen, wollen wir uns jetzt einige Grundbegriffe ansehen:

> Wieviele Möglichkeiten gibt es, sechs Bücher der Reihe nach ins Bücherregal zu stellen?

Antwort: Es gibt 720 Möglichkeiten. Wie kann man das schnell ausrechnen?

> Allgemein: Wieviele Möglichkeiten gibt es, $n$ Objekte anzuordnen?

Antwort: Die Anzahl der Möglichkeiten ist $1 \cdot 2 \cdot \cdots \cdot n$. Diesen Ausdruck bezeichnen wir kurz mit $n!$ und nennen ihn *n Fakultät*. Wir erhalten ihn also durch Multiplikation aller ganzen Zahlen von 1 bis $n$.

Zum Beispiel haben wir für 3 Fakultät: $3! = 1 \cdot 2 \cdot 3 = 6$.

Für 5 Fakultät haben wir $5! = 1 \cdot 2 \cdot 3 \cdot 4 \cdot 5 = 120$.

Die Anordnungen von $n$ verschiedenen Objekten in einer Reihenfolge nennen wir *Permutationen* (dieser Objekte). Unsere obige Behauptung lässt sich auch so formulieren, dass $n$ verschiedene Objekte insgesamt $n!$ Permutationen haben.

Diese Behauptung lässt sich am einfachsten durch vollständige Induktion beweisen. (Das Prinzip der vollständigen Induktion findet man im *Anhang*.)

Für $n = 1$ bedeutet das, dass man 1 Objekt nur auf eine einzige Weise anordnen kann, was offensichtlich richtig ist. Wir setzen nun voraus, dass die Behauptung für $n - 1$ richtig ist. Als Nächstes teilen wir die $n$-elementigen Permutationen in Klassen ein: Wir „stecken" zwei Permutationen in ein und dieselbe Klasse, wenn sie mit dem gleichen Element beginnen. Da es sich um $n$ Elemente handelt, erhalten wir $n$ verschiedene Klassen. In jeder Klasse haben die Permutationen das gleiche erste Element und deswegen ist die Anzahl der verschiedenen Permutationen, die in jeweils einer Klasse liegen, gleich der Anzahl der Permutationen der restlichen $n - 1$ Elemente. Aufgrund der Induktionsvoraussetzung sind das in jeder Klasse $(n - 1)!$ Elemente.

Es gibt insgesamt $n$ Klassen und deswegen ist $(n - 1)! \cdot n = n!$ die Anzahl der verschiedenen Permutationen.

Eine weitere häufig auftretende Frage ist die folgende:

> Wieviele $k$-farbige Fahnen können wir mit $n$ Farben herstellen (wobei wir voraussetzen, dass die Fahnen aus Streifen

bestehen und zwei beliebige Streifen einer Fahne mit unterschiedlichen Farben gefärbt werden)?

Antwort: Die Anzahl aller verschiedenen Möglichkeiten ist durch das Produkt $n(n-1)(n-2)\cdots(n-k+1)$ gegeben. Mit der oben eingeführten Notation können wir das in der folgenden Form einfacher schreiben:

$$\frac{n!}{(n-k)!}\,.$$

Diese Formel können wir wortwörtlich so ableiten, wie wir es im Falle $n=4$, $k=3$ bei der Lösung des Rätsels gemacht hatten.

Wenn wir aus $n$ Elementen $k$ Elemente derart auswählen, dass uns auch die Reihenfolge der ausgewählten Elemente interessiert, dann sprechen wir von *Variationen* von $n$ Elementen zur $k$-ten Klasse ohne Wiederholungen. Die vorhergehende Behauptung lässt sich also auch so formulieren, dass die Anzahl der Variationen von $n$ Elementen zur $k$-ten Klasse ohne Wiederholungen gleich

$$\frac{n!}{(n-k)!}$$

ist. In vielen Fällen ist jedoch die Reihenfolge der ausgewählten Elemente nicht von Interesse.

Zum Beispiel entscheidet man bei einer Zeitung durch Ziehen von Losen, welche drei Einsender der 15 Personen, die richtige Rätsellösungen eingesandt haben, einen Preis in Höhe von 6000 Forint erhalten sollen.

Hier ist es vollkommen gleichgültig, in welcher Reihenfolge man die drei Namen zieht. Wichtig ist nur, welche drei Namen gezogen werden. Die (ohne Beachtung der Reihenfolge erfolgende) Auswahl einiger Elemente aus mehreren Elementen wird als *Kombination* bezeichnet. Die Anzahl der $k$-elementigen Kombinationen, die sich aus einer $n$-elementigen Menge auswählen lassen (mit anderen Worten: die Anzahl der Kombinationen zur Klasse $k$), lässt sich mit Hilfe der obigen Überlegungen sehr leicht bestimmen. Wir bezeichnen diese Anzahl mit $x$. Ordnen wir die ausgewählten Elemente in allen möglichen Reihenfolgen an, das heißt, permutieren wir sie, dann haben wir insgesamt $k!\cdot x$ Möglichkeiten. Das aber ist genau die Anzahl derjenigen Variationen zur Klasse $k$, die sich aus $n$ Elementen bilden lassen, das heißt

$$\frac{n!}{(n-k)!}\,.$$

Wir haben also

$$k! \cdot x = \frac{n!}{(n-k)!}$$

und hieraus folgt

$$x = \frac{n!}{(n-k)!\,k!}\,.$$

Dieser Ausdruck ist so wichtig, dass man dafür ein gesondertes Symbol eingeführt hat: $\binom{n}{k}$. Wir sagen dazu „$n$ über $k$". Demnach ist

$$\binom{n}{k} = \frac{n!}{(n-k)!k!}\,.$$

# 7. Woche

## Hausaufgabe

Mit den Buchstaben $a$, $b$, $c$, $d$ und $e$ bezeichnen wir Ziffern. Die erste Multiplikation war also

$$\overline{abcde7} \cdot 5 = \overline{7abcde}\,.$$

(Mit dem Überstreichen drücken wir aus, dass die überstrichenen Ziffern eine Zahl darstellen, die im Dezimalsystem geschrieben ist.) Wegen $5 \cdot 7 = 35$ haben wir $e = 5$ und den Übertrag 3. Es folgt $5e + 3 = 5 \cdot 5 + 3 = 28$, also $d = 8$, Übertrag 2. Setzen wir dieses Verfahren fort, dann erhalten wir $c = 2$, $b = 4$ und $a = 1$. Tatsächlich ist $142\,857 \cdot 5 = 714\,285$.

Wir hätten das auch mit einer anderen Methode lösen können. Diese Methode wenden wir jetzt beim zweiten Produkt an. Die Bedingungen der Aufgabe bedeuten $\overline{1abcde} \cdot 3 = \overline{abcde1}$.

Es bezeichne $x$ die fünfstellige Zahl $\overline{abcde}$. Dann ist $(100\,000 + x) \cdot 3 = 10x + 1$ und hieraus folgt $7x = 299\,999$, das heißt, $x = 42\,857$.

Das Produkt ist also

$$142\,857 \cdot 3 = 428\,571\,.$$

## Das Superhotel

Der Fehler ist, dass wir den zweiten Gast gleichzeitig auch als siebenten Gast gezählt haben.

## Eifersüchtige Ehemänner

Die Lösung ist sehr einfach.

Erster Schritt: Ein Ehepaar setzt über. Zweiter Schritt: Der Ehemann kommt zurück. Dritter Schritt: Die Männer setzen über. Vierter Schritt: Der zweite Ehemann kommt zurück. Fünfter Schritt: Das zweite Ehepaar setzt über. Man kann das Rätsel auch anders lösen.

Die Chronik berichtet jedoch nicht darüber, ob die allein am Ufer zurückgelassenen Ehefrauen in der Zwischenzeit ihren Mann mit einem fremden Mann betrogen haben, den es dorthin verschlagen hat.

# 8. Woche

## Noch ein Superhotel

Die Fragestellung ist inkorrekt.

Subtrahieren wir 20 Dollar von 270 Dollar: $270 - 20 = 250$, dann ergibt sich, wieviel Geld der Hotelbesitzer für das Apartment bekommen hat.

* * *

Anders ausgedrückt: Jeder Tourist hat pro Kopf

$$\frac{250}{3} = 80 + \frac{10}{3}$$

Dollar für ein Zimmer gezahlt.

Jeder hat zehn Dollar zurückbekommen, das macht

$$90 + \frac{10}{3}$$

Dollar pro Kopf.

Der Hotelboy hat sich von jedem der drei Touristen 20/3 Dollar in die eigene Tasche gesteckt, was zusammen

$$3 \cdot \frac{20}{3} = 20$$

Dollar ausmacht.

Addieren wir diese Beträge, dann erhalten wir

$$3 \cdot \left(90 + \frac{10}{3}\right) + 3 \cdot \frac{20}{3}$$

Dollar, das heißt genau 300 Dollar.

## Three-letter words: Wörter mit drei Buchstaben

In der ersten Addition ist $A + T = A$, also $T = 0$, und es ergibt sich kein Übertrag. $E + S = T = 0$ ist nicht möglich, denn wenn es so wäre, dann müssten $E$ und $S$ beide gleich 0 sein; das ist nicht möglich, denn $E$ und $S$ sind voneinander verschieden (und natürlich kann keine dieser beiden Zahlen gleich 0 sein, da sie von $T$ verschieden sind). Demnach haben wir:

$$E + S = 10\,. \tag{1}$$

Hier haben wir also den Übertrag 1, das heißt:

$$B + I + 1 = U\,. \tag{2}$$

Bei der zweiten Addition steht in der mittleren Spalte $A$ unter $T$ und $E$, das heißt unter 0 und $E$. Da $E$ und $A$ voneinander verschieden sind, ist nur

$$A = E + 1\,. \tag{3}$$

möglich. Deswegen muss in der letzten Spalte die 1 als Übertrag auftreten, das heißt:

$$2A = R + 10\,. \tag{4}$$

Wegen (3) ist $E$ höchstens 8, und deswegen gibt $T + E + 1$ keinen Übertrag (im Falle $E = 9$ wäre $A = 0$, was wegen der Verschiedenheit von $A$ und $T$ nicht möglich ist), das heißt:

$$U + B = W\,. \tag{5}$$

Aus (3) und (4) folgt $2A = 2(E + 1) = R + 10$, und somit:

$$E = \frac{R}{2} + 4\,. \tag{6}$$

Wir hatten gesehen, dass $E$ nicht 9 sein kann, und weil $R$ nicht 0 sein kann (da $T$ gleich 0 ist), muss $E$ mindestens 5 sein. Jedoch ist $E = 5$ nicht möglich, da sonst gemäß (1) auch $S$ gleich 5 wäre; $E = 6$ ist nicht möglich, weil sonst gemäß (1) die Ziffer $S$ gleich 4 wäre und wegen (6) auch $R$ gleich 4 wäre; $E = 8$ ist ebenfalls nicht möglich, da sich sonst aus (6) auch für $R$ der Wert 8 ergeben würde.

Demnach haben wir $E = 7$. Einsetzen in (1), (3) und (6) liefert $S = 3$, $A = 8$ und $R = 6$. Aufgrund der Addition wissen wir nun Folgendes:

$$\begin{array}{rccc} & \mathrm{B} & 7 & 8 \\ + & \mathrm{I} & 3 & 0 \\ \hline & \mathrm{U} & 0 & 8 \\ + & \mathrm{B} & 7 & 8 \\ \hline & \mathrm{W} & 8 & 6 \end{array}$$

Aus (2) und (5) ergibt sich:

$$2B + I + 1 = W\,. \tag{7}$$

Wäre $B$ größer als 3, dann müsste (weil $I$ größer als 0 ist) wegen (7) der Wert von $W$ mindestens 10 sein, was nicht möglich ist.

Wegen $S = 3$ ist $B = 3$ nicht möglich.

Wir nehmen an, dass $B = 2$ ist. Dann ist wegen (7)

$$W = I + 5\,.$$

Demnach ist $W$ mindestens 6.

Da 6, 7 und 8 bereits besetzt sind, wäre also nur $W = 9$ möglich; in diesem Falle wäre aber wegen (5) der Wert von $U$ gleich 7 und würde deswegen mit $E$ übereinstimmen, was nicht möglich ist.

Demnach ist $B = 1$. Wegen (7) folgt dann:

$$W = I + 3\,. \tag{8}$$

Unter Berücksichtigung von (5) und unter Beachtung dessen, welche Ziffern noch nicht besetzt sind, erfüllen nur $I = 2$ und $W = 5$ die Bedingung (8). Wegen (5) haben wir dann $U = 4$. Demnach ist nur eine einzige Lösung möglich und diese ist auch wirklich die Lösung:

$$\begin{array}{rccc} & 1 & 7 & 8 \\ + & 2 & 3 & 0 \\ \hline & 4 & 0 & 8 \\ + & 1 & 7 & 8 \\ \hline & 5 & 8 & 6 \end{array}$$

## Im Kindergarten

Wir teilen die Kinder in vier Gruppen ein:

(1) blaue Augen und braune Haare
(2) blaue Augen und schwarze Haare
(3) grüne Augen und braune Haare
(4) grüne Augen und schwarze Haare

Wir wählen nun ein Kind aus, den Tommy, und nehmen an, dass Tommy zu Gruppe 1 gehört. Wenn es ein zu Gruppe 4 gehörendes Kind gibt, dann bildet Tommy mit diesem Kind ein entsprechendes Paar.

Aber was ist, wenn es kein Kind mit grünen Augen und schwarzen Haaren gibt? Dann gibt es mit Sicherheit ein zu Gruppe 3 gehörendes Kind, denn andernfalls gäbe es im Kindergarten kein Kind mit grünen Augen – im Widerspruch zu den Voraussetzungen, die besagen, dass im Kindergarten beide Augenfarben und Haarfarben auftreten. Aber es gibt auch ein Kind, das zu Gruppe 2 gehört, denn im gegenteiligen Fall gäbe es im Kindergarten überhaupt keine schwarzhaarigen Kinder.

Das gewünschte Paar findet man in diesem Fall in einem zu Gruppe 2 und einem zu Gruppe 3 gehörenden Kind. Auf ähnliche Weise können wir argumentieren, wenn wir zu Beginn ein Kind wählen, das zu einer anderen Gruppe gehört.

# 9. Woche

## Wie alt ist Susi?

Susis Mutter sei $x$ Jahre alt, ihr Vater sei $y$ Jahre alt und Susi sei $z$ Jahre alt. Dann gilt für die Primzahlen $x$ und $y$ sowie für $z$ (nach Voraussetzung):

$$x + y = 100$$
$$x = \frac{y+z}{2}$$

Hieraus folgt $z = 2x - y$. Wir setzen ferner voraus, dass $x$ und $y$ beide um mindestens 12 größer sind als $z$.

100 lässt sich auf mehrere Weisen in eine Summe zweier Primzahlen zerlegen, und somit gibt es mehrere Möglichkeiten für $x$, $y$ und $z$. Wir gehen hier nicht auf die Fälle ein, in denen für $z$ eine negative

Zahl herauskäme oder Susi älter wäre als ihre Eltern. Dann bleiben die folgenden beiden Möglichkeiten:

$$x = 41\,, y = 59\,, z = 23 \text{ oder } x = 47\,, y = 53\,, z = 41\ .$$

Von diesen Möglichkeiten erfüllt jedoch nur die erstgenannte die Voraussetzung, dass der Altersunterschied zwischen Susi und ihren Eltern mehr als zwölf Jahre beträgt. Also ist Susis Vater 59 Jahre alt, ihre Mutter 41 Jahre alt und Susi selbst ist 23 Jahre alt.

## Merkwürdige Addition

Der Professor hat seiner Frau gesagt, dass er die Addition im Neunersystem ausgeführt hat, das heißt in dem Zahlensystem, in dem die Stellenwerte Potenzen von 9 sind.

* * *

Bekanntlich arbeiten wir im Allgemeinen mit dem Zehnersystem, also mit dem Dezimalsystem. Wir wissen auch, welch große Errungenschaft seinerzeit die Einführung des Dezimalsystems war. Früher wurden vielerorts andere Zahlensysteme verwendet, deren Spuren wir noch heute begegnen. So sind beispielsweise das *Dutzend* (12) und das *Großdutzend (Gros)* (12-mal 12) Überreste des Zwölfersystems, während die Unterteilung einer Stunde in 60 Minuten und die Unterteilung einer Minute in 60 Sekunden Überbleibsel des Sexagesimalsystems (also des Stellenwertsystems mit Basis 60) sind.

Worum handelt es sich eigentlich bei einem Zahlensystem?

Ich habe beispielsweise ein Geschenk für 1265 Forint gekauft. Was wird durch die Zahl 1265 symbolisiert? Die Ziffern haben einen „Stellenwert" und einen „Nennwert". Die 5 bedeutet fünf Einer, die 6 bedeutet sechs Zehner, die 2 zwei Hunderter und die 1 bedeutet einen Tausender:

$$1265 = 1 \cdot 1000 + 2 \cdot 100 + 6 \cdot 10 + 5\ .$$

Zum Beispiel hat 2 den Nennwert 2 und den Stellenwert 100.

Analog hat man:

$$23\,654 = 2 \cdot 10\,000 + 3 \cdot 1000 + 6 \cdot 100 + 5 \cdot 10 + 4\ .$$

Um nicht immer so viele Nullen schreiben zu müssen, verwenden wir die „Potenzschreibweise", das heißt, wir schreiben die 100 als $10^2$, die 1000 als $10^3$, die 10 000 als $10^4$, und die 10 können wir als $10^1$ schreiben ($10^n$ bedeutet, dass wir die 10 $n$-mal mit sich selbst multiplizieren).

Dadurch, dass wir eine Ziffer an die zweite, dritte, vierte, ..., $n$-te Stelle von rechts schreiben, bringen wir zum Ausdruck, dass diese Ziffer an der betreffenden Stelle das 10-fache, $10^2$-fache, $10^3$-fache, ..., $10^{n-1}$-fache ihres Nennwertes hat.

Als Beispiel geben wir 1265 in Potenzschreibweise an:

$$1265 = 1 \cdot 10^3 + 2 \cdot 10^2 + 6 \cdot 10^1 + 5\,.$$

Allgemein haben wir also:

$$\overline{a_n a_{n-1} \dots a_2 a_1 a_0} = a_n \cdot 10^n + a_{n-1} \cdot 10^{n-1} + \dots + a_2 \cdot 10^2 + a_1 \cdot 10^1 + a_0\,.$$

(Die Überstreichung auf der linken Seite bedeutet, dass die $a_i$ in der entsprechenden Reihenfolge die Ziffern einer im Dezimalsystem aufgeschriebenen Zahl bezeichnen.)

Auf ähnliche Weise kann man die Zahlen auch in einem anderen (vom Dezimalsystem verschiedenen) Zahlensystem aufschreiben. Im Dreiersystem (das heißt im System zur Basis 3) können wir beispielsweise die 75 folgendermaßen aufschreiben. Die kleine 10 neben der 75 bedeutet, dass es sich um eine Darstellung im Dezimalsystem handelt; analog geben wir neben einer Zahl durch kleingeschriebene Zahlen $3, 4, \dots$ an, dass die Darstellung im Dreiersystem, Vierersystem, ... erfolgt:

$$75_{10} = 2 \cdot 3^3 + 2 \cdot 3^2 + 1 \cdot 3^1 + 0 = 2210_3\,.$$

Im Dreiersystem schreiben wir die Zahlen als Potenzen von 3 mit den Ziffern 0, 1 und 2 auf. Im Dreiersystem gibt es weniger Ziffern, aber die Zahlen haben eine viel größere Anzahl von Stellen. Aus diesen und ähnlichen Bequemlichkeitsgründen werden wir bei unseren Rechnungen im Alltag immer beim Dezimalsystem bleiben. (Wir bemerken an dieser Stelle, dass das Zwölfersystem (oder Duodezimalsystem) vom praktischen Standpunkt besser wäre als das Dezimalsystem. Der Übergang zu diesem System wird jedoch durch den Umstand nahezu unmöglich, dass bisher jedes Buch, das sich mit Rechnungen befasst, im Dezimalsystem geschrieben wurde, und die entsprechende Umrechnung sehr arbeitsaufwendig wäre.)

Wir wollen uns nun ansehen, wie man eine Zahl in einem Zahlensystem zur Basis $b$ aufschreibt. Wir schreiben die Zahl in der Form

$$a_n \cdot b^n + a_{n-1} \cdot b^{n-1} + \dots + a_2 \cdot b^2 + a_1 \cdot b + a_0\,,$$

wobei wir jede der Ziffern $a_i$ unter den Zahlen $0, 1, \dots, b-1$ auswählen.

Die im Dezimalsystem mit 16 bezeichnete Zahl hat im Dreiersystem folgende Darstellung:

$$16_{10} = 1 \cdot 3^2 + 2 \cdot 3 + 1 = 121_3\,.$$

Die gleiche Zahl im Zweiersystem (auch Binärsystem oder Dualsystem genannt):

$$16_{10} = 1 \cdot 2^4 + 0 \cdot 2^3 + 0 \cdot 2^2 + 0 \cdot 2^1 + 0 \cdot 2^0 = 10\,000_2\,.$$

Es ergeben sich die folgenden zwei Fragen: Ist es wahr, dass man bei beliebiger Wahl einer positiven ganzen Zahl als Basis eines Zahlensystems jede Zahl in diesem Zahlensystem aufschreiben kann? Und wenn wir eine Zahl in dieser Form darstellen können, kann es dann nicht sein, dass es eventuell zwei derartige Darstellungen gibt?

Der Einfachheit halber beschränken wir uns hier auf den Fall des Dreiersystems (der gleiche Gedankengang gilt natürlich auch für jede andere Basis). Wir wollen die 181 im Dreiersystem aufschreiben.

Wir teilen 181 durch 3: $181 = 3 \cdot 60 + 1$, und der Rest 1 ist die letzte Ziffer der Zahl im Dreiersystem. Auf die gleiche Weise verfahren wir mit den weiteren Quotienten: $60 = 3 \cdot 20 + 0$, $20 = 3 \cdot 6 + 2$, $6 = 3 \cdot 2 + 0$, und schließlich $2 = 3 \cdot 0 + 2$. Dadurch erhalten wir in umgekehrter Reihenfolge die Ziffern im Dreiersysten, das heißt, $181_{10}$ ist im Dreiersystem $20\,201_3$. Das ist tatsächlich korrekt, denn

$$181_{10} = 2 \cdot 3^4 + 0 \cdot 3^3 + 2 \cdot 3^2 + 0 \cdot 3^1 + 1 \cdot 3^0 = 20\,201_3\,.$$

Die Richtigkeit des Verfahrens ist leicht einzusehen. Ist

$$181_{10} = a_4 \cdot 3^4 + a_3 \cdot 3^3 + a_2 \cdot 3^2 + a_1 \cdot 3^1 + a_0 \cdot 3^0\,,$$

dann liefert die Division von 181 durch 3 offensichtlich $a_0$ als Rest, und das ist die letzte Ziffer. Gleichzeitig sehen wir unmittelbar auch, dass der Quotient gleich

$$a_4 \cdot 3^3 + a_3 \cdot 3^2 + a_2 \cdot 3 + a_1$$

ist. Setzen wir dieses Verfahren fort, dann ist $a_1$ der danach folgende Rest und wir erhalten der Reihe nach $a_2$, $a_3$ und $a_4$.

Wir sehen uns jetzt ein weiteres Beispiel an und schreiben 38 im Binärsystem auf. Bei der Ausführung der Divisionen erhalten wir der

Reihe nach

$$\begin{aligned}
38 &= 2 \cdot 19 + 0 \\
19 &= 2 \cdot 9 + 1 \\
9 &= 2 \cdot 4 + 1 \\
4 &= 2 \cdot 2 + 0 \\
2 &= 2 \cdot 1 + 0 \\
1 &= 2 \cdot 0 + 1\,.
\end{aligned}$$

Somit haben wir $38_{10} = 100\,110_2$.

Wir sehen, dass wir viel mehr bekommen haben, als wir am Anfang erreichen wollten. Wir haben nicht nur die Möglichkeit und die Eindeutigkeit der Darstellung erhalten, sondern auch noch ein handliches Verfahren dafür.

Jetzt können wir mühelos prüfen, ob der Professor auf seinem Zettel richtig gerechnet hat. Die Summe der in der letzten Spalte stehenden Zahlen im Neunersystem ist $12_9$; wir schreiben die 2 hin und es bleibt der Übertrag 1. Die Summe der in der vorletzten Spalte stehenden Zahlen ist $25_9$, und dazu kommt der Übertrag; insgesamt erhalten wir $26_9$, wir schreiben die 6 hin, und es bleibt 2... So können wir die Rechnung prüfen und uns davon überzeugen, dass die Addition korrekt war.

* * *

Im Zusammenhang mit dem Rätsel taucht eine weitere Frage auf. Wie können wir – ohne Vermutungen anzustellen – draufkommen, dass die Addition im Neunersystem aufgeschrieben war? Wir wollen annehmen, das $q$ die Basis des Zahlensystems ist. Dann haben wir:

$$\begin{aligned}
873_q &= 8q^2 + 7q + 3 \\
381_q &= 3q^2 + 8q + 1 \\
1184_q &= 1q^3 + 1q^2 + 8q + 4 \\
3_q &= 3 \\
2562_q &= 2q^3 + 5q^2 + 6q + 2\,.
\end{aligned}$$

Die Summe der rechten Seiten der ersten vier Gleichungen ist gleich der rechten Seite der letzten Gleichung, das heißt,

$$8q^2 + 7q + 3 + 3q^2 + 8q + 1 + q^3 + q^2 + 8q + 4 + 3 = 2q^3 + 5q^2 + 6q + 2\,.$$

Umordnen liefert

$$q^3 - 7q^2 - 17q - 9 = 0\,.$$

Hieraus folgt, dass das gesuchte $q$ eine Wurzel dieser Gleichung dritten Grades ist. Wir verwenden den folgenden bekannten Satz: Ist in einer Gleichung $n$-ten Grades mit ganzzahligen Koeffizienten der Leitkoeffizient gleich 1, dann teilen die ganzzahligen Wurzeln der Gleichung das absolute Glied. In unserem Fall bedeutet das, dass für uns nur ein Zahlensystem infrage kommt, dessen Basis ein Teiler von 9 ist. Die positiven ganzzahligen Teiler von 9 sind 1, 3 und 9. Die Zahlen $q = 1$ und $q = 3$ sind jedoch keine Lösungen unserer Gleichung dritten Grades, und somit ist $q = 9$ die einzig mögliche Basis. Wir müssen noch kontrollieren, ob $q = 9$ eine Lösung der besagten Gleichung ist.

Das ist wirklich der Fall, denn

$$9^3 - 7 \cdot 9^2 - 17 \cdot 9 - 9 = 0\,.$$

Demnach war die Addition auf dem Papier tatsächlich im Neunersystem aufgeschrieben.

* * *

Mit Hilfe des obigen Verfahrens sind wir auf eine Gleichung dritten Grades gekommen, deren Lösbarkeit in positiven ganzen Zahlen äquivalent zum Auffinden einer Basis ist, zu der die aufgeschriebene Addition korrekt ist. (Natürlich unter der zusätzlichen Voraussetzung, dass die gefundene Basis größer als jede der auftretenden Ziffern ist.) Möchten wir jedoch nur die Basis finden, dann können wir auch mit einer Gleichung ersten Grades ans Ziel kommen.

Die Summe der letzten Spalte, also

$$3 + 1 + 4 + 3 = 11\,,$$

lässt sich im Zahlensystem zur Basis $x$ in der Form $nx + 2$ schreiben, das heißt, $11 = nx + 2$, und hieraus folgt $nx = 9$. Jedoch ist $x$ mindestens 9, weil unter den Ziffern auch die 8 vorkommt. Demnach gilt $x = 9$.

* * *

Wir werden dem Binärsystem und dem Dreiersystem im Folgenden mehrfach begegnen. Diese Zahlensysteme werden uns gute Dienste bei einigen Rätseln leisten, die scheinbar nichts mit solchen Dingen zu tun haben.

## Übung in Logik

Die zweite und die dritte Aussage können gleichzeitig wahr sein: Ist nämlich die zweite Aussage wahr, dann ist es auch die dritte. Die zweite und die dritte Aussage können gleichzeitig auch nicht wahr sein, und zwar in dem Fall, wenn die erste Aussage wahr ist.

Die erste und die zweite Aussage können beide nicht wahr sein, und zwar in dem Fall, wenn Bacon kein einziges solches Theaterstück geschrieben hat. Es ist jedoch offensichtlich, dass diese beiden Aussagen nicht gleichzeitig wahr sein können.

# 10. Woche

## Langsam stuckert der Personenzug

Da der mit doppelter Geschwindigkeit fahrende Schnellzug den Personenzug bei Nichterstedt einholt, hat der Personenzug die Hälfte des Weges zurückgelegt, wenn der Schnellzug losfährt. Und hat der Personenzug 2/3 des Weges zurückgelegt, dann hat der Schnellzug 1/3 zurückgelegt, weil

$$\frac{2}{3} - \frac{1}{2} = \frac{1}{6}.$$

Das heißt, der Personenzug hat bis dahin 1/6 des Weges von dem Zeitpunkt an zurückgelegt, an dem der Schnellzug losgefahren ist. In dieser Zeit hat der Schnellzug jedoch einen doppelt so langen Weg zurückgelegt, das heißt 1/3 des Weges. Betrachten wir also die Entfernung Primbach–Nichterstedt als Einheit und bezeichnen mit $x$ den Weg, den der Personenzug ab dem Auftreten des technischen Defekts bis zum Zeitpunkt des Einholens zurückgelegt hat, dann gilt

$$\frac{2}{3} + x = \frac{1}{3} + 4x,$$

das heißt,

$$3x = \frac{1}{3},$$

und somit

$$x = \frac{1}{9}.$$

Beim Auftreten des technischen Defekts hatte der Personenzug nur noch 1/3 des Weges vor sich, und deswegen trennt ihn zum Zeitpunkt des Einholens ein Weganteil von

$$\frac{1}{3} - \frac{1}{9} = \frac{2}{9}$$

von Nichterstedt, und gemäß den Voraussetzungen der Aufgabe sind das

$$\left(27 + \frac{1}{9}\right) \text{km} = \frac{244}{9} \text{km}.$$

Die Entfernung Primbach–Nichterstedt beträgt also

$$\left(\frac{244}{9} \cdot \frac{9}{2}\right) \text{km} = 122\,\text{km}.$$

## Weiße und Schwarze

Die Lösung beruht auf der Tatsache, dass jeder Eingeborene – unabhängig davon, ob er weiß oder schwarz ist –, auf die Frage „Bist du ein Weißer oder ein Schwarzer?" nur die Antwort „Ein Schwarzer" geben kann.

Ist er nämlich ein Schwarzer, dann sagt er die Wahrheit und antwortet „Ein Schwarzer". Ist er dagegen ein Weißer, dann lügt er, und deswegen lautet die Antwort auch in diesem Fall „Ein Schwarzer".

Abl hat also gesagt, dass er „ein Schwarzer" sei, das heißt, Bislu hat gelogen und ist demnach ein Weißer. Cacil hat dagegen die Wahrheit gesagt, also ist er ein Schwarzer.

(Bemerkung: Aufgrund dessen, was gesagt wurde, können wir jedoch nicht entscheiden, ob Abl ein Schwarzer oder ein Weißer ist.)

## Der kleine Taugenichts

Würden gleichartige Figuren hier in jedem Fall gleichartige Ziffern bedecken, dann hätte die Aufgabe keine Lösung. Hierzu reicht die Bemerkung, dass wir andernfalls den Rest 1 bei der Subtraktion zweier gleicher Zahlen erhalten würden.

Wir stellen zuerst fest, dass wir den fünfstelligen Quotienten in insgesamt drei Schritten erhalten. Somit müssen zwei der fünf Ziffern gleich 0 sein. Es ist offensichtlich, dass sowohl die zweite als auch die vierte Ziffer gleich 0 sein muss, das heißt, beide weiße Läufer bedecken eine 0. Ferner sehen wir: Multipliziert man den zweistelligen Divisor mit 8, dann ergibt sich ein zweistelliges Ergebnis, weswegen der Divisor nicht größer als 12 sein kann (denn $12 \cdot 8 = 96$). Multipliziert man dagegen den Divisor mit der ersten oder mit der letzten Ziffer des Quotienten, dann ist das Ergebnis dreistellig. Die von den beiden weißen Türmen bedeckten Ziffern sind also größer als 8 und folglich sind beide gleich 9.

Damit haben wir bereits den Quotienten herausbekommen: 90 809. Die 12 ist die einzige zweistellige Zahl, deren Achtfaches zweistellig ist und deren Neunfaches dreistellig ist. Mit Hilfe des Divisors und des Quotienten können wir – unter Verwendung der Voraussetzung, dass der Rest 1 betrug – auch den Dividenden ausrechnen:

$$1 + 90\,809 \cdot 12 = 1\,089\,709\,.$$

# 11. Woche

## Im Garten

Die Antwort lautet *Ja*. Man beginnt mit der zweiten Treppe und kehrt auf der dritten Treppe zurück in die Villa, oder man beginnt mit der dritten Treppe und kehrt auf der zweiten in die Villa zurück. Dass man mit diesen Treppen beginnen muss, lässt sich genauso begründen wie im Rätsel *Das ist das Haus des Nikolaus* (3. Woche, S. 22): An der zweiten und an der dritten Treppe laufen nämlich ungeradzahlig viele Wege zusammen.

## Fünf kleine Kartenspiele

Wir sammeln bei den Zuschauern die Kartenspiele so ein, dass die Kartenbilder nach unten zeigen, und legen die Spiele so zusammen, dass wir uns an die Reihenfolge erinnern. Beispielsweise legen wir die Karten des ersten Zuschauers (von links) nach unten, legen die Karten des zweiten Zuschauers darauf und so weiter.

Danach verteilen wir die Karten einzeln auf fünf Stöße und breiten diese Stöße dann fächerartig auseinander. Wenn wir die Stöße so ausbreiten, dass wir die untersten Karten nach links und die obersten nach rechts geben, dann ist es offensichtlich, dass die ganz links befindliche Karte aus demjenigen zuerst ausgeteilten Stoß stammt, den der erste Zuschauer von links gewählt hat; die zweite Karte stammt vom zweiten Zuschauer usw. Wenn also nach einem Ausbreiten der Karten der dritte Zuschauer sagt, dass sich darunter die Karte befindet, die er sich gemerkt hat, dann kann das nur die dritte Karte von links sein. Melden sich zwei Zuschauer, dann können wir ihnen auf ähnliche Weise die Karten übergeben, die sie sich gemerkt haben.

## Hinkende Division

Offensichtlich ist 0 die dritte Ziffer des Quotienten, dessen erste Ziffer nicht kleiner als 4 ist, während seine letzte Ziffer sicher größer als 4 ist. Da der Quotient bei Division durch 9 den Rest 3 hat und die Ziffern nicht größer als 9 sein können, ist die Summe der Ziffern des Quotienten irgendeine der Zahlen 3, 12, 21 und 30. Unter Beachtung der bisherigen Feststellungen ist 21 der einzig mögliche Wert. Demnach ist die Summe der ersten und der letzten Ziffer gleich 17, das heißt, für die erste und für die letzte Ziffer kommt nur einer der beiden Werte 8 oder 9 infrage. Der Quotient ist also 8409 oder 9408. Anhand der Teilprodukte erkennt man jedoch, dass die vierte Ziffer des Quotienten größer ist als die erste, das heißt, der Quotient ist 8409. Ferner wissen wir, dass das Achtfache des Divisors eine dreistellige Zahl ist. Das bedeutet, dass der Divisor größer als 100, aber kleiner als 125 ist, und dass er bei Division durch 9 den Rest 7 hat. Es gibt nur drei solche Zahlen, nämlich 106, 115 und 124. Die Zahlen 106 und 115 sind jedoch nicht möglich, da sonst der Dividend nicht siebenstellig wäre, denn auch $8409 \cdot 115 = 967\,035$ ist nur sechsstellig.

Die gesuchte Division ist also $1\,042\,716 : 124 = 8409$.

# 12. Woche

## Radtour I

Wir sagen, dass sich ein Spieler in der Position $H$ befindet, wenn $H$ die von ihm genannte Zahl ist. Offensichtlich ist die Position 90 und jede andere Position hoffnungslos, die größer als 90, aber kleiner als 100 ist, weil unser Gegner dann die 100 in *einem* Schritt erreichen kann. Genau deswegen ist die Position 89 eine Gewinnposition, weil dann unser Gegner gezwungen ist, in eine Verlustposition zu geraten. Ähnlicherweise ist auch 78 eine Gewinnposition, denn unabhängig davon, welche Zahl unser Gegner nennt, können wir im nächsten Schritt die 89 und somit eine Gewinnposition erreichen. Gehen wir in dieser Weise zurück, dann erkennen wir, dass 67, 56, 45, 34, 23, 12 und 1 Gewinnpositionen sind. Wenn wir also irgendeine dieser Positionen erreichen, dann gewinnen wir im Falle einer korrekten Spielweise. Hieraus ist ersichtlich, dass im Falle einer richtigen Strategie immer derjenige gewinnt, der beginnt. Und wir sehen auch, dass die 1 die einzige gewinnende Anfangszahl ist. Wenn hierzu der Gegner zum Beispiel 3 addiert, das heißt, wenn die Antwort $3 + 1 = 4$ lautet, dann gibt es wieder nur eine einzige Gewinnmöglichkeit, nämlich die Addition der 8, denn nur mit dieser kann man die Gewinnposition 12 erreichen, und so weiter.

## Noch mehr eifersüchtige Ehemänner

Wir bezeichnen die drei Männer mit I, II und III und ihre drei Frauen der Reihe nach mit 1, 2 und 3. Die Überfahrt kann folgendermaßen bewerkstelligt werden:

(1) I und 1 setzen über; (2) I kommt mit dem Kahn allein zurück; (3) 2 und 3 setzen über; (4) 1 kommt mit dem Kahn allein zurück; (5) II und III setzen über; (6) II und 2 kommen zurück; (7) I und II setzen über; (8) 3 kommt zurück; (9) 1 und 2 setzen über; (10) 2 kommt zurück; (11) 2 und 3 setzen über.

* * *

Bemerkung: Wenn in der Aufgabe zwei eifersüchtige Ehemänner auftreten (vgl. 7. Woche, Rätsel *Eifersüchtige Ehemänner*, S. 29), dann sind fünf Überfahrten erforderlich; aber selbst wenn diese Ehemänner nicht eifersüchtig sind, müssen sie ebenfalls fünfmal übersetzen. Wir können uns auch folgendermaßen überlegen, dass fünf Überfahrten notwendig sind: Wir stellen uns einen Mann als Kahnführer vor; er muss selbst hinüberkommen und drei andere Personen ans andere Ufer bringen, wozu er zweimal zurückkehren muss. Es sei zum Beispiel I der Kahnführer: (1) I und 1 setzen über; (2) I kommt mit dem Kahn zurück; (3) I und 2 setzen über; (4) I kommt mit dem Kahn zurück; (5) I und II setzen über.

Handelt es sich dagegen um drei nicht eifersüchtige Männer, dann reichen neun Überfahrten aus. Der Kahnführer muss nämlich in diesem Fall fünf Personen an das andere Ufer bringen und hierzu muss er viermal zum Ausgangspunkt zurückkehren.

## Soldatenspiel – rührt euch!

Zwischen 0 und 36 gibt es vier Zahlen, die bei Division durch 9 den Rest 5 ergeben:

$$5, \quad 14, \quad 23, \quad 32\,.$$

Von diesen erfüllt jedoch nur die 23 unsere zweite Forderung, nämlich dass sie bei Division durch 4 den Rest 3 ergibt.

Jede positive ganze Zahl $N$ lässt sich in der Form $N = 36k + r$ darstellen, wobei $k$ eine nichtnegative ganze Zahl (das heißt, 0 oder positive ganze Zahl) ist und $r$ eine der Zahlen 0, 1, 2, 3, ..., 35. (Das bedeutet, dass wir bei der Division von $N$ durch 36 den Quotienten $k$ und den Rest $r$ haben.)

Die Zahl 36 ist durch 9 und durch 4 teilbar. Deswegen ergibt die Division von $N$ durch 4 bzw. durch 9 den gleichen Rest wie $r$. Demnach passt $N$ nur dann, wenn $r = 23$ ist, das heißt, $N = 36k + 23$.

Stellen wir also die Soldaten in 36 Reihen auf, dann bleiben 23 Soldaten außen vor.

(Bemerkung: Zur Lösung der Aufgabe mussten wir nicht die genaue Anzahl der Soldaten bestimmen.)

# 13. Woche

## Großes Problem – Schachproblem

Wir stellen den weißen Turm auf ein beliebiges Feld des Schachbretts. Wenn wir wollen, dass die Türme einander nicht schlagen, dann dürfen wir den anderen Turm nicht in die gleiche Zeile bzw. Spalte stellen, auf die wir den weißen Turm gestellt hatten. Das sind insgesamt 15 Felder, das heißt, wir dürfen den anderen Turm auf $64 - 15 = 49$ Felder stellen. Zu jeweils einer der insgesamt 64 Aufstellmöglichkeiten des weißen Turms gibt es demnach 49 Aufstellmöglichkeiten des schwarzen Turms. Also gibt es gemäß unserer Voraussetzung für die beiden Türme insgesamt $64 \cdot 49 = 3136$ Aufstellmöglichkeiten.

## Radtour II

Wir bezeichnen mit $x$ die größte der Anfangszahlen bzw. die größte derjenigen Zahlen, die sich zu der vom Gegner genannten Zahl addieren lässt ($x$ ist nicht kleiner als 5 und nicht größer als 9). Entsprechend dem Gedankengang der Lösung von *Radtour I* (12. Woche, S. 145), erhalten wir für die Gewinnzahlen $100 - x - 1$, $100 - 2x - 2$, $100 - 3x - 3, \ldots$

Demgemäß erhalten wir die kleinste Gewinnzahl, wenn wir uns ansehen, welche Reste sich bei der Division von 100 durch $(x + 1)$

ergeben; im Falle von $x = 5$, $x = 6$, $x = 7$, $x = 8$ und $x = 9$ sind die Reste der Reihe nach 4, 2, 4, 1 und 0. Wenn der beginnende Spieler in den ersten vier Fällen der Reihe nach mit 4, 2, 4 bzw. mit 1 beginnt, dann gewinnt er, falls er auch weiterhin korrekt spielt. Ist aber $x = 9$, dann kann der beginnende Spieler – egal womit er beginnt – in keine Gewinnposition gelangen, denn für ihn wäre ja nur die 0 eine günstige Gewinnzahl; die andere Partei kann dagegen die erste Gewinnposition erreichen, nämlich die 10.

## Mit Geduld und Zeit kommt man weit

Außer den im Text als Beispiel genannten zwei Lösungen kennen wir noch die folgenden 31 Lösungen:

$$100 = 75 + 24 + \frac{9}{18} + \frac{3}{6}$$
$$100 = 98 + 1 + \frac{27}{54} + \frac{3}{6}$$
$$100 = 1 + 93 + 5 + \frac{4}{28} + \frac{6}{7}$$
$$100 = 94 + 5 + \frac{38}{76} + \frac{1}{2}$$
$$100 = 1 + 95 + 3 + \frac{4}{28} + \frac{6}{7}$$
$$100 = 91 + 8 + \frac{27}{54} + \frac{3}{6}$$
$$100 = 95 + 4 + \frac{38}{76} + \frac{1}{2}$$
$$100 = 91 + 3 + 5 + \frac{4}{28} + \frac{6}{7}$$
$$100 = 57 + 42 + \frac{9}{18} + \frac{3}{6}$$
$$100 = 52 + 47 + \frac{9}{18} + \frac{3}{6}$$
$$100 = 3 + \frac{69\,258}{714}$$
$$100 = 81 + \frac{5643}{297}$$
$$100 = 81 + \frac{7524}{396}$$

$$100 = 82 + \frac{3546}{197}$$
$$100 = 91 + \frac{5742}{638}$$
$$100 = 91 + \frac{5823}{647}$$
$$100 = 94 + \frac{1578}{263}$$
$$100 = 96 + \frac{2148}{537}$$
$$100 = 96 + \frac{1428}{357}$$
$$100 = 96 + \frac{1752}{438}$$
$$100 = 1 + 2 + 3 + 4 + 5 + 6 + 7 + 8 \cdot 9$$
$$100 = -1 \cdot 2 - 3 - 4 - 5 + 6 \cdot 7 + 8 \cdot 9$$
$$100 = 1 + 2 \cdot 3 + 4 \cdot 5 - 6 + 7 + 8 \cdot 9$$
$$100 = 1 + 2 \cdot 3 + 4 + 5 + 67 + 8 + 9$$
$$100 = 1 \cdot 2 + 34 + 56 + 7 - 8 + 9$$
$$100 = 12 + 3 - 4 + 5 + 67 + 8 + 9$$
$$100 = 12 - 3 - 4 + 5 - 6 + 7 + 89$$
$$100 = 123 + 45 - 67 + 8 - 9$$
$$100 = 123 - 45 - 67 + 89$$
$$100 = 123 - 4 - 5 - 6 - 7 + 8 - 9$$
$$100 = (1 + 2 - 3 - 4) \cdot (5 - 6 - 7 - 8 - 9)$$

Die hier im Buch angegebenen 33 Beispiele sind wahrscheinlich bei weitem noch nicht alle. Aber ebenso wahrscheinlich ist, dass die Anzahl der noch nicht bekannten Beispiele sehr begrenzt ist und in ihrer Gesamtheit vielleicht unter 100 bleibt.

Eine andere Situation liegt vor, wenn wir auch die Potenzierung gestatten. Wir sehen uns die folgenden Beispiele an:

$$100 = 94 + 5 + 678^{1+2-3}$$
$$100 = 97 + 2 + 1^{34\,568}$$
$$100 = 98 + 3 - 1^{2466}$$

Mit Hilfe dieser Beispiele können wir Hunderte von neuen Beispielen angeben, etwa dadurch, dass wir mit den im Exponenten von 1 stehenden Zahlen spielen. Natürlich wächst die Anzahl der Beispiele erneut riesig an, wenn auch das Wurzelziehen als Operation zugelassen wird.

# 14. Woche

## Umgießen – nicht nach dem Gießkannenprinzip!

Es gibt viele Lösungsmöglichkeiten; ein Verfahren ist das folgende:

(1) Mit dem 8-Liter-Gefäß füllen wir das 5-Liter-Gefäß. Danach bleiben im 8-Liter-Gefäß 3 Liter (3, 5, 0).

Aus Gründen der Übersichtlichkeit schreiben wir immer dazu, wieviel Wein sich nach der zuletzt durchgeführten Operation in den drei Gefäßen befindet; die erste Stelle bezieht sich auf das 8-Liter-Gefäß, die zweite auf das 5-Liter-Gefäß und die dritte auf das 3-Liter-Gefäß.

(2) Mit dem 5-Liter-Gefäß füllen wir das 3-Liter-Gefäß (3, 2, 3).

(3) Wir gießen den Inhalt des 3-Liter-Gefäßes in das 8-Liter-Gefäß (6, 2, 0).

(4) Wir gießen den im 5-Liter-Gefäß befindlichen Wein in das 3-Liter-Gefäß (6, 0, 2).

(5) Mit dem 8-Liter-Gefäß füllen wir das 5-Liter-Gefäß (1, 5, 2).

(6) Mit dem 5-Liter-Gefäß füllen wir das 3-Liter-Gefäß auf (1, 4, 3).

(7) Wir gießen den Inhalt des 3-Liter-Gefäßes in das 8-Liter-Gefäß (4, 4, 0), womit die Aufgabe bereits gelöst ist.

## Der Barbier

Die Worte des Barbiers sind offensichtlich widersprüchlich. Man muss sich nur ansehen, zu welcher Gruppe er selbst gehört: zu denen, die sich nicht selbst rasieren, oder zu denen, die sich selbst rasieren. Rasiert er sich nämlich selbst, dann rasiert er einen sich selbst Rasierenden – im Widerspruch zu dem, was er gesagt hat; rasiert er sich dagegen nicht selbst, dann rasiert er einen derjenigen nicht, die sich nicht selbst rasieren – aber er hatte ja behauptet, dass er alle diese Personen selbst rasiert.

* * *

Vielen mag das Barbierrätsel vielleicht nur als Spielerei vorkommen. Tatsächlich hat es jedoch einen sehr ernsten mathematischen Hintergrund. Es handelt sich um ein sogenanntes „logisches Paradoxon" (in einer etwas anderen Form formulierte der große englische Mathematiker und Philosoph Bertrand Russell als Erster das obige Paradoxon).

Wir betrachten die Menge aller derjenigen ganzen Zahlen, die sich auf eindeutige Weise durch einen Satz definieren lassen, der zusammen mit den Satzzeichen (Komma und Punkt) aus höchstens 70 Zeichen (Buchstaben und Satzzeichen) besteht. Beispiele für solche Zahlen sind: 16 („sechzehn"), 7 („die vierte Primzahl"), 63 („dreimal einundzwanzig" oder „sechzig plus die zweite Primzahl"). Wir betrachten nun die Menge aller derjenigen ganzen Zahlen, die sich *nicht* mit Hilfe von höchstens 70 Zeichen *beschreiben lassen*. Ein bekannter und leicht beweisbarer Satz besagt, dass eine beliebige nicht leere Menge von positiven ganzen Zahlen eine *kleinste* ganze Zahl hat.

Wir sehen uns nun die folgende Definition an: „Die *kleinste* ganze Zahl, die sich *nicht* mit siebzig Zeichen *beschreiben lässt*." Eine solche ganze Zahl existiert mit Sicherheit, da es nicht mehr als $100^{70}$ derartige Definitionen geben kann, denn die deutsche Sprache hat nicht mehr als 100 Schriftzeichen. Es gibt also unter den ganzen Zahlen, die sich nicht mit 70 Zeichen beschreiben lassen, eine eindeutig bestimmte kleinste Zahl, die sich demnach in der gewünschten Weise beschreiben lässt.

Die kleinste nicht beschreibbare Zahl ist also beschreibbar. Widerspruch!

## Altendorf

Der Einfachheit halber verwenden wir in der Lösungsbeschreibung Kurzbezeichnungen für die Namen und für die Berufe (wir erinnern daran, dass wir die Berufsbezeichnungen kursiv schreiben):

Töpfer (Tö), *Töpfer* (*Tö*), Soldat (So), *Soldat* (*So*), Schmied (Sm), *Schmied* (*Sm*), Schlosser (Sl), *Schlosser* (*Sl*), Metzger (Me), *Metzger* (*Me*), Schneider (Sn), *Schneider* (*Sn*), Fuhrmann (Fu), *Fuhrmann* (*Fu*), Sattler (Sa), *Sattler* (*Sa*) Kürschner (Kü), *Kürschner* (*Kü*).

(1) Der *Me* ist der Schwiegervater des *So*, und die Tochter von Fu ist verheiratet.

(2) *Me* hat sich mit der Tochter des *Sl* verlobt, die dem *Sm* und dem *Tö* einen Korb gegeben hat, und die Tochter von Sn ist noch nicht verheiratet.

(3) Da zwei Mitglieder des Rates je eine Tochter haben, ist *Me* der Beruf von Fu und *Sl* der Beruf von Sn.

(4) Tö ist Junggeselle und sein Beruf ist nicht *Tö*.

(5) Der Bruder der Frau von Sm ist *Tö*.

(6) Der *Kü* und der *Sn* haben jeweils die Schwester des anderen zur Frau genommen.

(7) Sm kann weder *Kü* noch *Sn* sein.

Unter Verwendung der weiteren Voraussetzungen können wir die folgenden Aussagen ableiten:

(8) Der Beruf von Sn ist *Sl*, der Beruf von Sl ist *X* und der Beruf von X ist *Kü* (hier sind *X* und X Unbekannte).

(9) Der Beruf von Fu ist *Me*, der Beruf von Me ist *Y* und der Beruf von Y ist *Sn* (hier sind *Y* und Y Unbekannte).

Wir wissen auch, dass Sm geheiratet hat; Me und Tö sind nicht verheiratet; der *So*, der *Kü* und der *Sn* sind verheiratet; der *Sm* und der *Tö* sind unverheiratet. Infolgedessen kann Me nur *Sm, Tö, Sa* oder *Fu* sein. Er kann jedoch kein *Fu* sein, da sonst wegen (9) der Beruf von Fu nur *Sn* sein könnte. Wegen (2) kann aber Me weder *Sm* noch *Tö* sein. Daraus folgt, dass Me nur *Sa* sein kann.

Von den übrig gebliebenen Namen kann der Name des *Kü* wegen (7) nicht Sm sein, und wegen (8) sind auch die Namen Kü und Sl ausgeschlossen. Die einzige Möglichkeit für den *Kü* ist der Name So. Hieraus folgt wegen (8) auch, dass Sl den Beruf *So* hat. Jetzt sind nur noch die Berufe von Sm, Kü und Tö fraglich, und als mögliche Berufe sind *Sm, Tö* und *Fu* übrig geblieben. Da jedoch Sm verheiratet ist, kann sein Beruf nur *Fu* sein, und somit folgt aus (4), dass *Sm* der Beruf von Tö ist. Also verbleibt für Kü der Beruf *Tö*.
Wir fassen die obigen Ergebnisse zusammen:

Beruf von Schmied: *Fuhrmann*
Beruf von Kürschner: *Töpfer*
Beruf von Sattler: *Schneider*
Beruf von Schneider: *Schlosser*
Beruf von Töpfer: *Schmied*
Beruf von Soldat: *Kürschner*
Beruf von Schlosser: *Soldat*
Beruf von Metzger: *Sattler*
Beruf von Fuhrmann: *Metzger*

# 15. Woche

## Die Geschichte des Josephus Flavius

Sie mussten sich an die 16. und an die 31. Stelle stellen. Am einfachsten kommen wir auf diese Lösung, wenn wir die Zahlen von 1 bis 41 in einem Kreis aufschreiben und – mit der ersten Zahl beginnend – jede dritte Zahl streichen. Die zuletzt verbliebenen zwei Zahlen geben die gesuchten zwei Stellen an.

In der ersten Runde streichen wir die durch 3 teilbaren Zahlen: 3, 6, 9, ..., 39. In der zweiten Runde streichen wir die Zahlen 1, 5, 10, 14, 19, 23, 28, 32, 37, 41 und in der dritten die Zahlen 7, 13, 20, 26, 34, 40.

In der vierten Runde werden dann die Zahlen 8, 17, 29, 38 gestrichen und zum Schluss die Zahlen 11, 25, 2, 22, 4, 35. Josephus Flavius und sein Freund mussten sich also an die 16. und an die 31. Stelle stellen.

## Autoreise

Der Lkw ist 18 Minuten = 0,3 Stunden später als der Pkw in Debrecen angekommen. Der Lkw war $0{,}3\,\mathrm{h} \cdot 42\,\mathrm{km/h} = 12{,}6\,\mathrm{km}$ von Debrecen entfernt, als der Pkw dort eintraf. In jeder Stunde legte der Lkw $66\,\mathrm{km} - 42\,\mathrm{km} = 24\,\mathrm{km}$ weniger zurück, das heißt, in jeder Minute 0,4 km weniger. Der Rückstand von 12,6 km häufte sich in einer Anzahl von Minuten an, die mit dem Wert übereinstimmt, wie oft die 0,4 km in 12,6 km enthalten sind:

$$\frac{12{,}6}{0{,}4} = 31{,}5\,.$$

Demzufolge kam der Rückstand von 12,6 km innerhalb einer Zeit von 31,5 Minuten zustande:

$$31{,}5 \text{ Minuten} = \frac{31{,}5}{60} \text{ Stunden}\,.$$

In dieser Zeit legte der Lkw

$$\frac{31{,}5}{60} \text{ Stunden} \cdot 66 \text{ Kilometer pro Stunde} = 34{,}65 \text{ Kilometer}$$

zurück. Als sie sich trafen, waren sie also 34,65 km von Debrecen entfernt.

* * *

Wir können die Aufgabe auch mit Hilfe einer Gleichung lösen.

Wir bezeichnen mit $x$ die Länge des Weges vom Treffpunkt der beiden Fahrzeuge bis nach Debrecen. Der Pkw hat diese Entfernung innerhalb von $x/66$ Stunden zurückgelegt, während der Lkw hierfür $x/42$ Stunden brauchte. Diese letztere Zeitspanne ist 18 Minuten = 0,3 Stunden länger als die erstgenannte:

$$\frac{x}{66} = \frac{x}{42} - 0{,}3\,.$$

Multiplikation mit $6 \cdot 7 \cdot 11$ liefert die Gleichung $7x = 11x - 138{,}6$. Hieraus folgt

$$x = \frac{138{,}6}{4}\,\mathrm{km} = 34{,}65\,\mathrm{km}\,.$$

## Von der Wichtigkeit der direkten Rede

Wir bezeichnen das Alter des Vaters meines Freundes, das Alter meines Freundes und das Alter seiner Schwester der Reihe nach mit $x$, $y$ und $z$. Wir nehmen an, dass der Vater vor $u$ Jahren das gleiche Alter hatte wie damals mein Freund und seine Schwester zusammen. Laut Schilderung haben wir:

$$x + 6 = 3(y - u) \tag{1}$$

$$x - u = (y - u) + (z - u) \tag{2}$$

$$y = x - u \tag{3}$$

$$x + 19 = 2z\,. \tag{4}$$

Die linke Seite von (2) stimmt mit der rechten Seite von (3) überein, also stimmen auch die beiden anderen Seiten überein, das heißt:

$$y = (y - u) + (z - u)\,.$$

Hieraus folgt:

$$z = 2u\,.$$

Einsetzen dieses Wertes in (4) liefert:

$$x = 4u - 19\,.$$

Das wiederum setzen wir in (3) ein und erhalten:

$$y = 3u - 19\,.$$

Setzen wir diese Werte in (1) ein, dann bleibt nur noch die Unbekannte $u$ in der Gleichung:

$$4u - 13 = 3(2u - 19) = 6u - 57\,.$$

Hieraus erhalten wir:

$$\begin{aligned} u &= 22, \\ x &= 4u - 19 = 69\,, \\ y &= 3u - 19 = 47\,, \\ z &= 2u = 44\,. \end{aligned}$$

* * *

Bei verwickelteren Aufgaben dieser Art ist es zweckmäßig, viele Unbekannte einzuführen, weil dann die Voraussetzungen der Aufgabe übersichtlicher werden und man mühelos Gleichungen aufstellen kann. Im Falle des obigen Rätsels ist es uns mit Hilfe von vier Unbekannten gelungen, die Frage ohne Schwierigkeiten zu beantworten. Bei den meisten Rätseln dieser Art kommt man auch mit einer oder zwei Unbekannten ans Ziel. Dabei ist es jedoch viel schwieriger, die Gleichungen aufzustellen. Als Beispiel wollen wir jetzt die obige Aufgabe mit nur zwei Unbekannten lösen. Hierzu bezeichnen wir mit $x$ und $y$ das Alter meines Freundes bzw. seiner Schwester zu dem Zeitpunkt, als der Vater das Alter von $x + y$ Jahren hatte. (Bei der vorhergehenden Lösung war das vor $u$ Jahren.) Die Differenz zwischen dem Alter des Vaters und dem Alter meines Freundes beträgt also $y$ Jahre. Gemäß Aufgabenstellung ist mein Freund gegenwärtig so alt, wie es der Vater meines Freundes zum obengenannten Zeitpunkt war. Deswegen ist mein Freund gegenwärtig $x + y$ Jahre alt, das heißt, seit dem fraglichen Zeitpunkt sind $y$ Jahre vergangen. Demnach ist der Vater gegenwärtig $x + 2y$ Jahre alt, die Schwester dagegen $2y$ Jahre.

Laut Textformulierung gilt:

$$x + 2y + 6 = 3x$$
$$x + 2y + 19 = 4y \, .$$

Aus der ersten Gleichung folgt $x = y + 3$, was wir in die zweite Gleichung einsetzen:

$$y + 3 + 2y + 19 = 4y \, .$$

Hieraus folgt $y = 22$ und $x = 25$. Der Vater ist also gegenwärtig $x + 2y = 69$ Jahre alt, mein Freund ist $x + y = 47$ Jahre alt und seine Schwester ist $2y = 44$ Jahre alt.

# 16. Woche

## Die Fliege

Wir rechnen zuerst (in Stunden ausgedrückt) aus, wann sich die beiden Teams treffen. Bezeichnen wir diese Zeit mit $t$, dann legen die Rennfahrer in dieser Zeit eine Strecke von $25t$ km zurück, die Amateurradfahrer dagegen eine Strecke von $15t$ km. Zum Zeitpunkt der Begegnung betragen die beiden Wege zusammen 120 km, das heißt:

$$25t + 15t = 120 \, .$$

Demnach ist $40t = 120$ und hieraus folgt $t = 3$ Stunden.

Während dieser drei Stunden fliegt die Fliege zwischen den beiden Teams mit einer Geschwindigkeit von 100 km/h. Demnach hat sie bis zu ihrem Heldentod einen Weg von 300 km zurückgelegt.

* * *

Der Stolperstein bei diesem Rätsel besteht darin, dass man die Lösung im Allgemeinen folgendermaßen sucht:

Man rechnet zuerst aus, welchen Weg die Fliege zurücklegen muss, bis sie die Amateure trifft, und danach den Rückweg usw.

Wir sehen, dass wir derartige Komplikationen nicht benötigen.

## Überraschender Trick

Die ersten sieben Mal können wir auf eine beliebige Zahl klopfen. Beim achten Mal auf die Zahl 12, danach auf die 11, auf die 10 und so weiter, immer um 1 zurück.

Der Trick erklärt sich folgendermaßen: Da man sich höchstens die 12 merken kann, erreicht niemand mit den ersten sieben „Klopfern" die 20. Demnach ist es in diesen Fällen egal, auf welche Zahl wir geklopft haben. Beim achten Klopfen erreicht derjenige die 20, der sich 12 gemerkt hat; deswegen müssen wir beim achten Mal auf die 12 klopfen. Beim neunten Mal erreicht der die 20, der sich die 11 gemerkt hat; deswegen müssen wir beim neunten Mal auf die 11 klopfen. In der gleichen Weise geht es rückwärts weiter. Dadurch klopfen wir tatsächlich dann auf jede Zahl, wenn derjenige, der sich die Zahl merkt, bei 20 ankommt. (Hinweis: Man kann auch bei 8 anfangen, rückwärts zu klopfen. Dabei kann man sich nicht verzählen.)

## Preisfrage

Am Wettbewerb haben 30 Schüler teilgenommen. Wenn jeder Aufgabenlöser nur eine Aufgabe gelöst hätte, dann würden wir die Zahl $n$ derjenigen, die keine einzige Aufgabe gelöst haben, dadurch erhalten, dass wir von der Anzahl sämtlicher Teilnehmer die Summe der Anzahlen derjenigen Aufgabenlöser subtrahieren, welche die erste, zweite und dritte Aufgabe gelöst haben. In unserem Fall ist das der Wert

$$30 - (20 + 16 + 10)\,. \qquad (1)$$

Wir berücksichtigen nun die Anzahl derjenigen, die je zwei Aufgaben gelöst haben. Diese treten im Subtrahenden der obigen Beziehung zweimal auf. Wir müssen also die entsprechende Anzahl einmal zu (1) addieren:

$$30 - (20 + 16 + 10) + (11 + 7 + 5)\,. \tag{2}$$

Am Wettbewerb haben jedoch auch Schüler teilgenommen, die alle drei Aufgaben gelöst haben, und die Anzahl dieser Aufgabenlöser tritt im Subtrahenden des Ausdrucks (1) dreimal auf. Deswegen müssen wir ihre Anzahl zweimal zu (1) addieren. Diese Anzahl haben wir jedoch in der letzten Klammer der Ausdrucks (2) dreimal berücksichtigt. Unser Ausdruck wird also nur dann korrekt, wenn wir die Anzahl derjenigen, die alle drei Aufgaben gelöst haben, noch einmal subtrahieren. Bei dem Mathematikwettbewerb haben also

$$n = 30 - (20 + 16 + 10) + (11 + 7 + 5) - 4 = 3$$

Schüler keine einzige Aufgabe gelöst.

* * *

Wir können die Aufgabe auch durch Verwendung der Mengennotation beschreiben.

Wir bezeichnen die Menge sämtlicher Wettbewerbsteilnehmer mit $U$. Ferner bezeichne $A$, $B$ und $C$ der Reihe nach die Anzahl derjenigen Schüler, welche die erste, die zweite bzw. die dritte Aufgabe gelöst haben.

Über die Anzahl der Elemente der einzelnen Mengen wissen wir Folgendes:

$$\begin{aligned} |U| &= 30 \\ |A| &= 20 \\ |B| &= 16 \\ |C| &= 10 \\ |A \cap B| &= 11 \\ |A \cap C| &= 7 \\ |B \cap C| &= 5 \\ |A \cap B \cap C| &= 4 \end{aligned}$$

Die Anzahl derjenigen Schüler, die keine einzige Aufgabe gelöst haben, ist

$$|U| - |A \cup B \cup C|\,.$$

Die Anzahl $|A \cup B \cup C|$ setzt sich dagegen folgendermaßen zusammen.

Anzahl derjenigen Schüler, die genau drei Aufgaben gelöst haben:

$$|A \cap B \cap C| = 4\,.$$

Anzahl derjenigen, die genau zwei Aufgaben gelöst haben:

$$\underbrace{|A \cap B| - |A \cap B \cap C|}_{11-4=7} + \underbrace{|A \cap C| - |A \cap B \cap C|}_{7-4=3}$$
$$+ \underbrace{|B \cap C| - |A \cap B \cap C|}_{5-4=1} = 11\,.$$

Anzahl derjenigen, die nur die erste Aufgabe gelöst haben:

$$20 - (7 + 3 + 4) = 6\,.$$

Anzahl derjenigen, die nur die zweite Aufgabe gelöst haben:

$$16 - (7 + 1 + 4) = 4\,.$$

Anzahl derjenigen, die nur die dritte Aufgabe gelöst haben:

$$10 - (3 + 1 + 4) = 2\,.$$

Nunmehr können wir bereits ausrechnen, dass

$$|U| - |A \cup B \cup C| = 30 - (4 + 11 + 6 + 4 + 2) = 30 - 27 = 3\,.$$

Demnach haben drei Schüler keine einzige Aufgabe gelöst.

Wir können die Lösung auch durch ein *Venn-Diagramm* veranschaulichen:

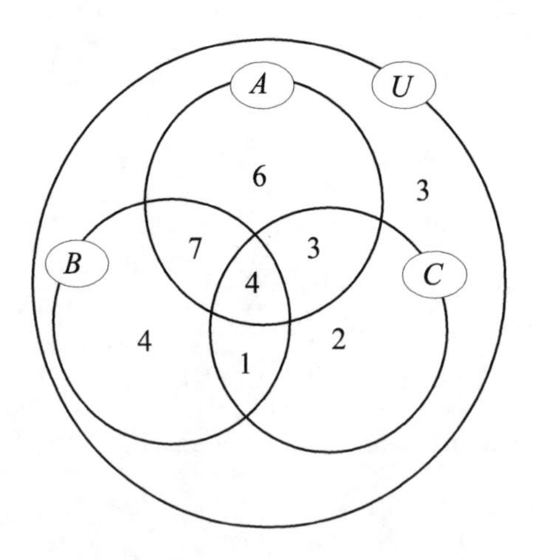


* * *

Das Rätsel lässt sich auch durch Anwendung der nachstehenden Identität lösen, die als *logische Siebformel* bekannt ist:

$$|A \cup B \cup C| = \\ |A| + |B| + |C| - |A \cap B| - |A \cap C| - |B \cap C| + |A \cap B \cap C| .$$

Diese Formel lässt sich durch einen beliebigen der oben beschriebenen Gedankengänge beweisen. Unter Anwendung der logischen Siebformel lautet die Lösung der Aufgabe wie folgt:

$$|U| - |A \cup B \cup C| = 30 - ((20 + 16 + 10) - (11 + 7 + 5) + 4) = 3.$$

Wir sehen, dass die Lösung der obigen ersten Lösung sehr ähnlich ist.

# 17. Woche

## Fahrradmotor

Der Weg, den ein Fahrradfahrer zusätzlich schafft, wenn er einen Fahrradmotor an sein Fahrrad montiert, beträgt

$$\frac{20}{40}\% = \frac{1}{2}\%$$

des Gesamtweges. Der gemäß Text zusätzliche Weg von 60% der Fahrradfahrer beträgt 150% des Gesamtweges. Hieraus folgt, dass 60% der Radfahrer

$$150 : \frac{1}{2} = 300$$

Radfahrer sind, das heißt, die Gesamtzahl der Radfahrer beträgt 500. Demnach ist

$$500 \cdot \frac{1}{2}\% = 250\%$$

der zusätzliche Weg, falls alle 500 Radfahrer einen Motor anmontiert haben. Der zurückgelegte Gesamtweg erhöht sich also auf das Dreieinhalbfache.

* * *

Auch für diese Aufgabe gilt das Prinzip, dass wir sie im Falle einer hinreichenden Anzahl von Unbekannten ohne Schwierigkeiten lösen können.

Es bezeichne $x$ denjenigen Wert, der im Falle *eines* Radfahrers angibt, das Wievielfache des ohne Fahrradmotor zurückgelegten Weges zusätzlich erreicht wird. Ferner bezeichne $y$ die Anzahl der Radfahrer. Setzt man im Falle *eines* Radfahrers den ohne Fahrradmotor machbaren Weg gleich 1, dann gibt $x$ den unter Verwendung des Motors erzielten Zusatzweg für einen Radfahrer an; $y$ gibt dagegen den Gesamtweg an, den sämtliche Radfahrer im Falle von Fahrrädern ohne Motor zurücklegen können. Dann gilt

$$y + 40x = 1{,}2y$$
$$y + 0{,}6yx = 2{,}5y\,.$$

Aus der zweiten Gleichung folgt $x = 2{,}5$ und somit liefert die erste Gleichung $y = 500$. (Die Werte $x = 0$ und $y = 0$ sind ebenfalls eine Lösung des Gleichungssystems, die aber vom Standpunkt der Aufgabe nicht infrage kommt.)

Der zusätzliche Weg ist also das 2,5-fache des ursprünglichen Gesamtweges, und demnach ist der mit Hilfe der Motoren gesteigerte Gesamtweg das Dreieinhalbfache des ursprünglichen Weges.

## Der Neunte fällt raus

Die einfachste Lösungsmethode besteht wieder darin, die Zahlen von 1 bis 35 auf den Umfang eines Kreises zu schreiben. Wir lassen der Reihe nach jede neunte Zahl weg, also die Zahlen

$$9,\ 18,\ 27,\ 1,\ 11,\ 21,\ 31,\ 6,\ 17,\ 29,\ 5,\ 19,\ 32,\ 10,\ 24,\ 3,\ 20\,.$$

Somit muss er die Freunde an die folgenden Plätze stellen:

$$2,\ 4,\ 7,\ 8,\ 12,\ 13,\ 14,\ 15,\ 16,\ 22,\ 23,\ 25,\ 26,\ 28,\ 30,\ 33,\ 34,\ 35\,.$$

## Effektvoller Kartentrick

Nach dem ersten Auslegen nehmen wir denjenigen Stoß in die Mitte, in dem sich die gemerkte Karte befindet. Dann nehmen die Karten dieses Stoßes die Plätze 10–18 im Gesamtstoß ein. Die gemerkte Karte ist also eine der Karten, die sich an den genannten Plätzen befinden.

Nach der zweiten Einteilung in drei Stöße erhalten wir (die laufenden Nummern bezeichnen die Reihenfolge, die sich nach dem ersten

Zusammensetzen gebildet hat):

| 1. Stoß: | 1 | 4 | 7 | $\underline{10}$ | $\underline{13}$ | $\underline{16}$ | 19 | 22 | 25 |
|---|---|---|---|---|---|---|---|---|---|
| 2. Stoß: | 2 | 5 | 8 | $\underline{11}$ | $\underline{14}$ | $\underline{17}$ | 20 | 23 | 26 |
| 3. Stoß: | 3 | 6 | 9 | $\underline{12}$ | $\underline{15}$ | $\underline{18}$ | 21 | 24 | 27 |

Die gemerkte Karte ist demnach durch eine der unterstrichenen Zahlen gekennzeichnet. Wir sehen also, dass wir bei der Angabe desjenigen Stoßes, der die gemerkte Karte enthält, bereits wissen, zu welchen drei Karten des betreffenden Stoßes sie gehört. (Wird zum Beispiel der 3. Stoß angegeben, dann hat die gemerkte Karte eine der laufenden Nummern 12, 15 oder 18.) Beim dritten Austeilen gelangen die drei verdächtigen Karten in drei verschiedene Stöße, und zwar jeweils in die Mitte des betreffenden Stoßes. Wenn wir also den angegebenen Stoß in die Mitte legen, dann befindet sich die gemerkte Karte an der 14. Stelle.

# 18. Woche

## Woher wusste er es?

Er wusste es, weil man im Falle einer beliebigen dreistelligen Zahl, die den Forderungen genügt, immer 1089 erhält. Es sei nämlich $100a + 10b + c$ eine beliebige dreistellige Zahl mit den Ziffern $a$, $b$ und $c$. Schreibt man die Ziffern in umgekehrter Reihenfolge auf, dann erhält man die Zahl $100c + 10b + a$. Es sei zum Beispiel $a$ die größere der beiden Zahlen $a$ und $c$. In diesem Fall war die größere Zahl die ursprünglich gedachte Zahl, und somit war

$$100(a-c) + (c-a)$$

die Differenz. Da $(c-a)$ negativ ist, kann es nicht als Ziffer aufgefasst werden. Um die weitere Rechnung zu verfolgen, müssen wir diese Zahl im Dezimalsystem aufschreiben. Hierzu führen wir folgende Umformung durch:

$$100(a-c-1) + 10 \cdot 9 + (10 + c - a)\,.$$

Schreiben wir die Ziffern dieser Zahl in umgekehrter Reihenfolge, dann erhalten wir die Zahl

$$100(10 + c - a) + 10 \cdot 9 + (a - c - 1)\,.$$

Die Summe der beiden letztgenannten Zahlen ist

$$100(10-1)+10\cdot 18+(10-1)=1089\,.$$

Jetzt erkennen wir auch mühelos, warum wir voraussetzen mussten, dass sich die erste und die letzte Ziffer um mindestens zwei unterscheiden müssen. Wir sehen uns zuerst den Fall $a=c$ an. Dann ändert sich die Zahl bei der Umkehrung der Ziffern nicht; daher ist die Differenz gleich 0 und wir erhalten am Schluss des Verfahrens ebenfalls 0 und nicht 1089. Unterscheiden sich $a$ und $c$ um 1, zum Beispiel $a=c+1$, dann ergibt sich bei der Umformung der Zahl $100(a-c)+(c-a)$ eine Schwierigkeit, da wir nun $a-c-1=0$ haben. Demnach ist in diesem Fall die Differenz eine zweistellige Zahl. (Denken wir uns jedoch vor die zweistellige Zahl eine 0 geschrieben, dann ist die umgekehrte Zahl eine auf 0 endende dreistellige Zahl, und demnach erhält man auch in diesem Fall 1089 als Endergebnis. Ist zum Beispiel 786 die gedachte Zahl, dann ist 687 deren Umkehrung und die Differenz ist 99. Die Summe von 99 und 990 ist wieder 1089.)

## Wiegetrick I

Wir bezeichnen mit $A$, $B$, $C$, $D$ die vier Schachteln, und mit $a$, $b$, $c$ die anderen drei. Wir führen die folgenden Bezeichnungen ein, um die Möglichkeiten bequem nachverfolgen zu können[11]:

$A>t$ bedeutet: $A$ ist schwerer als die übrigen Schachteln.

$A<t$ bedeutet: $A$ ist leichter als die übrigen Schachteln.

Zunächst geben wir $A$, $B$, $C$ in die eine Waagschale und $a$, $b$, $c$ in die andere. Es sind drei Fälle möglich:

(1) Ist $ABC>abc$, dann legen wir beim nächsten Wiegen $A$ und $B$ auf die Waage.

Ist $A>B$, dann ist $A>t$; ist $A<B$, dann ist $B>t$; ist $A=B$, dann ist $C>t$.

(2) Ist $ABC<abc$, dann legen wir beim nächsten Wiegen ebenfalls $A$ und $B$ auf die Waage.

Ist $A>B$, dann ist $B<t$; ist $A<B$, dann ist $A<t$; ist $A=B$, dann ist $C<t$.

(3) Ist $ABC=abc$, dann legen wir beim nächsten Wiegen $A$ und $D$ auf die Waage.

Ist $A>D$, dann ist $D<t$; ist $A<D$, dann ist $D>t$.

[11] Bei unserer Analyse identifizieren die Bezeichnung einer Schachtel mit ihrem Gewicht und meinen etwa mit $ABC$, dass die Schachteln $A, B$ und $C$ in der einen Waagschale liegen.

Wir sehen, dass zwei Wiegevorgänge immer ausreichen, obwohl eine beliebige Schachtel schwerer oder leichter sein kann als die übrigen.

## Springer auf dem Schachbrett

Wenn wir genau einmal auf jedes Feld ziehen wollen, dann müssen wir, um in die rechte obere Ecke zu kommen, insgesamt 63 Züge machen. Der Springer kommt bei jedem Zug auf ein andersfarbiges Feld. Da er am Anfang auf einem weißen Feld steht, kommt er nach dem ersten Zug auf ein schwarzes Feld, beim zweiten Zug wieder auf ein weißes Feld, bei dritten Zug auf ein schwarzes, ..., beim 63. Zug auf ein schwarzes. In der rechten oberen Ecke ist aber ein weißes Feld, und somit ist sicher, dass der Springer beim 63. Zug nicht dorthin gelangen kann.

* * *

Das obige Rätsel ist ein interessantes Beispiel für das mathematische Analogon des berüchtigten Prinzips *divide et impera* (teile und herrsche). Das häufig verwendete mathematische Prinzip lautet: „Teile die Eigenschaften des Untersuchungsmaterials auf und beschäftige dich gesondert mit diesen Teilen, eventuell nur mit einem oder zweien dieser Teile." Wir wollen uns ansehen, wie man das bei der Lösung des Rätsels anwenden kann. Wenn wir mit der Lösung des Rätsels anfangen, dann sieht es auf den ersten Blick undurchschaubar aus. Wir fangen an, herumzuprobieren, aber früher oder später scheitern alle unsere Versuche. Die meisten verlieren dann die Lust, denn wer kann schon alle Zugmöglichkeiten durchprobieren, um die Unmöglichkeit der genannten „Begehung" zu konstatieren? Der Lösungstrick war die Anwendung des obigen Prinzips: Von den verschiedenen Eigenschaften greifen wir nur eine einzige heraus, nämlich dass der Springer bei jedem Zug immer auf ein andersfarbiges Feld kommt. Gleichzeitig können wir das Rätsel auch folgendermaßen verallgemeinern: Mit keiner einzigen Figur kann man auf dem Schachbrett in einer ungeraden Anzahl von Zügen derart von der linken unteren Ecke in die rechte obere Ecke gelangen, dass man bei jedem Zug auf ein andersfarbiges Feld kommt.

Noch eine letzte Bemerkung: „Das alles ist zwar sehr schön und sehr interessant", könnte jemand einwerfen, „aber ich kann nicht erkennen, wozu die ganze Tüftelei nützlich ist." Etwas Geduld! In einem unserer nachfolgenden Rätsel werden wir sehen, wie nützlich dieser kleine Abstecher war.

# 19. Woche

## Handgeld

Ist das Ergebnis eine gerade Zahl, dann hat er in der rechten Hand eine gerade Anzahl von Münzen, und ist die Antwort eine ungerade Zahl, dann hat er in der rechten Hand eine ungerade Anzahl von Münzen.

Der Trick beruht auf der einfachen Tatsache, dass das Produkt zweier gerader Zahlen sowie das Produkt einer geraden Zahl und einer ungeraden Zahl immer eine gerade Zahl ist, aber eine ungerade Zahl nur bei Multiplikation mit einer geraden Zahl eine gerade Zahl liefert. Ferner ist die Summe einer geraden Zahl und einer ungeraden Zahl immer eine ungerade Zahl, während sowohl die Summe zweier ungerader Zahlen als auch die Summe zweier gerader Zahlen immer gerade ist.

## Rohrmaterial als Rohmaterial

Es ist gleichgültig, wo Herr Schmidt den Brunnen anlegen lässt – er benötigt in jedem Fall die gleiche Gesamtlänge der Rohre. Wir bezeichnen mit $A$, $B$ und $C$ die Ecken des Gartens, der durch ein gleichseitiges Dreieck begrenzt ist, und es sei $P$ ein beliebiger Punkt des Gartens. Von $P$ aus fällen wir die Lote auf die Seitengeraden des Dreiecks. Die Fußpunkte der Lote seien $P_A$, $P_B$ und $P_C$ (vgl. nachstehende Abbildung).

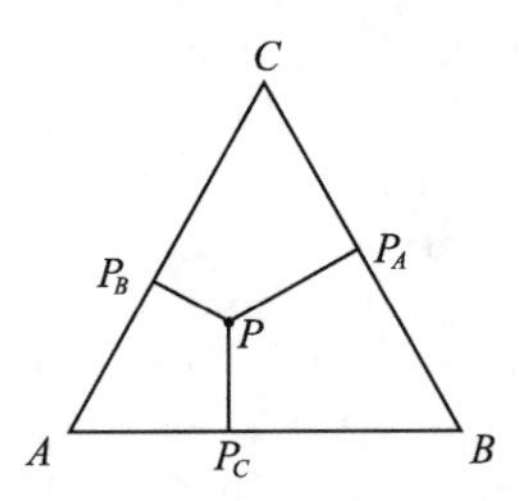


Für ein gegebenes $P$ wird die benötigte Rohrmenge offenbar dann minimal, wenn die Rohrleitung aus den drei Lotstrecken besteht, die auf der Abbildung zu sehen sind. Der Wert der Summe

$$|\overline{PP_A}| + |\overline{PP_B}| + |\overline{PP_C}|$$

ist aber unabhängig von der Wahl des Punktes $P$, was wir folgendermaßen einsehen können.

Die Fläche des Dreiecks $PBC$ ist

$$\frac{|\overline{BC}| \cdot |\overline{PP_A}|}{2} .$$

Ähnlicherweise ist die Fläche des Dreiecks $PBA$ durch

$$\frac{|\overline{BA}| \cdot |\overline{PP_C}|}{2}$$

gegeben und die Fläche des Dreiecks $PAC$ durch

$$\frac{|\overline{AC}| \cdot |\overline{PP_B}|}{2} .$$

Wir addieren die drei Flächeninhalte und verwenden $|\overline{AB}| = |\overline{BC}| = |\overline{CA}|$ sowie die Tatsache, dass die Summe der Flächen der Dreiecke $PBC$, $PBA$ und $PAC$ gleich der (mit $f_{ABC}$ bezeichneten) Fläche des Dreiecks $ABC$ ist. Damit ergibt sich

$$\frac{2}{|AB|} \cdot f_{ABC} = |\overline{PP_A}| + |\overline{PP_B}| + |\overline{PP_C}| .$$

Die fragliche Summe ist also tatsächlich unabhängig davon, wo der Punkt $P$ auf dem Dreieck (einschließlich Seiten und Ecken) gewählt wird, denn die linke Seite der Gleichung ist unabhängig von der Wahl von $P$.

## Radtour III

Wir können ähnlich argumentieren wie in den vorhergehenden Radtour-Aufgaben.

Die höchste Gewinnposition ist 99, denn wenn wir 99 gesagt haben, dann ist der Gegner gezwungen, mindestens 100 zu sagen. Von dieser Zahl gehen wir rückwärts – genauso, wie wir es früher gemacht haben. Wir gehen wieder von folgender Überlegung aus: Was auch immer der Gegner zur erhaltenen Zahl addiert, wir können stets 11 dazuzählen. Das heißt, wenn wir 88 sagen können, dann können wir auch 99 erreichen. Somit ist derjenige in Gewinnposition, der 88 sagt; ferner sind noch 77, 66, 55, 44, 33, 22 und 11 Gewinnpositionen.

Demgemäß gilt: Unabhängig davon, was der Beginnende sagt, kann der Gegner die 11 erreichen und gewinnt, wenn er die richtige Strategie anwendet.

Tommy hatte also nicht Recht, weil er die Partie verliert, wenn Schorsch geschickt spielt.

# 20. Woche

## Die Kannen – yes, we can!

Wir können die Ausschankprozedur durchführen, und zwar in 15 Schritten:

*1. Schritt:* Wir gießen den Inhalt der 7-Liter-Kanne in die 19-Liter-Kanne (7, 13, 0).

(Mit den in Klammern stehenden Zahlen geben wir der Reihe nach den Weininhalt der 19-Liter-Kanne, der 13-Liter-Kanne und der 7-Liter-Kanne an.)

*2. Schritt:* Mit Hilfe der 13-Liter-Kanne machen wir die 19-Liter-Kanne voll (19, 1, 0).

*3. Schritt:* Mit Hilfe der 19-Liter-Kanne machen wir die 7-Liter-Kanne voll (12, 1, 7).

*4. Schritt:* Wir gießen den Inhalt der 7-Liter-Kanne in die 13-Liter-Kanne (12, 8, 0).

*5. Schritt:* Mit Hilfe der 19-Liter-Kanne machen wir die 7-Liter-Kanne voll (5, 8, 7).

*6. Schritt:* Mit Hilfe der 7-Liter-Kanne machen wir die 13-Liter-Kanne voll (5, 13, 2).

*7. Schritt:* Wir gießen den Inhalt der 13-Liter-Kanne in die 19-Liter-Kanne (18, 0, 2).

*8. Schritt:* Wir gießen den Inhalt der 7-Liter-Kanne in die 13-Liter-Kanne (18, 2, 0).

*9. Schritt:* Mit Hilfe der 19-Liter-Kanne machen wir die 7-Liter-Kanne voll (11, 2, 7).

*10. Schritt:* Wir gießen den Inhalt der 7-Liter-Kanne in die 13-Liter-Kanne (11, 9, 0).

*11. Schritt:* Mit Hilfe der 19-Liter-Kanne machen wir die 7-Liter-Kanne voll (4, 9, 7).

*12. Schritt:* Wir gießen den Inhalt der 7-Liter-Kanne in die 13-Liter-Kanne (4, 13, 3).

*13. Schritt:* Wir gießen den Inhalt der 13-Liter-Kanne in die 19-Liter-Kanne (17, 0, 3).

*14. Schritt:* Wir gießen den Inhalt der 7-Liter-Kanne in die 13-Liter-Kanne (17, 3, 0).

*15. Schritt:* Und schließlich machen wir mit Hilfe der 19-Liter-Kanne die 7-Liter-Kanne voll (10, 3, 7).

Somit befinden sich jetzt in der 19-Liter-Kanne 10 Liter Wein.

## Drei Rätsel in drei Sprachen

Zunächst zum deutschsprachigen Rätsel. Ist die Summe zweier fünfstelliger Zahlen eine sechsstellige Zahl, dann kann nur die 1 an der ersten Stelle stehen, also ist $B = 1$. Als Nächstes probieren wir es mit $E$ und erhalten, dass $E$ nur 3 sein kann; in allen anderen Fällen ist nämlich die Voraussetzung nicht erfüllt, dass verschiedene Buchstaben auch verschiedene Zahlen bedeuten. Mit ähnlichen Überlegungen erhalten wir nunmehr die Lösung

$$\begin{array}{r} 63438 \\ +75312 \\ \hline 138750 \end{array}$$

Nun zum englischen Rätsel. Ist die Summe zweier vierstelliger Zahlen eine fünfstellige Zahl, dann kann nur die 1 an der ersten Stelle stehen, also ist $M = 1$. $S + M$ muss mindestens 9 sein, und deswegen ist $S$ eine der Zahlen 8 oder 9. Somit ist $S + M$ gleich 9 oder 10 und $O$ ist 0 oder 1. Und da 1 nicht mehr möglich ist, haben wir $O = 0$. In der Spalte der Hunderter könnte nur dann ein Übertrag auftreten, wenn $E = 9$ und $N = 0$ gilt, was aber nicht möglich ist. Also ist $S = 9$. In der Spalte der Zehner muss dagegen auf jeden Fall ein Übertrag auftreten, da andernfalls $E = N$ wäre. Also ist $N = E + 1$. Demnach muss in der Spalte der Zehner $E + 1 + R = E + 10$ gelten, falls in der Spalte der Einer kein Übertrag auftritt; dann wäre aber $R = 9$, was jedoch nicht möglich ist (da $S = 9$). Also tritt in der Spalte der Einer ein Übertrag auf und wir haben $R = 8$. Daher ist $D + E = 10 + Y$. Und da $Y$ weder 0 noch 1 sein kann, ist $D + E$ mindestens 12. $D$ ist dagegen höchstens 7 und daher ist $E$ mindestens 5. Da $N$ nicht größer als 7 sein kann und $N = E + 1$ gilt, kann $E$ nur 5 oder 6 sein. Aber 6 ist nicht möglich, denn dann wären $D$ und $N$ gleich 7. Das heißt, wir haben $E = 5$ und $N = 6$. Also ist nur $D = 7$ und $Y = 2$ möglich und die Lösung lautet

$$\begin{array}{r} 9567 \\ +1085 \\ \hline 10652 \end{array}$$

Abschließend zum ungarischen Rätsel. Ist die Summe zweier fünfstelliger Zahlen eine sechsstellige Zahl, dann kann nur die 1 an der ersten Stelle stehen, also ist $E = 1$. Dann aber kann $N + S$ nur 11 sein.

$1 + U + E$ hat ebenfalls einen Übertrag, denn $J + J = 2J$ ist eine gerade Zahl und kann deswegen nicht mit 1 enden. Demnach erhalten wir für $2J + 1$ den Wert 1 oder 11, das heißt, wir haben $J = 0$ oder $J = 5$.

$1 + U + E = 10 + J$, das heißt, wegen $E = 1$ haben wir $U = 8 + J$, und das schließt den Fall $J = 5$ aus, denn $U$ kann nicht 13 sein. Somit haben wir $J = 0$ und $U = 8$.

Für die restlichen sechs Unbekannten gelten die folgenden vier Gleichungen, in denen die Unbekannten nur voneinander verschiedene einstellige Zahlen sein können, wobei 0, 1 und 8 ausscheiden.

$$N + S = 11 \tag{1}$$

$$L + Á = S \tag{2}$$

$$É + M = 10 + L \tag{3}$$

$$É + L + 1 + N = M + Á + 8 + S\,. \tag{4}$$

Das heißt,

$$É + L + N = M + Á + S + 7\,.$$

Bei (2) darf man nicht

$$L + Á = 10 + S \tag{2'}$$

setzen, denn in diesem Falle würde statt Gleichung (3) die Gleichung

$$É + M + 1 = 10 + L \tag{3'}$$

gelten, und die Addition der Gleichungen (1), $(2')$, $(3')$ ergäbe

$$N + Á + É + M = 30\,,$$

was jedoch nicht möglich ist, denn die linke Seite kann höchstens $9 + 7 + 6 + 5 = 27$ sein.

Aus (2) und (3) folgt

$$É + M - 10 + Á = S\,. \tag{5}$$

Somit folgt aus (1), dass

$$N + É + M + Á = 21\,. \tag{6}$$

Setzen wir aus (3) und aus (5) den Wert von $L$ bzw. den Wert von $S$ in (4) ein, dann erhalten wir nach Umformen

$$É + N - M - 2Á = 7\,. \tag{7}$$

Subtrahieren wir (7) von (6), dann ergibt sich

$$2M + 3Á = 14\,.$$

$Á$ kann nur gerade sein, und zwar nur 2 oder 4. Aber 4 ist nicht möglich, denn dann wäre $M$ gleich 1, und somit ist $Á = 2$ und $M = 4$ möglich. Demnach folgt aus (2) und (5) die Beziehung $É - L = 6$. Da $L$ mindestens 3 ist (0, 1 und 2 sind bereits besetzt) und $É$ höchstens 9 ist, haben wir $É = 9$ und $L = 3$.

Mit Hilfe der erhaltenen Werte liefern (5) bzw. (6) die Werte $S = 5$ und $N = 6$.

Die Lösung ist demnach

$$\begin{array}{r} 9\,3\,0\,1\,6 \\ +\,4\,2\,0\,8\,5 \\ \hline 1\,3\,5\,1\,0\,1 \end{array}$$

## Schokokauf

Es bezeichne $x$ die Anzahl der von einem der jungen Männer gekauften Schokoladetafeln und gleichzeitig die Anzahl der von ihm ausgegebenen 10-Forint-Scheine. Analog sei $y$ die Anzahl der von seiner Freundin gekauften Schokoladetafeln und gleichzeitig die Anzahl der von ihr ausgegebenen 10-Forint-Scheine. Dann ist

$$10x^2 + 10y^2 = 650\,,$$

denn wer $x$ Schokoladetafeln gekauft hat, der hat pro Schokotafel $x$-mal 10 Forint, das heißt insgesamt $10x^2$ Forint bezahlt. Analog können wir mit $y$ argumentieren.

Für das andere Paar (wir bezeichnen die Anzahl der von ihnen gekauften Schokotafeln mit $u$ bzw. mit $v$) gilt

$$10u^2 + 10v^2 = 650\,.$$

Wir dividieren beide Seiten dieser Gleichungen durch 10 und erhalten

$$x^2 + y^2 = 65$$
$$u^2 + v^2 = 65\,.$$

Da für $x$ und $y$ nur nichtnegative ganze Zahlen infrage kommen, sind die folgenden Lösungen möglich:

$$x = 1\,, y = 8\,,$$
$$x = 4\,, y = 7\,,$$
$$x = 7\,, y = 4\,,$$
$$x = 8\,, y = 1\,.$$

Ebenso erhalten wir

$$u = 1\,, v = 8\,,$$
$$u = 4\,, v = 7\,,$$
$$u = 7\,, v = 4\,,$$
$$u = 8\,, v = 1\,.$$

Da Berta 1 Schokotafel gekauft hat, hat ihr Freund 8 Tafeln gekauft. Peter hat 1 Tafel mehr als Theresia gekauft. Das ist nur dann möglich, wenn Peter 8 und Theresia 7 Tafeln gekauft hat. Und hieran erkennt man auch, dass sie kein Paar sind. Also ist Berta Peters Freundin, und somit heißt Bertas Freund Peter. (Paul ist Theresias Freund und er hat 4 Tafeln gekauft.)

# 21. Woche

## Blitzschnelle Addition

Der Trick besteht darin, dass man die siebente Zahl mit 11 multiplizieren muss, und das Ergebnis die gewünschte Summe ist. Man sieht leicht ein, dass das immer so ist. Angenommen, die beiden gedachten Zahlen sind $a$ und $b$. Dann können wir die beschriebenen Zahlen folgendermaßen darstellen:

$$a, b,\ a+b,\ a+2b,\ 2a+3b,\ 3a+5b,$$
$$5a+8b,\ 8a+13b,\ 13a+21b,\ 21a+34b\,.$$

Addieren wir diese zehn Zahlen, dann erhalten wir $55a + 88b$, und diese Zahl ist tatsächlich das Elffache der siebenten Zahl $5a + 8b$.

* * *

Falls wir gute Kopfrechner sind, können wir auch die ursprünglichen Zahlen sehr leicht ausrechnen. Am einfachsten können wir so vorgehen, dass wir vom Siebenfachen der sechsten Zahl die zehnte Zahl subtrahieren:

$$7 \cdot (3a + 5b) - (21a + 34b) = b\,.$$

In unserem Fall haben wir zum Beispiel $7 \cdot 49 - 338 = 343 - 338 = 5$, das heißt, wir haben tatsächlich die zweite Zahl zurückbekommen. Danach können wir je nach Geschmack weitermachen; am einfachsten können wir aus der sechsten Zahl die erste Zahl wiedergewinnen. Von der sechsten Zahl subtrahieren wir das Fünffache der bereits bekannten zweiten Zahl und dividieren das Ergebnis durch 3; in unserem Fall erhalten wir

$$
\begin{aligned}
49 - 5 \cdot 5 &= 24 \\
24 : 3 &= 8\,.
\end{aligned}
$$

*  *  *

Die obige Folge wird auf nachstehende Weise gebildet: wir geben zwei Zahlen vor, addieren beide und erhalten dadurch die dritte Zahl; danach addieren wir die zweite und die dritte Zahl und bekommen dadurch die vierte Zahl usw. Eine solche Folge heißt *Fibonacci-Folge* (diese Folge spielt in dem Thriller *The Da Vinci Code* eine interessante Rolle[12]). Die Fibonacci-Folge ist in der Zahlentheorie von großer Bedeutung. Beginnen wir zum Beispiel die Fibonacci-Folge mit den Zahlen $a = 1$, $b = 1$, dann hat sie die bemerkenswerte Eigenschaft, dass sich das Quadrat einer jeden Zahl nur um 1 vom Produkt der davor und danach stehenden Zahlen unterscheidet. Die Folge beginnt in unserem Beispiel mit den Zahlen

$$1,\ 1,\ 2,\ 3,\ 5,\ 8,\ 13,\ 21,\ 34, \ldots\,,$$

und tatsächlich haben wir etwa

$$8^2 = 5 \cdot 13 - 1 \qquad 13^2 = 8 \cdot 21 + 1\,.$$

Diese Eigenschaft der Fibonacci-Folge wird bei verschiedenen Puzzles ausgenutzt. Bekannt ist sicher die Zerschneidung eines $8 \times 8$-Schachbretts in vier Teile, die man dann auf andere Weise wieder zusammensetzt und ein $5 \times 13$-Rechteck erhält, das also aus 65 kleinen Quadraten besteht. Das geschieht folgendermaßen:

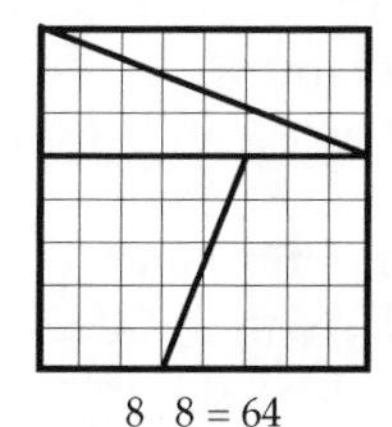

8 8 = 64

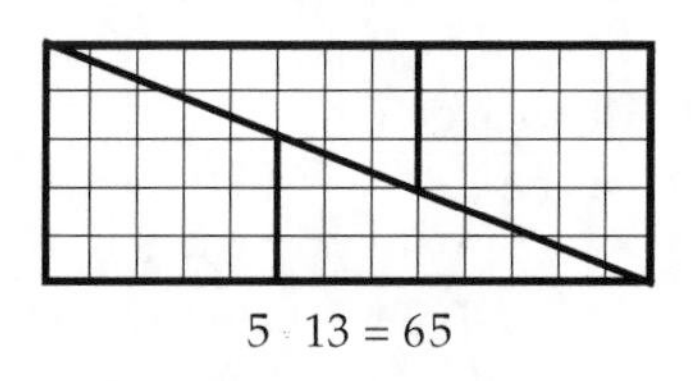

5 13 = 65

[12] Das Buch von Dan Brown ist 2004 in der deutschen Übersetzung unter dem Namen *Sakrileg* erschienen. Der Film kam 2006 unter dem Titel *The Da Vinci Code – Sakrileg* in die Kinos.

Der Trick besteht darin, dass sich bei der großen Diagonale des Rechtecks ein zusätzliches kleines Quadrat eingeschlichen hat. Im Vergleich zu den 64 Quadraten ist es aber so verteilt, dass die Sache beim Anfertigen der Zeichnung nicht auffällt. Auf ähnliche Weise können wir auch mit jedem anderen Glied der Fibonacci-Folge ein Quadrat verschwinden lassen oder ein solches hervorzaubern. Zum Beispiel können wir aus $13^2$ (das heißt aus einem $13 \times 13$-Schachbrett) ein $8 \times 21$-Rechteck machen:

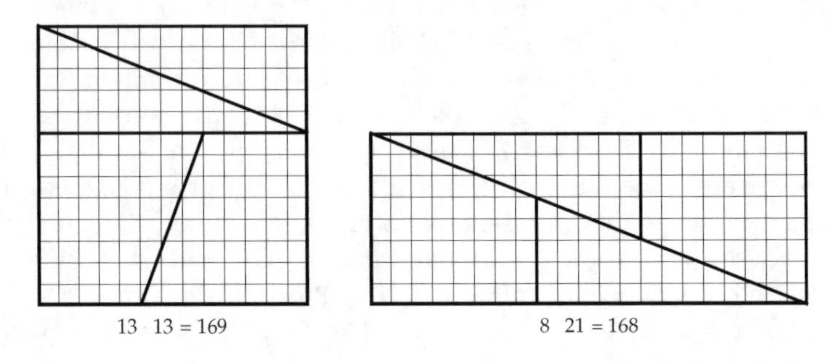


## Noch viel mehr eifersüchtige Männer

Beim jetzigen Ausflug hatten die eifersüchtigen Männer keinen Erfolg. Mehr als drei Ehepaare lassen sich unter den genannten Voraussetzungen mit einem 2-Personen-Kahn nicht auf die andere Flussseite befördern. Warum nicht? Wir bezeichnen die Anzahl der Ehepaare mit $n$ (das heißt, es geht um $2n$ Teilnehmer), wobei $n$ mindestens 4 ist.

Wir gehen von zwei Tatsachen aus:

(1) Befinden sich Männer und Frauen auf irgendeiner Seite, dann müssen sie in der Minderzahl sein oder es dürfen höchstens genauso viele Frauen wie Männer sein, da sich sonst eine der Frauen ohne Anwesenheit ihres eigenen Mannes in einer Gesellschaft befinden würde, zu der auch Männer gehören.

(2) Ist $h$ eine Zahl zwischen 2 und $2n$, dann kann im Laufe der Beförderung eine Situation entstehen, bei der sich auf der gegenüberliegenden Seite $h$ Personen und der Kahn befinden. Nach dem ersten Übersetzen kann nämlich die Anzahl der auf der gegenüberliegenden Seite befindlichen Personen nach einer Rückfahrt und einer erneuten Hinfahrt höchstens um 1 größer werden.

Wir nehmen zunächst an, dass $n$ eine gerade Zahl ist, und betrachten den Augenblick, an dem sich $n + 1$ Personen und der Kahn auf der gegenüberliegenden Seite des Flusses befinden, während es diesseits $n - 1$ Personen sind. Da beide Zahlen ungerade sind, müssen sich auf einer der Seiten mehr Frauen als Männer befinden, was jedoch aufgrund der ersten Bedingung nur dann möglich ist, wenn sich auf dieser Seite kein einziger Mann befindet; auf der anderen Seite sind also sämtliche Männer, das heißt, dort befinden sich $n + 1$ Personen (sämtliche Männer und eine Frau), und natürlich ist dort auch der Kahn. Die Zahl $n$ ist jedoch mindestens 4 und deswegen befinden sich diesseits mindestens drei Frauen. Dieser Zustand konnte nur eintreten, wenn eine einzige Frau den Kahn hinübergebracht hat; und jetzt darf auch nur sie den Kahn wieder zurückbringen, denn auf das Ufer, auf dem sich nur Frauen befinden (und zwar mindestens drei), darf kein Mann mehr übersetzen. In dieser Situation gibt es keinen Ausweg.

Wir betrachten jetzt den Fall, bei dem $n$ ungerade ist, bei dem sich auf beiden Seiten $n$ Personen befinden und der Kahn auf der gegenüberliegenden Seite ist. Mit einer ähnlichen Überlegung wie oben sehen wir, dass auf der einen Seite nur Männer sein können, auf der anderen Seite dagegen nur Frauen; andernfalls würden sich nämlich auf einer der Seiten mehr Frauen als Männer befinden. Befinden sich die Männer auf der gegenüberliegenden Seite, dann darf gemäß den Vorschriften kein einziger von ihnen zurückkommen, um Frauen mitzunehmen; befinden sich jedoch die Männer diesseits des Flusses, dann dürfen sie nicht übersetzen, denn unabhängig davon, ob ein Mann übersetzt oder ob zwei Männer übersetzen, befinden sich dann auf der anderen Seite weniger Männer als Frauen, da sich dort mindestens drei Frauen befinden.

Damit sind wir in allen Fällen auf einen Widerspruch gestoßen und somit ist die Beförderung tatsächlich nicht realisierbar.

## Fußball

Jede Mannschaft hat drei Spiele gespielt.

Somit konnte Mainz 05 seine 5 Punkte nur im Ergebnis von 2 Siegen und 1 Unentschieden erzielen; zwar würden zum Beispiel auch 1 Sieg und 3 Unentschieden zusammen 5 Punkte ergeben, in diesem Fall hätte Mainz 05 jedoch 4 Spiele mit 3 Gegnern gehabt.

Werder hatte 1 Sieg gegen den FC Bayern, und deswegen sind die 3 Punkte durch 1 Sieg, 1 Unentschieden und 1 Niederlage zustandegekommen. Unter Berücksichtigung des Ergebnisses 2:1 gegen den FC Bayern und der Tatsache, dass Werder 5 Tore geschossen hat, sowie unter Beachtung dessen, dass insgesamt 11 Tore geschossen wurden, ergeben sich folgende Möglichkeiten für das Unentschieden und für das Verlustspiel von Werder:

0 : 0, 3 : 4
0 : 0, 3 : 5
1 : 1, 2 : 3
1 : 1, 2 : 4
2 : 2, 1 : 2
2 : 2, 1 : 3
3 : 3, 0 : 1
3 : 3, 0 : 2

Mainz 05 hat zwei Spiele gewonnen. Eines dieser Spiele hat die Mannschaft mit Sicherheit gegen Werder gewonnen; hätte nämlich das Spiel von Mainz 05 gegen Werder unentschieden geendet, dann hätte Mainz 05 die anderen beiden Spiele gewonnen und damit wäre die Anzahl der Tore größer als 11 gewesen. Der andere Sieg von Mainz 05 endete mit dem Ergebnis 1:0. Mehr als 1 Tor konnte Mainz 05 nicht geschossen haben, denn sonst wären ebenfalls mehr als 11 Tore gefallen; und dieses 1 Tor konnte auch nur dann gefallen sein, wenn in den Spielen mit Werder insgesamt höchstens 10 Tore gefallen sind. Deswegen kommen von den oben angegebenen Möglichkeiten nur die nachstehenden infrage:

0 : 0, 3 : 4
1 : 1, 2 : 3
2 : 2, 1 : 2
3 : 3, 0 : 1

Aus den bisherigen Überlegungen und daraus, dass im Falle sämtlicher infrage kommenden Möglichkeiten die Gesamtzahl der Tore 11 ist, folgt bereits, dass nicht mehr Tore geschossen wurden. Somit war die Begegnung HSV–FC Bayern ein torloses Unentschieden, und 1 Punkt des FC Bayern ist hierauf zurückzuführen. Demnach hat der FC Bayern in dem Spiel gegen Mainz 05, das mit dem Ergebnis 1:0 endete, eine Niederlage erlitten.

Das Ergebnis des Spiels Mainz 05 gegen den FC Bayern lautete also 1:0.

* * *

Wir sehen, dass die vorgegebenen Bedingungen nicht den Ausgang sämtlicher Spiele bestimmen. Jeder der vier Fälle, die für die Werder-Spiele angegeben wurden, ist möglich und führt in einem Turnier, bei dem jeder gegen jeden spielt, zu einem anderen Spielverlauf. Natürlich bleibt aber das Ergebnis des Spiels von Mainz 05 gegen den FC Bayern in jedem Fall 1 : 0.

# 22. Woche

## Primzahl

Wir zeigen zuerst, dass jede Primzahl, die größer als 3 ist, die Form $6n + 1$ oder $6n + 5$ hat. Wir bezeichnen die fragliche Primzahl mit $p$ und teilen sie durch 6. Den Quotienten bezeichnen wir mit $n$ und den Rest mit $k$, das heißt, $p = 6n + k$. Der Rest $k$ kann die Werte 0, 1, 2, 3, 4 oder 5 annehmen. Ist $n = 0$, dann ist wegen $p > 3$ nur $k = 4$ oder $k = 5$ möglich; im Falle $k = 4$ ist jedoch $p = 4$ keine Primzahl, und im Falle $k = 5$ ist $p = 5$ eine Primzahl, die sich tatsächlich in der Form $6 \cdot 0 + 5$ schreiben lässt. Damit ist die Behauptung für den Fall $n = 0$ bewiesen und wir können im Weiteren annehmen, dass $n$ von 0 verschieden ist.

Jedoch sind die Zahlen der Form $6n + 2$ und $6n + 4$ gerade, weil in beiden Fällen beide Summanden durch 2 teilbar sind, und weil die Summe zweier gerader Zahlen wieder eine gerade Zahl ist. Da es sich um Zahlen handelt, die größer als 3 sind, können es keine Primzahlen sein. Ähnlich kann man argumentieren, dass auch die Zahlen der Form $6n + 3$ keine Primzahlen sein können, da beide Summanden und somit auch die Zahl insgesamt durch 3 teilbar ist und nach Voraussetzung größer als 3 ist. Natürlich kommt auch $k = 0$ nicht infrage, weil dann die Zahl durch 6 teilbar wäre. Deswegen sind nur $k = 1$ oder $k = 5$ möglich.

Wir haben also bewiesen, dass jede Primzahl, die größer als 3 ist, bei Division durch 6 den Rest 1 oder den Rest 5 hat.

Nach diesen Vorbemerkungen lässt sich die Aufgabe leicht lösen. Es sei $p$ die gedachte Primzahl. Diese lässt sich in der Form $6n + 1$ oder $6n + 5$ aufschreiben.

Somit erhalten wir nach Quadrieren eine Zahl der Form $36n^2 + 12n + 1$ oder der Form $36n^2 + 60n + 25$. Addieren wir 17, dann ergibt sich $36n^2 + 12n + 18 = 12(3n^2 + n + 1) + 6$ oder $36n^2 + 60n + 42 = 12(3n^2 + 5n + 3) + 6$. Bei Division durch 12 haben die beiden letztgenannten Zahlen offensichtlich den Rest 6.

* * *

Gestützt auf unsere Algebrakenntnisse können wir die Aufgabe auch anders lösen.

Es sei $p$ die gedachte Primzahl. Wir quadrieren diese zuerst und addieren dann 17. Wir erhalten also die Zahl $p^2 + 17$. Wir müssen zeigen, dass diese Zahl bei Division durch 12 den Rest 6 hat. Aus

$$p^2 + 17 = (p^2 - 1) + 18 = (p + 1)(p - 1) + 18$$

und aus der Voraussetzung, dass $p$ eine ungerade Zahl größer als 3 ist, folgt, dass sowohl $p+1$ als auch $p-1$ gerade Zahlen sind. Demnach ist das Produkt der beiden letztgenannten Zahlen durch 4 teilbar. Da $p-1$, $p$ und $p+1$ drei aufeinanderfolgende ganze Zahlen sind und $p$ eine Primzahl größer als 3 ist, lässt sich $p-1$ oder $p+1$ durch 3 teilen. Also ist $(p+1)(p-1)$ durch 12 teilbar und $(p+1)(p-1)+18$ hat bei Division durch 12 den Rest 6.

## Radtour IV

Man kann zeigen, dass nur $n = 10$ ein tauglicher Wert ist. Wenn nämlich $n$ größer als 10 ist, dann gewinnt bei korrekter Spielweise immer Schorsch. Ist dagegen $n$ kleiner als 10, dann gewinnt immer Tommy.

Allgemein wollen wir annehmen, dass einer der Spieler, etwa Schorsch, die Zahlen von 1 bis $p$ und Tommy die Zahlen von 1 bis $n$ verwenden darf – um zu beginnen oder um diese Zahlen zu addieren. Ferner sei $p$ größer als $n$. Wir beweisen, dass in diesem Fall immer Schorsch gewinnt.

Zunächst zeigen wir Folgendes: Ist Schorsch in eine Gewinnposition gelangt, dann kann ihn Tommy von dort niemals mehr verdrängen. Addiert nämlich Tommy irgendeine Zahl $r$ zu der von Schorsch gesagten Zahl (wobei $r$ echt kleiner als $p$ ist), dann addiert Schorsch $p+1-r$ zu der neu erhaltenen Zahl und erreicht damit erneut eine Gewinnposition. (Hier verwenden wir die nachstehende Tatsache, die uns schon von früher her bekannt ist: Ist $p$ die größte Zahl, die ein Spieler (zu Beginn oder zur Addition) verwenden darf, und sind $a < b$ zwei aufeinanderfolgende Gewinnpositionen, dann gilt $b - a = p + 1$.)

Befindet sich in irgendeiner Spielphase Tommy nicht in einer Gewinnposition von Schorsch, dann kann Schorsch in einem Schritt eine seiner Gewinnpositionen erreichen. Befindet sich Tommy jedoch irgendwann in einer Gewinnposition von Schorsch, dann addiert Schorsch 1, und dadurch hat die Summe einen Abstand von $p$ Einheiten von Schorschs nächster Gewinnposition. Tommy ist dann gezwungen, eine Zahl $r$ zu addieren, die kleiner als $p$ ist, und Schorsch gelangt nun durch Addition von $p-r$ in eine Gewinnposition.

## Grünes Kreuz

Herr S. Harp Log Ik argumentierte folgendermaßen, dass das Kreuz auf seiner Stirn grün ist:

Das Kreuz auf meiner Stirn ist entweder grün oder weiß. Wäre ein weißes Kreuz auf meiner Stirn, dann würden die anderen beiden

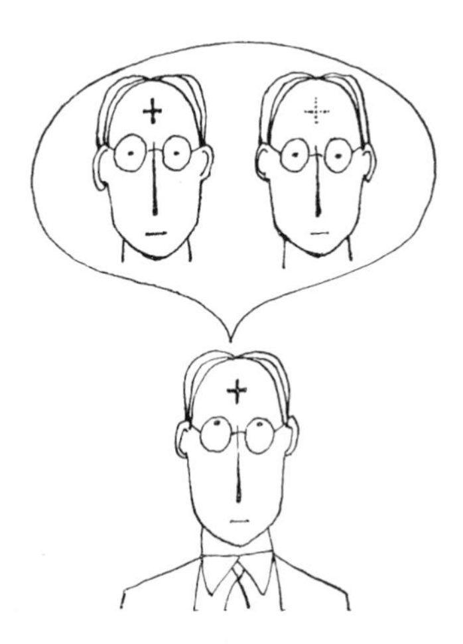

Kandidaten ein weißes und ein grünes Kreuz sehen. Da beide intelligent sind und gesehen haben, dass jeder die Hand gehoben hat, kann ihr Gedankengang nur der folgende sein: „Warum hat derjenige seine Hand gehoben, der ein grünes Kreuz auf der Stirn hat? Er hat seine Hand gehoben, weil er ein grünes Kreuz sieht. Da aber das auf die dritte Stirn gezeichnete Kreuz weiß ist, kann er nur das auf meine Stirn gezeichnete grüne Kreuz sehen, das heißt, auf meiner Stirn ist ein grünes Kreuz." Da beide intelligent sind, hätten sie diese Schlussfolgerung innerhalb weniger Augenblicke ziehen können und wenigstens einer von ihnen hätte gesagt: – Ich weiß es.

Es hat jedoch keiner von ihnen etwas gesagt und deswegen ist das auf meine Stirn gezeichnete Kreuz nicht weiß. Das Kreuz auf meiner Stirn ist also grün.

# 23. Woche

## Geld für Eis

Wir nehmen an, dass der Onkel das Geld entsprechend den vier Ziffern des Quadrates der Zahl $a$ verteilt hat. Zuerst zeigen wir, dass die Zahl $a$ eine der Zahlen 38, 62 oder 88 ist.

Eine Quadratzahl kann nicht mit mehreren übereinstimmenden ungeraden Ziffern enden, denn die vorletzte Ziffer ungerader Quadratzahlen ist immer gerade. Es sei nämlich $10n + m$ die zu untersuchende ungerade Zahl, das heißt, $m$ ist ungerade. Wir haben

$$(10n + m)^2 = 100n^2 + 2nm + m^2 .$$

Die (von rechts gezählte) zweite Ziffer dieser Zahl setzt sich aus der letzten Ziffer von $2nm$ und aus der an der Zehnerstelle stehenden Ziffer von $m^2$ zusammen. Die erstgenannte Zahl ist gerade, da $2nm$ gerade ist; $m$ ist dagegen eine der Zahlen 1, 3, 5, 7 oder 9, und die an der Zehnerstelle stehenden Ziffern der Quadrate dieser Zahlen sind gerade (auch die 0 ist eine gerade Zahl – im Falle der 1 steht die 0 als Ziffer an der Zehnerstelle).

Gemäß diesen Ausführungen können nur gerade Quadratzahlen mit übereinstimmenden Ziffern enden. Die geraden Quadratzahlen sind jedoch durch 4 teilbar und die aus den letzten beiden Ziffern einer durch 4 teilbaren Zahl bestehende Zahl ist ebenfalls durch 4 teilbar. (Denn die durch Abtrennung der beiden letzten Ziffern entstehende Zahl ist durch 100 teilbar.) Im Falle einer mit übereinstimmenden Ziffern endenden Zahl hat die aus den beiden letzten Ziffern bestehende Zahl die Form $11k$, und $11k$ ist nur dann durch 4 teilbar, wenn $k$ durch 4 teilbar ist; außerdem ist $k$ die letzte Ziffer einer geraden Quadratzahl, das heißt, es kann sich nur um 0, 4 oder 6 handeln. Da jedoch 6 nicht durch 4 teilbar ist, kommen nur $k = 0$ und $k = 4$ infrage. Im erstgenannten Fall endet die Zahl auf zwei Nullen, im zweiten Fall auf zwei Vieren.

Zusammenfassung der bisherigen Ergebnisse: Stimmen die beiden letzten Ziffern einer Quadratzahl überein, dann sind diese beiden Ziffern entweder 00 oder 44.

Bei der im Rätsel auftretenden Quadratzahl stimmen die beiden letzten Ziffern überein, da die beiden größten Jungen gleichviel Geld bekommen haben. Ebenso können wir uns sofort denken, dass $a^2$ nicht auf 00 endet, da andernfalls der Gerechtigkeitssinn des Onkels nicht so ausgeprägt wäre. Aber auch ansonsten folgt dieses Ergebnis aus den Voraussetzungen, denn andernfalls wäre 19 die Summe der ersten beiden Zahlen (weil der Onkel 19 Forint unter den Kindern verteilt hat und 19 die Summe der vier Ziffern von $a^2$ ist). Die Summe zweier Ziffern kann jedoch höchstens 18 sein und somit endet $a^2$ mit Sicherheit auf 44.

Es gibt nur drei zweistellige Zahlen, deren Quadrat eine auf 44 endende vierziffrige Zahl ist: 38, 62 und 88.

Die Quadrate dieser Zahlen sind der Reihe nach 1444, 3844 und 7744. Von diesen Zahlen ist nur 3844 so beschaffen, dass die Summe der Ziffern 19 ergibt, das heißt, es kommt nur $a = 62$ infrage. Und da 8 die größte Ziffer von 3844 ist, konnte ich mir für mein Geld acht Kugeln Eis zu je einem Forint kaufen.

## Am Balaton I

Wenn insgesamt geradzahlig viele Streichholzhaufen vorhanden sind, dann entferne Tommy denjenigen ganzen Haufen, in dem sich mehr als *ein* Streichholz befindet; gibt es dagegen ungeradzahlig viele Streichholzhaufen, dann entferne er aus dem Haufen, der mehr als *ein* Streichholz enthält, alle Streichhölzer bis auf ein einziges. In beiden Fällen bleiben somit ungeradzahlig viele aus *einem* Streichholz bestehende Haufen übrig. Tommys Gegner Schorsch wird demnach immer einen Haufen aus einer ungeraden Anzahl von Haufen entfernen und somit auch den letzten Haufen. Also gewinnt Tommy.

## Der neidische Cousin

Ich habe meine Meinung folgendermaßen begründet: Sind die letzten vier Ziffern einer Quadratzahl identisch, dann sind diese vier Ziffern notwendigerweise 0.

Sind nämlich die letzten vier Ziffern einer Quadratzahl identisch, dann können wir auf diese Zahl all das anwenden, was wir bei der Lösung des Rätsels *Geld für Eis* (23. Woche, S. 177) gesagt hatten, das heißt, wenn diese Zahl nicht mit vier Nullen endet, dann kann sie nur mit vier Vieren enden. Die Zahl hat demnach die Form

$$10\,000d + 4444\,.$$

Ein Viertel hiervon ist

$$100 \cdot 25d + 1111\,.$$

Auch diese Zahl kann nur eine Quadratzahl sein und sie kann nur auf 11 enden. Bei der Lösung des obengenannten Rätsels hatten wir bereits gesehen, dass die vorletzte Ziffer einer Quadratzahl nur gerade sein kann. Die Annahme, dass die Quadratzahl auf vier Vieren endet, führt also zu einem Widerspruch. Daher kann die Zahl nur auf vier Nullen enden, das heißt, mein neidischer Cousin hat überhaupt kein Geld bekommen.

# 24. Woche

## Ein Schiff wird kommen

Die Länge des Schiffes sei $x$ Schritte und seine Geschwindigkeit betrage das $k$-fache unserer Geschwindigkeit. Wir müssen zwei Fälle je nachdem unterscheiden, ob $k > 1$ oder $k < 1$ ($k = 1$ ist nicht möglich, weil wir dann, wenn wir uns in die gleiche Richtung bewegen wie das Schiff, dessen Länge gar nicht messen könnten).

*Fall 1*: $k > 1$, das heißt, das Schiff ist schneller als wir. Gehen wir also in Bewegungsrichtung des Schiffes, dann holt uns das Schiff ein, und somit beginnen wir die Zählung am Bug des Schiffes. Sind wir 200 Schritte gegangen, dann hat das Schiff einen Weg von $200 \cdot k$ Schritten zurückgelegt. Da sich unterdessen das Schiff gerade an uns vorbei bewegt hat, ist die Differenz unserer Wege gleich der Schiffslänge, das heißt:

$$x = 200 \cdot k - 200 \,.$$

Gehen wir 40 Schritte in die zur Bewegungsrichtung des Schiffes entgegengesetzte Richtung, dann kommt das Schiff $40 \cdot k$ Schritte vorwärts. Da sich unterdessen das Schiff gerade an uns vorbei bewegt hat, ist die Summe unserer Wege gleich der Schiffslänge, also

$$x = 40 \cdot k + 40 \,.$$

Der Vergleich der beiden $x$-Werte liefert

$$\begin{aligned} 200 \cdot k - 200 &= 40 \cdot k + 40 \\ 160k &= 240 \,. \end{aligned}$$

Somit haben wir $k = \frac{3}{2}$ und $x = 100$ Schritte.

*Fall 2*: Ist $k < 1$, das heißt, bewegen wir uns schneller als das Schiff, dann holen wir das Schiff ein, wenn wir uns in die gleiche Richtung bewegen wie das Schiff, das heißt, wir beginnen am Heck zu zählen. In diesem Fall wird die erste Gleichung zu

$$x = 200 - 200 \cdot k \,.$$

Die zweite Gleichung bleibt unverändert:

$$x = 40 \cdot k + 40 \,.$$

Der Vergleich der beiden $x$-Werte ergibt:

$$\begin{aligned} 200 - 200 \cdot k &= 40 \cdot k + 40 \\ 240k &= 160 \,. \end{aligned}$$

Somit haben wir $k = \frac{2}{3}$ und $x = 66 + \frac{2}{3}$ Schritte.

Obwohl im Rätsel nicht davon die Rede war, hat Tommy natürlich gesehen, ob Fall 1 oder Fall 2 vorliegt, und er hat dementsprechend gezählt.

## Am Balaton II

Egal wie gut Schorsch spielt, er muss gegen Tommy immer verlieren, wenn dieser richtig spielt. Wir bezeichnen die Grundstellung mit (1, 2, 3). Diese Bezeichnung drückt aus, dass es drei Streichholzhaufen mit 1, 2 und 3 Streichhölzern gibt. Wir werden sehen, dass Tommy – unabhängig davon, was Schorsch macht – Schorsch dazu zwingen kann, dass dieser den Tommy in die Gewinnposition bringt, die uns bereits aus *Am Balaton I* (23. Woche, S. 179) bekannt ist. Das heißt, Tommy kann erzwingen, dass – wenn er drankommt – vor ihm nur *ein* Haufen liegt, der mehr als *ein* Streichholz enthält. Diese Stellungen werden wir als *fundamentale Gewinnpositionen* bezeichnen.

Wir sehen uns an, welche Möglichkeiten Schorsch hat:

*1. Möglichkeit*: Er entfernt den zweiten oder den dritten Haufen vollständig, das heißt, es entstehen die Positionen (1, 0, 3) oder (1, 2, 0), und beide Positionen sind für Tommy fundamentale Gewinnpositionen.

*2. Möglichkeit*: Er entfernt aus dem zweiten Haufen ein Streichholz oder aus dem dritten Haufen zwei Streichhölzer. Dadurch entstehen also die Positionen (1, 1, 3) oder (1, 2, 1), und das sind wieder fundamentale Gewinnpositionen für Tommy.

*3. Möglichkeit*: Er entfernt aus dem dritten Haufen ein Streichholz, so dass sich die Position (1, 2, 2) ergibt. Dann besteht Tommys richtige Antwort darin, den ersten Haufen zu entfernen, und Schorsch steht vor der Position (0, 2, 2). Danach entfernt Schorsch ein Streichholz oder zwei Streichhölzer aus irgendeinem Haufen; im ersten Fall bringt er Tommy in eine fundamentale Gewinnposition, im zweiten Fall entfernt Tommy eines der auf dem Tisch befindlichen zwei Streichhölzer, und somit ist Schorsch gezwungen, das letzte Streichholz wegzunehmen.

*4. Möglichkeit*: Er entfernt den ersten Haufen und es entsteht die Position (0, 2, 3). Jetzt gibt es für Tommy eine einzige richtige Antwort: Er nimmt vom dritten Haufen ein Streichholz weg, wodurch sich die bereits vorher betrachtete Position (0, 2, 2) ergibt.

## Zu Gast

Der erste Teil der Aufgabe lautet folgendermaßen:

> Ein Lehrerehepaar hat als Gäste ein Arztehepaar und ein Ingenieurehepaar zum Essen eingeladen. Die blonde Frau ist in der Küche beschäftigt, ihr Mann bringt den Schachtisch in Ordnung. Es klingelt. Der Hausherr bittet zwei braunhaarige und zwei schwarzhaarige Gäste hinein.

Aufgrund dieser Informationen wissen wir, dass zwei der vier Gäste (zwei Ehepaare) braune Haare und zwei von ihnen schwarze Haare haben und dass die gastgebende Ehefrau blond ist.

Ferner verwenden wir noch Folgendes:

> Wir verabschieden uns von der Gesellschaft und ein rothaariges Mitglied der Gesellschaft begleitet uns hinaus.

*Schlussfolgerung 1*: Der gastgebende Lehrer ist rothaarig und seine Frau ist blond.

> Das Arztehepaar und ein weiteres Mitglied der Gesellschaft haben an diesem Abend aus Spaß nie die Wahrheit gesagt, während alle anderen immer die Wahrheit gesagt haben.

Unter Verwendung der obigen Aussage und der Tatsache, dass auf unsere fünfte Frage ein schwarzhaariges Mitglied der Gesellschaft geantwortet hat, dass sein Ehepartner Arzt ist, erkennen wir, dass der Beantworter der Frage kein Arzt sein kann, da das Arztehepaar an diesem Abend nie die Wahrheit gesagt hat. Ferner konnte die Antwort nur von jemandem stammen, der nicht die Wahrheit gesagt hat, denn ein anderer hätte keinen Arzt als Ehepartner. Verwenden wir noch, dass aufgrund von Schlussfolgerung 1 keiner der Ehepartner des Lehrerehepaars schwarze Haare hat, dann können wir Folgendes feststellen:

*Schlussfolgerung 2*: Der Gesellschaft muss ein schwarzhaariger Ingenieursehepartner angehören, der an diesem Abend (außer dem Arztehepaar) nie die Wahrheit gesagt hat, während alle anderen die Wahrheit gesagt haben.

Aufgrund von Schlussfolgerung 2 hat das Lehrerehepaar immer die Wahrheit gesagt, und deswegen hat der Lehrer unsere vierte Frage wahrheitsgemäß beantwortet, das heißt:

*Schlussfolgerung 3*: Der Lehrer hat an diesem Abend immer die Wahrheit gesagt und seine blonde Frau heißt Petra.

Gemäß den obigen Informationen hat auch Petra nicht gelogen; sie hat also unsere dritte Frage wahrheitsgemäß beantwortet, das heißt, es gibt in der Gesellschaft zwei Frauen mit gleicher Haarfarbe. Da Petra blond ist, ihr Mann rote Haare hat, und da es noch zwei braunhaarige und zwei schwarzhaarige Personen gibt, gilt

*Schlussfolgerung 4*: Die anderen beiden Frauen haben die gleiche Haarfarbe, das heißt, sie sind entweder beide schwarzhaarig oder beide braunhaarig.

Paul hat sicher nicht die Wahrheit gesagt, denn hätte er die Wahrheit gesagt, dann könnte er kein Arzt sein. Paul kann auch kein Lehrer sein, denn dessen Frau hat keine braunen Haare. Somit könnte er nur Ingenieur sein und seine Frau hätte braune Haare. Wenn er aber die Wahrheit gesagt hätte, dann wäre seine Frau aufgrund von Schlussfolgerung 2 schwarzhaarig, da er ja der lügende schwarzhaarige Ingenieur wäre. Das ist ein Widerspruch. Deswegen haben wir

*Schlussfolgerung 5*: Paul hat an diesem Abend nie die Wahrheit gesagt und deswegen hat seine Frau keine braunen Haare. Und da er nicht die Wahrheit gesagt hat, ist er gemäß Schlussfolgerung 3 auch kein Lehrer, das heißt, seine Frau ist auch nicht blond. Deswegen hat seine Frau schwarze Haare.

Wegen der Schlussfolgerungen 4 und 5 haben also die Frau des Arztes und die Frau des Ingenieurs schwarze Haare. Ferner haben die Männer dieser Frauen braune Haare, da es nur zwei Schwarzhaarige in der Gesellschaft gibt. Demnach hat auch Paul braune Haare und somit kann er aufgrund der Schlussfolgerungen 4 und 5 auch nicht der schwarzhaarige lügnerische Ingenieur sein; vielmehr kann er nur der lügnerische Arzt sein. Demnach haben wir

*Schlussfolgerung 6*: Paul ist ein braunhaariger Arzt und seine Frau hat schwarze Haare.

Anhand der obigen Informationen erkennen wir, dass die Frau des Ingenieurs schwarze Haare hat und ihr Mann braunhaarig ist. Somit gilt wegen Schlussfolgerung 2 auch, dass die Frau des Ingenieurs an diesem Abend nie die Wahrheit gesagt hat, wohingegen ihr Mann immer die Wahrheit gesagt hat. Unsere zweite Frage wurde also wahrheitsgemäß beantwortet, das heißt, Doras Mann heißt Thomas. Gemäß Schlussfolgerung 3 und 6 ergibt sich somit

*Schlussfolgerung 7*: Thomas ist Ingenieur und hat braune Haare. Seine Frau ist schwarzhaarig und hat an diesem Abend nie die Wahrheit gesagt.

Nach einigen Minuten befassen sich Stefan, Thomas und Paul mit Schachaufgaben, während Dora, Ella und Petra tratschen.

Unter Verwendung der obigen Aussage sind wir an alle noch fehlenden Informationen herangekommen:

*Schlussfolgerung 8*: Der Name des Lehrers ist Stefan und die Frau des Arztes heißt Ella.

Zusammenfassung: Stefan ist der rothaarige Lehrer, seine blonde Frau heißt Petra. Thomas ist der braunhaarige Ingenieur, seine Frau Dora hat schwarze Haare. Paul ist der Arzt mit den braunen Haaren und seine Frau Ella hat schwarze Haare.

# 25. Woche

## Neben-Unter

Die Reihenfolge war: Ass, 3, König, 7, Dame, 4, Bube, 6, 10, 2, 9, 5, 8. Hiervon können wir uns am leichtesten wieder so überzeugen (vgl. Lösung von *Die Geschichte des Josephus Flavius*, 15. Woche, S. 152), dass wir 13 Karten, die in einer vorher gekennzeichneten Reihenfolge angeordnet sind, den Regeln entsprechend auslegen. Danach sehen wir uns an, wie nun die Reihenfolge aussieht, und ziehen die entsprechenden Rückschlüsse.

* * *

Wir können die Aufgabe auch folgendermaßen lösen: Wir denken uns zunächst 13 freie Plätze, die in einer Zeile von 1 bis 13 durchnummeriert sind. Anschließend legen wir die in abnehmender Reihenfolge (Ass, König, Dame, Bube, 10, 9, 8, 7, 6, 5, 4, 3, 2) sortierten Karten so auf die Plätze, dass wir mit dem ersten Platz beginnen und dann jeden zweiten freien Platz zyklisch mit der nächsten Karte belegen (das heißt, wenn wir am Ende der Zeile angekommen sind, dann fangen wir von vorne an, wobei wir aber immer nur die noch nicht belegten Plätze berücksichtigen).

Wir veranschaulichen den Vorgang durch die folgenden beiden Tabellen[13]:

| | 1 | 2 | 3 | 4 | 5 | 6 | 7 | 8 | 9 | 10 | 11 | 12 | 13 |
|---|---|---|---|---|---|---|---|---|---|---|---|---|---|
| sieben Schritte: | a | | b | | c | | d | | e | | f | | g |

| | 1 | 2 | 3 | 4 | 5 | 6 | 7 | 8 | 9 | 10 | 11 | 12 | 13 |
|---|---|---|---|---|---|---|---|---|---|---|---|---|---|
| zwölf Schritte: | a | l | b | h | c | k | d | i | e | | f | j | g |

## Ökonomie-Lektion

Wir bezeichnen die in Meilen/h gegebene Liefergeschwindigkeit mit $v$. Entsprechend den Voraussetzungen der Aufgabe beträgt die Lieferentfernung 1000 Meilen und die Grundgebühr 1000 Pfund.

[13] Die Zahlen in den ersten Tabellenzeilen sind die obengenannten 13 Platznummern, während die Buchstaben die abnehmende Reihenfolge der Karten bezeichnen: a (Ass), b (König), c (Dame), d (Bube), e (10), f (9), g (8), h (7), i (6), j (5), k (4), l (3), m (2).

Ist $v > 10$ Meilen/h, dann beträgt der Zuschlag

$$(v-10)\cdot 1000 \text{ Schilling} = (v-10)\cdot 50 \text{ Pfund}\,,$$

andernfalls 0.

Die Fahrdauer beträgt

$$\frac{1000}{v} \text{ Stunden}\,.$$

Dauert die Fahrt länger als 20 Stunden, das heißt, gilt

$$\frac{1000}{v} \text{ Stunden} > 20 \text{ Stunden}\,,$$

also

$$v < 50 \text{ Meilen/Stunde}\,,$$

dann beträgt das Bußgeld:

$$\left(\frac{1000}{v} - 20\right)\cdot 25 \text{ Pfund}\,,$$

ansonsten 0.

Unter der Voraussetzung $10 \leq v \leq 50$ belaufen sich demnach die Lieferkosten auf

$$1000 + 50v - 500 + \frac{25\,000}{v} - 500 \text{ Pfund}\,,$$

das heißt

$$50v + \frac{25\,000}{v} \text{ Pfund}\,.$$

Für welches $v$ ist die Summe

$$50v + \frac{25\,000}{v}$$

die kleinstmögliche? Diese Summe ist das arithmetische Mittel von $100v$ und $\frac{50000}{v}$.

Verwenden wir die zwischen dem arithmetischen und dem geometrischen Mittel bestehende Ungleichung (vgl. Lösung der Aufgabe *Eine Flugreise*, 1. Woche, S. 119), dann fällt $v$ weg und wir erhalten somit eine konstante untere Schranke:

$$\frac{100v + \frac{50\,000}{v}}{2} \geq \sqrt{100v\cdot\frac{50\,000}{v}} = \sqrt{5\,000\,000} \approx 2236\,.$$

(Das Zeichen $\approx$ bedeutet „rund".) Die Lieferung kann also nicht weniger als 2236 Pfund kosten, wenn $10 \leq v \leq 50$, und sie kann auch nur dann genauso viel kosten, wenn

$$100v = \frac{50\,000}{v},$$

das heißt,

$$v = \sqrt{500} \approx 22{,}36 \text{ Meilen/Stunde}\,.$$

Wir müssen noch überprüfen, ob wir eine Möglichkeit für eine preiswertere Lieferung erhalten können, falls wir die bei der Lösung auftretende Bedingung

$$10 \leq v \leq 50$$

fallenlassen.

Ist $v < 10$ Meilen/Stunde, dann betragen die Kosten

$$1000 + \frac{25\,000}{v} - 500 = 500 + \frac{25\,000}{v} \geq 500 + \frac{25\,000}{10} = 3000 \text{ Pfund.}$$

Ist dagegen $v > 50$ Meilen/Stunde, dann belaufen sich die Kosten auf

$$1000 + 50v - 500 = 6500 + 50v = 3000 \text{ Pfund}\,.$$

Somit sind

$$\sqrt{5\,000\,000} \approx 2236 \text{ Pfund}$$

die kleinstmöglichen Lieferkosten und diese können wir nur dann erreichen, wenn wir die Waren mit einer Geschwindigkeit von

$$\sqrt{500} \approx 22{,}36 \text{ Meilen/Stunde}$$

transportieren.

* * *

Das vorhergehende Ergebnis in der Sprache der Mathematik:

Bezeichnet $f(v)$ die Transportkosten bei der Liefergeschwindigkeit $v$, dann ist $v_0 = \sqrt{500}$ das absolute Minimum von $f(v)$.

Was ist das *absolute Minimum* und was ist das *absolute Maximum*?

Wir erläutern an einem anschaulichen Beispiel, worum es sich handelt. Bei einem Ausflug kommen wir auf die Spitze des Brockens. Von der Spitze führen alle Wege nur abwärts. Demnach haben wir auf der

Bergspitze in Bezug auf unsere Umgebung, etwa innerhalb von 20 Kilometern, eine Maximalhöhe erreicht. Wir sagen, dass wir ein *lokales Maximum* erreicht haben. Es ist jedoch nicht sicher, dass es sich dabei wirklich um die höchste von uns erreichbare Stelle handelt. Tatsächlich kommen wir an eine höhere Stelle, wenn wir den Fichtelberg besteigen. Betrachten wir jedoch nur die Berge des Harzes, dann können wir keine höhere Stelle als den Brocken besteigen. Der Brocken ist also nicht nur das Höhenmaximum seiner unmittelbaren Umgebung, sondern gleichzeitig auch das absolute Maximum (bezogen auf den Grundbereich Harz).

Zusammenfassend können wir Folgendes über den Zusammenhang zwischen dem lokalen und dem absoluten Maximum sagen: das lokale Maximum ist in Bezug auf eine gewisse Umgebung das absolute Maximum. Das absolute Maximum hingegen ist zwar auch ein lokales Maximum, aber es verliert seine Maximaleigenschaft auch dann nicht, wenn wir nicht nur die unmittelbare Umgebung betrachten.

Das Beispiel zeigt auch deutlich, dass es nicht gereicht hätte, von $f(v)$ nur in der Umgebung [10, 50] zu zeigen, dass es sich um das Minimum von $v_0 = \sqrt{500}$ handelt.

* * *

Noch eine Bemerkung zur Funktion $f(v)$. Wir hatten gesehen, dass wir nicht mit Hilfe einer einzigen Formel beschreiben können, auf welche Weise $f(v)$ von $v$ abhängt: Für $v < 10$ wird der Wert von $f(v)$ durch eine andere Formel angegeben als für $10 \leq v \leq 50$ und für $v > 50$.

Es kann jedoch niemand behaupten, dass $f(v)$ eine „künstliche“ Funktion ist, denn sie ist ja bei einem praktischen Problem aufgetreten. Dieses Beispiel kann auch helfen, die irrige Vorstellung zu zerstreuen, dass ein „richtiger“ funktionaler Zusammenhang immer durch eine Formel angegeben wird.

## Autorennen

Man braucht vier Minuten, um zwei Meilen mit einer Geschwindigkeit von 30 Meilen/Stunde zurückzulegen. Der Rennfahrer hat dagegen 1 Meile mit einer Geschwindigkeit von 15 Meilen/Stunde zurückgelegt, das heißt, er hat für die erste Meile die gesamten vier Minuten verbraucht. Dass er mit einigen Sekunden Verspätung dennoch in Northy ankam, ist nur so möglich, dass er vom Berggipfel abgestürzt ist.

# 26. Woche

## Der Onkel prüft

Es bezeichne $t, u, v, x, y, z$ den Personalbestand der Arbeitsgruppen. Wir wissen, dass Folgendes gilt:

$$\begin{aligned} t(u+v+x+y+z) &= 264\,, \\ u(t+v+x+y+z) &= 325\,, \\ v(t+u+x+y+z) &= 549\,, \\ x(t+u+v+y+z) &= 825\,, \\ y(t+u+v+x+z) &= 1000\,. \end{aligned}$$

Wir müssen von der grundlegenden Tatsache ausgehen, dass die Summe der beiden Faktoren der auf der linken Seite stehenden Produkte immer gleich groß ist, nämlich gleich der Gesamtbelegschaft aller sechs Arbeitsgruppen, das heißt $t+u+v+x+y+z$.

Demnach müssen die auf der rechten Seite stehenden Zahlen so in zwei Faktoren zerlegt werden, dass die Summe der beiden Faktoren bei jeder dieser Zahlen gleich groß ist. Um das tun zu können, schreiben wir zunächst alle möglichen Zerlegungen der betreffenden Zahlen in ein Produkt zweier Faktoren auf:

$$\begin{aligned} 264 &= 1\cdot 264 = 2\cdot 132 = 3\cdot 88 = \underline{4\cdot 66} = 6\cdot 44 = 8\cdot 33 = 11\cdot 24 = 12\cdot 22 \\ 325 &= 1\cdot 325 = \underline{5\cdot 65} = 13\cdot 25 \\ 549 &= 1\cdot 549 = 3\cdot 183 = \underline{9\cdot 61} \\ 825 &= 1\cdot 825 = 3\cdot 275 = 5\cdot 165 = 11\cdot 75 = \underline{15\cdot 55} = 25\cdot 33 \\ 1000 &= 1\cdot 1000 = 2\cdot 500 = 4\cdot 250 = 5\cdot 200 = 8\cdot 125 = 10\cdot 100 = \underline{20\cdot 50} = 25\cdot 40 \end{aligned}$$

Man überprüft mühelos, dass nur die unterstrichenen Zerlegungen die Eigenschaft haben, dass die Summe der Faktoren gleich groß (=70) ist. Hieraus lässt sich auch sofort der Personalbestand der Gruppen feststellen:

$$t = 4\,, \quad u = 5\,, \quad v = 9\,, \quad x = 15\,, \quad y = 20\,.$$

Den Wert für $z$ erhalten wir zum Beispiel aus

$$66 = u+v+x+y+z\,,$$

was $z = 17$ liefert.

## Der Neffe schlägt zurück

Mit Hilfe der Lösung des vorhergehenden Rätsels ist die Antwort sehr einfach. Sehen wir uns nämlich aufmerksam die Zerlegungen von 1000 und 264 in zwei Faktoren an, dann erkennen wir, dass es für beide Zahlen nur *eine* Zerlegung gibt, bei der die Summe der beiden Faktoren mit der Summe der Faktoren einer Zerlegung der anderen Zahl übereinstimmt.

Für die Zerlegungen von 264 sind die Summen der Faktoren die folgenden:

$$265\,,\quad 134\,,\quad 91\,,\quad \underline{70}\,,\quad 50\,,\quad 41\,,\quad 35\,,\quad 34\,.$$

Für die Zerlegungen von 1000 haben wir die nachstehenden Summen:

$$1001\,,\quad 502\,,\quad 254\,,\quad 205\,,\quad 133\,,\quad 110\,,\quad \underline{70}\,,\quad 65\,.$$

Die einzige gemeinsame Zahl ist 70 und demnach ist das der Personalbestand der sechs Gruppen.

## Der Irrtum der Schaufensterdekorateurin

Es sei $\overline{txyz}$ die ursprünglich angegebene Zahl (durch Überstreichen deuten wir an, dass die Ziffern $t$, $x$, $y$, $z$ eine vierstellige Zahl bilden).

Der richtige Preis ist also $\overline{zyxt}$ und wir wissen, dass beide Zahlen ein vollständiges Quadrat sind. Ferner wissen wir, dass der richtige Preis ein ganzzahliges Vielfaches des ursprünglich im Schaufenster angegebenen Preises ist. Das ist jedoch nur möglich, wenn auch der Quotient der beiden Zahlen eine Quadratzahl ist. Berücksichtigen wir außerdem, dass der Quotient zweier vierstelliger Zahlen nur einstellig sein kann, dann erhalten wir, dass der richtige Preis das 1-fache, das 4-fache oder das 9-fache des ursprünglich angegebenen Preises ist. Das 1-fache ist jedoch vom Standpunkt des Rätsels offensichtlich sinnlos.

Im Falle von

$$\overline{zyxt} = 4 \cdot \overline{txyz}$$

steht auf der linken Seite eine gerade Quadratzahl, die somit nur auf 0, 4 oder 6 enden kann.

Wäre $t$ jedoch größer als 2, dann würde das auf der rechten Seite stehende Produkt $4 \cdot \overline{txyz}$ eine fünfstellige Zahl ergeben. Für $t$ ist also nur 0 möglich, aber dann wäre $\overline{txyz}$ nur dreistellig. Demnach gilt

$$\overline{zyxt} = 9 \cdot \overline{txyz}\,.$$

Die Zahl $\overline{zyxt}$ ist vierstellig und deswegen kleiner als 10 000. Somit haben wir

$$\overline{txyz} < \frac{10\,000}{9} .$$

Das heißt:

$$1000 \leq \overline{txyz} \leq 1111 .$$

Zwischen 1000 und 1111 liegen nur die Quadrate der Zahlen 32 und 33.

$32^2 = 1024$ ist jedoch keine Lösung, da 4201 keine Quadratzahl ist.

$33^2 = 1089$ erfüllt die Bedingungen, da $9801 = 99^2 = 9 \cdot 1089$.

Der Preis des Hutes war also 9801 Forint.

# 27. Woche

## Am Balaton III

Befindet sich in jedem der beiden Haufen ein Streichholz, dann gewinnt offenbar in jedem Fall der Beginnende.

Befinden sich dagegen in beiden Haufen gleichviele Streichhölzer und ist die Anzahl der Streichhölzer in den einzelnen Haufen größer als 1, dann verliert der Beginnende, falls der Gegner richtig spielt. Der Nachziehende kann mit der folgenden Methode gewinnen. Er zieht immer aus einem anderen Haufen als sein Gegner, und zwar so, dass er die Anzahl der in den beiden Haufen befindlichen Streichhölzer ausgleicht. Eine Ausnahme stellt der Fall dar, in dem der Gegner aus einem der Haufen sämtliche Streichhölzer bis auf ein einziges entfernt (dann nimmt nämlich der Nachziehende den ganzen anderen Haufen weg), oder wenn der Gegner einen der Haufen vollständig entfernt (dann lässt der Nachziehende vom anderen Haufen nur ein einziges Streichholz übrig).

Wir erkennen, dass sich dieses Prinzip bis zum Schluss anwenden lässt, das heißt, in jeder Position steht der Gegner unter Zwang und hat keinerlei Möglichkeit zum Entrinnen. Macht ein Spieler jedoch nur einen einzigen Fehler, dann kann sein Gegner das Verfahren übernehmen und gelangt dadurch in eine Gewinnposition.

Befindet sich also in jedem der beiden Haufen mehr als ein Streichholz und haben beide Haufen *gleichviele* Streichhölzer, dann verliert der Beginnende, falls der Nachziehende richtig spielt. Befindet sich dagegen in beiden Haufen eine *unterschiedliche* Anzahl von Streichhölzern, dann gewinnt im Falle einer richtigen Spielweise der Beginnende. Er gewinnt einfach deswegen, weil er als Beginnender das Ganze so betrachten kann, dass sich vor seinem Gegner zwei gleichgroße Haufen befanden und der Gegner aus einem der Haufen etwas weggenommen hat, woraufhin der Beginnende gemäß den obigen Ausführungen antworten kann.

## Farbige Würfel

Wir bemalen eine Fläche mit irgendeiner Farbe. Dann können wir zum Bemalen der gegenüberliegenden Fläche zwischen fünf Farben wählen. Danach bemalen wir eine beliebige der verbliebenen vier Flächen, die einen Ring bilden, mit einer der noch nicht verwendeten Farben. Damit kommen wir im Wesentlichen zu gleichen Würfeln. Die verbleibenden 3 Flächen lassen sich auf $3! = 6$-erlei Weise bemalen. Somit gibt es 30 Möglichkeiten der Bemalung.

Auf einem bemalten Würfel können wir auf drei Flächenpaaren drei Zahlenpaare (1, 6; 2, 5; 3, 4) auf 3! Weisen anbringen, aber die Zahlen der Zahlenpaare lassen sich auch innerhalb der Zahlenpaare vertauschen, was in jedem Falle zu zwei neuen Möglichkeiten führt. Demnach lassen sich die Zahlen auf den gefärbten Würfeln auf

$$3! \cdot 2^3 = 6 \cdot 8 = 48$$

verschiedene Weisen anbringen.

Demzufolge ist die Anzahl sämtlicher Würfel, die sich auf diese Weise anfertigen lassen, gleich $30 \cdot 48 = 1440$. Jedes Kind hat 20 Würfel bemalt und diese sind alle voneinander verschieden. Deswegen können es höchstens 72 Kinder sein, denn $72 \cdot 20 = 1440$.

## Franziskas Lehrer

Aus (3) folgt, dass Frau Engler nicht Mathematik unterrichtet. Aus (5) ergibt sich, dass Herr Kallwitz der Älteste ist und weder der Physiklehrer noch der Biologielehrer sein kann. Ferner folgt, dass der Biologielehrer der Jüngste ist, und dass er nicht Physik unterrichtet.

Wegen (2) unterrichtet Frau Anger Biologie, aber nicht Physik.

Da weder Herr Kallwitz noch Frau Anger Physik unterrichtet, ist die Physik demnach eines der Fächer von Frau Engler.

Wegen (6) und (4) unterrichtet Herr Kallwitz weder Chemie noch Mathematik.

Herr Kallwitz unterrichtet also Englisch und Geschichte. Somit kann das andere Fach von Frau Engler nur die Chemie sein. Frau Angers zweites Unterrichtsfach ist demnach die Mathematik.

Zusammenfassung: Frau Anger unterrichtet Biologie und Mathematik, Herr Kallwitz unterrichtet Englisch und Geschichte, und Frau Engler unterrichtet Physik und Chemie.

# 28. Woche

## Gekritzel

Auch uns wird das nicht gelingen, weil es auf der Abbildung insgesamt vier Punkte gibt, in denen eine ungerade Anzahl von Linien zusammenläuft. Wie wir ja bei dem Rätsel *Das Haus des Nikolaus* (3. Woche, Lösung auf S. 122) bereits festgestellt hatten, kann jeder solche Punkt nur Anfangs- oder Endpunkt sein. Klar ist jedoch Folgendes: Zeichnen wir eine Figur, ohne den Bleistift hochzuheben, dann kann es nur einen Anfangspunkt und einen Endpunkt geben (wobei beide Punkte auch zusammenfallen können; in diesem Fall gibt es keinen Punkt, in dem eine ungerade Anzahl von Linien zusammenläuft). Also lässt sich die Figur nicht zeichnen.

## Randolinis Kartentrick

Die Kartenreihenfolge des ausgeteilten Stoßes muss bekannt sein (es reicht natürlich, die zyklische Reihenfolge der Karten zu kennen). Man überzeugt sich leicht davon, dass sich beim Abheben die zyklische Reihenfolge nicht ändert. Wir legen zum Beispiel die Karten in einem Kreis hin und merken uns, welche Karte wo liegt; danach schieben wir die Karten zusammen, heben einige Mal ab und legen die Karten wieder aus. Dabei sehen wir, dass sich genau dasselbe Bild ergibt, das höchstens gedreht ist.

Nunmehr ist es leicht, eine Methode zum Auffinden der umgeschichteten Karte anzugeben.

Wir ordnen den uns übergebenen Kartenstoß in der ursprünglichen zyklischen Reihenfolge an. Es sind zwei Fälle möglich. Entweder gibt es eine Karte, die nicht in den Zyklus passt, oder in dem Zyklus fehlt eine Karte. Im ersten Fall haben wir denjenigen Stoß bekommen, in dem sich die aus dem anderen Stoß umgeschichtete Karte befindet, und diese Karte passt nicht in den Zyklus; im zweiten Fall haben wir denjenigen Stoß erhalten, aus dem eine Karte entfernt wurde, und diese ist die Karte, die in der zyklischen Reihenfolge fehlt.

Wir sehen uns ein Beispiel an.

Der Einfachheit halber nehmen wir an, dass sich im Kartenstoß jetzt nur 13 Karten befinden: 1, 2, 3, 4, 5, 6, 7, 8, 9, 10, Bube (B), Dame (D) und König (K), in dieser Reihenfolge. Nach einem Abheben ist die Reihenfolge beispielsweise 9, 10, B, D, K, 1, 2, 3, 4, 5, 6, 7, 8. Noch ein Abheben: 6, 7, 8, 9, 10, B, D, K, 1, 2, 3, 4, 5. (Wir sehen hier auch, dass man beliebig viele Abhebe-Operationen durch ein einziges Abheben ersetzen kann.) Der Kartenstoß werde jetzt folgendermaßen in zwei Teilstöße zerlegt: In einem Stoß befinden sich 6, 7, 8, 9, 10, B, D, im anderen K, 1, 2, 3, 4, 5. Aus dem zweiten Stoß werde etwa die 2 entnommen und in den ersten Stoß gelegt. Danach wird der erste Stoß gemischt und wir erhalten die Karten in der nachstehenden Reihenfolge: 6, D, 2, 9, 7, B, 10, 8. Wir stellen uns die Karten der Reihe nach angeordnet vor und erkennen, dass die 2 nicht dazugehört. Also ist das die umgeschichtete Karte.

Natürlich ist es beim Vorführen des Tricks zweckmäßig, mehr Karten zu verwenden und von einer so geschickt zusammengestellten Reihenfolge auszugehen, die man sich zwar merken kann, die aber für die Zuschauer bunt durcheinander gemischt aussieht.

## Ferien

Wir gehen von folgender Tabelle aus:

| Name | Wohnort | Urlaubsort |
|---|---|---|
| | Leipzig | |
| × | Bonn | Hamburg |
| | Nürnberg | |
| | Berlin | × |
| | Hamburg | |

Die Tabelle enthält bereits die Information, dass mein in Bonn wohnender Freund seinen Urlaub in Hamburg verbracht hat, und dass mein in Berlin wohnender Freund seinen Urlaub in der Stadt verbracht hat, die dem Namen meines Bonner Freundes entspricht.

*Wie heißt mein in Bonn wohnender Freund?* Offenbar kann er nicht Bonner heißen, da Bonner nach Voraussetzung nicht in Bonn wohnen kann. Er kann aber auch nicht Hamburger heißen, da er seinen Urlaub in Berlin verbracht hat. Er kann nicht Berliner heißen, weil dann wegen der letztgenannten Bedingung mein in Berlin wohnender Freund seinen Urlaub in Berlin hätte verbringen müssen. Er kann auch nicht Nürnberger heißen, weil Nürnberger in diejenige Stadt in Urlaub gefahren ist, die dem Namen meines in Berlin wohnenden Freundes entspricht; dann wäre der Name meines in Berlin wohnenden Freundes jedoch Hamburger, der aber nach Berlin auf Urlaub gefahren wäre, was jedoch nicht möglich ist, da mein in Berlin wohnender Freund seinen Urlaub nicht in Berlin verbracht haben konnte. Demnach heißt mein in Bonn wohnender Freund Leipziger.

*Wer wohnt in Berlin?* Es kann sich nicht um Nürnberger handeln, weil andernfalls Nürnberger in Nürnberg hätte Urlaub machen müssen. Natürlich kann er auch nicht Berliner heißen. Und er kann auch nicht Leipziger heißen, denn von diesem hatten wir bereits festgestellt, dass er in Bonn wohnt. Er kann auch nicht Hamburger heißen, weil andernfalls – wie wir uns bereits überlegt hatten – mein in Berlin wohnender Freund seinen Urlaub in Berlin verbracht hätte. Der Name meines in Berlin wohnenden Freundes ist demnach Bonner und er ist nach Leipzig in den Urlaub gefahren.

*Wer ist nach Nürnberg gefahren?* Der Name meines nach Nürnberg gereisten Freundes konnte offenbar nicht Nürnberger sein, und aufgrund unserer bisherigen Ergebnisse konnte es auch weder Leipziger noch Bonner sein; und natürlich konnte sein Name auch nicht Hamburger sein, da dieser nach Berlin gefahren ist. Demnach ist Berliner nach Nürnberg gefahren.

Wir können jedoch nicht feststellen, ob Berliner in Leipzig oder in Hamburg wohnt. In beiden Fällen sind sämtliche Bedingungen erfüllt. Die beiden Lösungen sind in den folgenden zwei Tabellen angegeben:

| Name | Wohnort | Urlaubsort |
|---|---|---|
| Berliner | Leipzig | Nürnberg |
| Leipziger | Bonn | Hamburg |
| Hamburger | Nürnberg | Berlin |
| Bonner | Berlin | Leipzig |
| Nürnberger | Hamburg | Bonn |

| Name | Wohnort | Urlaubsort |
|---|---|---|
| Nürnberger | Leipzig | Bonn |
| Leipziger | Bonn | Hamburg |
| Hamburger | Nürnberg | Berlin |
| Bonner | Berlin | Leipzig |
| Berliner | Hamburg | Nürnberg |

# 29. Woche

## Typischer Mathematiker

Es gibt eine einzige Quadratzahl zwischen 1800 und 1900:

$$43^2 = 1849\,.$$

Wir haben nämlich $42^2 = 1764$ und $44^2 = 1936$.

Demnach wurde De Morgan 43 Jahre vor 1849, also 1806 geboren.

## Wiegetrick II

Auch in diesem Fall reichen zwei Wiegevorgänge. Wir teilen die neun Schachteln in drei Gruppen ein. Die drei Gruppen seien mit $A$, $B$ und $C$ bezeichnet. Wir verwenden dieselben Bezeichnungen wie in der Lösung von *Wiegetrick I* (18. Woche, S. 162).[14] Zuerst wiegen wir $A$ und $B$. Ist $A < B$, dann enthält $A$ die leichtere Schachtel. Ist $A > B$, dann enthält $B$ die leichtere Schachtel; und ist schließlich $A = B$, dann enthält $C$ die leichtere Schachtel. Somit können wir bereits beim ersten Wiegen feststellen, in welcher Dreiergruppe sich die leichtere Schachtel befindet.

Mit $a$, $b$ und $c$ seien nun die drei Schachteln der ausgewählten Gruppe bezeichnet, und als Nächstes wiegen wir $a$ und $b$. Ist $a < b$, dann ist $a$ die leichtere Schachtel; ist $a > b$, dann ist $b$ die leichtere Schachtel; und im Fall $a = b$ ist $c$ die leichtere Schachtel.

* * *

Auf ähnliche Weise hätten wir die Aufgabe lösen können, wenn die betreffende Schachtel nicht leichter, sondern schwerer als die übrigen gewesen wäre.

Haben wir $3^n$ anstelle von neun Schachteln, dann können wir mit Hilfe der obigen Methode die Schachtel, deren Gewicht abweicht, mit $n$ Wiegevorgängen auswählen. Wir bilden drei Gruppen und in jede Gruppe kommen höchstens $3^{n-1}$ Schachteln. Wenn wir festgestellt haben, in welcher Gruppe sich die leichtere Schachtel befindet, dann bilden wir innerhalb dieser Gruppe wieder drei Gruppen, wobei jede dieser Teilgruppen aus $3^{n-2}$ Schachteln besteht, und so weiter.

---

[14] Ähnlich wie bei der Aufgabe *Wiegetrick I* bezeichnen wir hier – zur Vereinfachung, aber nicht ganz korrekt – eine Schachtel bzw. eine Gruppe von Schachteln und deren Gewicht durch das gleiche Symbol.

Möchten wir zum Beispiel aus $243 = 3^5$ Schachteln diejenige auswählen, die ein abweichendes Gewicht hat, dann bilden wir zuerst drei Gruppen, die aus je 81 Schachteln bestehen; danach nehmen wir diejenige Gruppe, in der sich die Schachtel mit abweichendem Gewicht befindet, und zerlegen sie in drei Neunergruppen; anschließend wählen wir aus den drei Gruppen, die je drei Schachteln enthalten, diejenige Gruppe aus, deren Gewicht abweicht; und schließlich bestimmen wir von drei Schachteln diejenige, die ein abweichendes Gewicht hat.

Liegt die Anzahl der Schachteln zwischen $3^{n-1}$ und $3^n$, dann benötigen wir ebenfalls $n$ Wiegevorgänge.

## Am Balaton IV

Von den bisherigen Streichholzaufgaben lohnt es sich, die Lösung des Rätsels *Am Balaton III* (27. Woche, S. 190) näher zu betrachten. Wir hatten dort den Fall untersucht, bei dem es zwei Haufen von Streichhölzern gibt. Wir werden sehen, dass die dort beschriebene Gewinnmethode (das Prinzip des *Streichholzausgleichs*) ein Spezialfall des allgemeinen Prinzips ist.

Wir wollen uns ansehen, wie sich dieses Prinzip im gegebenen komplizierteren Fall anwenden lässt.

Wir bezeichnen die vier Gruppen mit (6, 5, 5, 3), was bedeutet, dass wir vier Gruppen von Streichhölzern haben, und dass sich in der ersten Gruppe 6 Streichhölzer, in der zweiten und in der dritten Gruppe je 5, und in der vierten Gruppe 3 Streichhölzer befinden.

Im Sinne der Regel müssen die Zahlen 6, 5, 5 und 3 im Binärsystem aufgeschrieben werden (die Grundbegriffe in Bezug auf Zahlensysteme sind in der Lösung des Rätsel *Merkwürdige Addition* zu finden (9. Woche, S. 137)), und anschließend müssen die Zahlen innerhalb der einzelnen Spalten addiert werden:

$$\begin{array}{r} 110 \\ 101 \\ 101 \\ 11 \\ \hline 323 \end{array}$$

Wir sehen, dass in der ersten und in der dritten Spalte eine ungerade Zahl steht. Entfernen wir also zum Beispiel aus der ersten Gruppe $2^2 - 2^0 = 3$ Streichhölzer, dann bleibt $(3, 5, 5, 3)$ übrig und danach sind die in den Spalten stehenden Summen gerade:

$$\begin{array}{r} 11 \\ 101 \\ 101 \\ 11 \\ \hline 224 \end{array}$$

Wir nehmen an, dass unser Gegner jetzt aus der zweiten Gruppe 4 Streichhölzer entfernt, also bleibt (3, 1, 5, 3) übrig. Nunmehr erhalten wir

$$\begin{array}{r} 11 \\ 1 \\ 101 \\ 11 \\ \hline 124 \end{array}$$

Somit müssen wir jetzt $2^2$ Streichhölzer aus der dritten Gruppe entfernen und es bleibt (3, 1, 1, 3). Nach Addition der entsprechenden Spalten im Binärsystem erhalten wir nun 24. Angenommen, unser Gegner entfernt nun die ganze erste Gruppe. Dann bleibt (0, 1, 1, 3) übrig und nach Durchführung des vorgeschriebenen Verfahrens erhalten wir jetzt 13. In Befolgung der bisherigen Regel müssten wir jetzt so vorgehen, dass wir in beiden Spalten eine gerade Zahl bekommen. Das lässt sich zum Beispiel dadurch realisieren, dass wir aus dem vierten Haufen 1 Streichholz entfernen, was aber ein schwerer Fehler wäre. Wir sind nämlich jetzt in eine Situation geraten, in der es nur *einen* Haufen gibt, der mehr als *ein* Streichholz enthält. Wenden wir also die diesbezügliche Regel an, dann müssen wir aus der vierten Gruppe 2 Streichhölzer entfernen, damit eine ungerade Anzahl von einelementigen Gruppen bleibt. Der weitere Teil des Spiels läuft automatisch ab und bedarf deswegen keiner weiteren Erläuterungen.

* * *

Wir haben in den obigen Ausführungen nicht die Korrektheit der Methode nachgewiesen, sondern nur vorgeführt, wie sie sich in der Praxis anwenden lässt.

Bemerkung: Wir könnten die spaltenweise erhaltene Summe natürlich auch im Binärsystem aufschreiben, denn die Eigenschaft einer Zahl, gerade oder ungerade zu sein, hängt nicht davon ab, in welchem Zahlensystem wir die Zahl darstellen. Wir haben das nur aus Bequemlichkeitsgründen empfohlen. Wem es aber im Binärsystem einfacher erscheint, der soll in diesem Zahlensystem rechnen. Er kann aber auch das Sechsersystem nehmen!

# 30. Woche

## Kartenpuzzles

Wir können an die Stelle jedes einzelnen Buchstabens schreiben, wieviele Möglichkeiten es gibt, auf die gewünschte Weise zu ihm zu kommen. Zu den äußeren Buchstaben der ersten sieben Zeilen können wir offenbar nur auf eine einzige Weise gelangen. An den übrigen Stellen erhalten wir die entsprechende Zahl, indem wir die unmittelbar über ihr stehenden beiden Zahlen addieren, denn offensichtlich führen zu einem Buchstaben so viele Wege, wie zu den darüber stehenden zwei Buchstaben zusammen (weil man jeden Buchstaben von den darüber stehenden zwei Buchstaben und nur von diesen aus erreicht):

1
1 1
1 2 1
1 3 3 1
1 4 6 4 1
1 5 10 10 5 1
1 6 15 20 15 6 1
7 21 35 35 21 7
28 56 70 56 28
84 126 126 84
210 252 210
462 462
924

Demnach können wir das Wort KARTENPUZZLES auf 924 Weisen in der gewünschten Art ablesen.

* * *

Es erhebt sich die Frage, ob man zur Lösung des Rätsels unbedingt diese Tabelle erstellen muss. Bei der Lösung des Rätsels *Weißt du wieviel Fahnen wehen?* (6. Woche, S. 129) sind wir bereits der Notation

$$\binom{n}{k} = \frac{n!}{k!(n-k)!}$$

begegnet. Diese gibt die Anzahl der Kombinationen zur $k$-ten Klasse aus $n$ Elementen an.

Man kann ohne Mühe feststellen, dass an der $k$-ten Stelle der $n$-ten Zeile der obigen Tabelle bei Vervollständigung zu einem Dreieck bis zur 13. Zeile gerade

$$\binom{n-1}{k-1}$$

steht, wobei 0! =1 und $\binom{0}{0} = 1$ festgelegt wird. Demgemäß können wir auf die im Rätsel gestellte Frage auch mit einer einfachen Rechnung antworten, denn die gesuchte Zahl ist die siebente Zahl der 13. Zeile:

$$\binom{13-1}{7-1} = \binom{12}{6} = \frac{12 \cdot 11 \cdot 10 \cdot 9 \cdot 8 \cdot 7}{2 \cdot 3 \cdot 4 \cdot 5 \cdot 6} = 924\,.$$

Wie lässt sich diese Feststellung erklären? Denken wir daran, was es bedeutet, zum Erreichen irgendeines Buchstabens das Wort KARTENPUZZLES auf einem gegebenen Weg abzulesen. Beim Ablesen müssen wir zwölf Schritte machen und jeden einzelnen Schritt nach links oder nach rechts tun. Der ausgewählte Weg kann zum Beispiel folgendermaßen aussehen: wir gehen dreimal nach rechts und neunmal nach links. Die Anzahl der möglichen Ablesungen stimmt also damit überein, wie oft wir 6 Elemente aus 12 Elementen auswählen können. (Hier interessiert uns die Reihenfolge der ausgewählten Elemente nicht, denn es ist egal, ob ich sage „beim ersten, dritten, fünften, sechsten, achten und elften Schritt gehe ich nach rechts", oder ob ich sage „beim fünften, sechsten, dritten, elften, achten und beim ersten Schritt gehe ich nach rechts".) Dementsprechend haben wir in diesem Fall

$$\binom{12}{6}$$

mögliche Wege. Die obige Tabelle ist Teil eines unendlichen Dreiecks, in dem an der $(k+1)$-ten Stelle der $(n+1)$-ten Zeile die Zahl

$$\binom{n}{k}$$

steht.

Dieses Dreieck heißt *Pascalsches Dreieck*. Das Pascalsche Dreieck hat viele interessante Eigenschaften. Von einer solchen Eigenschaft war bereits die Rede: Jedes „innere" Element ist die Summe der darüber stehenden beiden Zahlen.

Wir können feststellen, dass zum Beispiel in der vierten Zeile gerade die Koeffizienten (1, 3, 3, 1) stehen, die auf der rechten Seite der Gleichung

$$(a+b)^3 = a^3 + 3a^2b + 3ab^2 + b^3$$

auftreten? Allgemein stehen in der $(n+1)$-ten Zeile diejenigen Koeffizienten, die bei der Entwicklung des binomischen Ausdrucks $(a+b)^n$ auftreten. Deswegen werden diese Zahlen auch als *Binomialkoeffizienten* bezeichnet.

## Haargenaue Frage – keine Haarspalterei!

Natürlich gibt es zwei Menschen, die gleichviele Haare haben, denn auch zwei Glatzköpfe erfüllen die Bedingung. Aber hiervon wollen wir hier absehen. Wir beweisen, dass es auch unter den Nicht-Glatzköpfen mit Sicherheit mindestens zwei Menschen gibt, die genau die gleiche Anzahl von Haaren haben.

Ein Mensch hat höchstens 250 000 Haare. Wir denken uns 250 000 Schubfächer plus 1 zusätzliches Schubfach. In das gesonderte Schubfach kommen die Glatzköpfe, in das erste Schubfach diejenigen, die ein einziges Haar haben, in das zweite Schubfach diejenigen, die zwei Haare haben und so weiter.

Da jeder Mensch höchstens 250 000 Haare hat, kommt auch jeder Mensch in irgendein Schubfach. Was würde es bedeuten, wenn unsere Behauptung nicht wahr wäre, das heißt, wenn es nicht zwei Menschen gäbe, die genau die gleiche Anzahl von Haaren haben? Das würde bedeuten, dass es kein Schubfach gäbe, in das zwei Menschen kommen; also wären in jedem Schubfach 0 Menschen oder 1 Mensch. Demnach würden sich aber höchstens 250 001 Menschen in den Schubfächern befinden und das würde bedeuten, dass in Budapest höchstens 250 001

Menschen leben könnten. Wir wissen aber, dass in Budapest mindestens 1,7 Millionen Menschen wohnen. Damit sind wir, ausgehend von der Annahme, dass es keine zwei solchen Menschen gibt, die genau dieselbe Anzahl von Haaren haben, zu einem Widerspruch gekommen.

Mit dem gleichen Verfahren können wir auch einsehen, dass es in Budapest mindestens sieben Menschen geben muss, die genau die gleiche Anzahl von Haaren haben. Gäbe es nämlich von jeder Anzahl höchstens sechs, dann könnte Budapest nicht mehr Einwohner haben als das Sechsfache von 250 001, das heißt nicht mehr als 1 500 006 Einwohner. Da aber in Budapest mehr Menschen leben, gibt es dort mindestens sieben Menschen mit der gleichen Anzahl von Haaren.

* * *

Die oben verwendete außerordentlich einfache Idee wird als *Schubfachprinzip* bezeichnet. Es klingt einfach, ist aber dennoch ein sehr nützliches Prinzip. Der deutsche Mathematiker Dirichlet hat dieses Prinzip intensiv verwendet, weswegen man es auch *Dirichletsches Schubfachprinzip* nennt.[15] Es handelt sich um ein extrem einfaches Prinzip, dessen Verwendung zu sehr interessanten und ganz und gar nicht trivialen Ergebnissen führt.

## Spielzeugsoldaten – stillgestanden!

Es bezeichne $n$ die Anzahl der Soldaten.

Beim ersten Mal stelle ich $n - 5$ Soldaten in 24 Reihen auf, beim zweiten Mal $n - 16$ Soldaten in 15 Reihen. Das bedeutet, dass $n - 5$ durch 24 teilbar ist und $n - 16$ durch 15. Eine durch 24 und durch 15 teilbare Zahl ist natürlich auch durch 3 teilbar. Deswegen sind $n - 5$ und $n - 16$ durch 3 teilbar. Die Differenz zweier durch 3 teilbarer Zahlen ist ebenfalls durch 3 teilbar, und deswegen wäre auch

$$(n-5)-(n-16)=n-5-n+16=11$$

durch 3 teilbar. Aber 11 ist nicht durch 3 teilbar. Der Widerspruch zeigt, dass die Reihen in beiden Fällen tatsächlich nicht regelmäßig sein konnten.

* * *

[15] Es wird auch als Taubenschlagprinzip (pigeon hole principle) bezeichnet.

Bei der Lösung der Aufgabe *Springer auf dem Schachbrett* (18. Woche, S. 163) ging es bereits um das mathematische Gegenstück des Prinzips *divide et impera*. Hierfür haben wir auch jetzt ein Beispiel gesehen, denn bei der Lösung des Rätsels haben wir beispielsweise nicht verwendet, dass $n - 16$ durch 15 teilbar ist, sondern nur einen Teil davon, nämlich dass die Zahl durch 3 teilbar ist. Wir sehen, dass man diese mathematische Methode durchaus nicht als Schablone behandeln kann; jede einzelne Anwendung der Methode ist eigentlich als gesonderter Einfall zu betrachten.

Es gibt jedoch einen wesentlichen Unterschied zwischen der früheren und der jetzigen Anwendung. Bei der Aufgabe *Springer auf dem Schachbrett* wären wir ohne Anwendung dieses Prinzips nicht auf die Lösung gekommen. Hier aber gab die Anwendung des Prinzips nur die Möglichkeit zu einer einfachen und originellen Lösung.

* * *

Die Aufgabe lässt sich auch ohne jeden Einfall lösen. Nehmen wir an, dass

$$\frac{n-16}{15} = x$$

und

$$\frac{n-5}{24} = y$$

gelten, wobei $x$ und $y$ ganze Zahlen sind.

Dann haben wir einerseits $n = 15x + 16$ und andererseits $n = 24y + 5$. Setzen wir die so erhaltenen beiden Werte für $n$ gleich, dann ergibt sich

$$15x + 16 = 24y + 5\,,$$

das heißt,

$$24y - 15x = 11$$

und hieraus:

$$8y - 5x = \frac{11}{3}\,.$$

Das ist jedoch offenbar unmöglich, da auf der linken Seite eine ganze Zahl steht, während die auf der rechten Seiten stehende Zahl nicht ganz ist.

# 31. Woche

## Würfelfrage

Wir nehmen an, dass die auf der Oberseite der drei Würfel zu sehenden Zahlen (in der Reihenfolge rot, blau, grün) die Werte $a$, $b$ und $c$ haben. Wir sehen uns nun an, was wir nach den einzelnen Schritten erhalten:

$$\begin{aligned}&2a\\&2a+5\\&5(2a+5)=10a+25\\&10a+b+25\\&10(10a+b+25)=100a+10b+250\\&100a+10b+c+250\,.\end{aligned}$$

Das Endergebnis ist also um 250 größer als diejenige dreistellige Zahl, deren Ziffern gerade die gesuchten Zahlen (einschließlich deren Reihenfolge) sind. Ist das Ergebnis zum Beispiel 484, dann erhalten wir nach Subtraktion von 250 die Zahl 234, und deswegen können wir tatsächlich sagen, dass die drei geworfenen Zahlen in der entsprechenden Reihenfolge die Zahlen 2, 3 und 4 waren.

## Gesellschaftsfrage

Wir fragen jeden, wieviele Personen der Gesellschaft er kennt und addieren die als Antwort erhaltenen Zahlen. Die Zahl, die sich im Endergebnis ergibt, ist das Zweifache der Bekannten der Mitglieder der Gesellschaft, da wir jede Bekanntschaft doppelt gezählt haben (bei jedem Bekannten gesondert). Somit ist die als Endergebnis erhaltene Zahl gerade. Auch die Summe der als Antwort erhaltenen ungeraden Zahlen ist gerade, weil andernfalls die Gesamtsumme (die sich aus dieser Zahl und aus der Summe der als Antwort erhaltenen geraden Zahlen ergibt) ebenfalls nicht gerade sein kann, denn die Summe beliebig vieler gerader Zahlen und einer ungeraden Zahl ist ungerade. Wären es ungeradzahlig viele Antworten mit einer ungeraden Zahl, dann wäre auch die Summe dieser Zahlen ungerade, denn die Summe einer ungeraden Anzahl ungerader Zahlen ist immer ungerade. Das ist aber nicht möglich, wie wir oben festgestellt haben. Deswegen erhalten wir als Antwort eine gerade Anzahl von ungeraden Zahlen, das heißt, die

Anzahl derjenigen Personen der Gesellschaft, die eine ungerade Anzahl von Bekannten haben, ist notwendigerweise gerade.

* * *

Die obige Lösung ist die geistreichste der zahlreichen bekannten Lösungen. Diese Eigenschaft und die knappe Formulierung lassen den Gedankengang jedoch etwas gekünstelt erscheinen. Die folgende Lösung ist nicht so geistreich, dafür aber ganz natürlich.

Wir arbeiten mit vollständiger Induktion nach der Anzahl der Bekanntschaften in der Gesellschaft. Ist die Anzahl der Bekanntschaften gleich 1, das heißt, in der Gesellschaft kennen nur zwei Personen einander, dann gibt es also genau zwei Menschen, die eine ungerade Anzahl von Personen kennen, das heißt, die Anzahl der Menschen, die eine ungerade Anzahl von Personen kennen, ist gerade.

Wir setzen nun voraus, dass die Annahme in jeder solchen Gesellschaft richtig ist, in der die Anzahl der Bekanntschaften gleich $k$ ist. Wir sehen uns den Fall an, bei dem die Anzahl der Bekanntschaften um 1 zunimmt. Dieser Fall lässt sich so auffassen, dass sich zwei Menschen kennenlernen, die einander noch nicht kannten. Hatte der eine von ihnen eine gerade Anzahl von Bekannten, der andere dagegen ein ungerade Anzahl von Bekannten, dann ändert sich nach dem jetzigen Kennenlernen die Anzahl derjenigen nicht, die eine ungerade Anzahl von Bekannten haben (denn aus einer Person, die eine gerade Anzahl von Bekannten hat, wird eine Person, die eine ungerade Anzahl von Bekannten hat, und aus einer Person, die eine ungerade Anzahl von Bekannten hat, wird eine Person, die eine gerade Anzahl von Bekannten hat). Hatten jedoch beide eine ungerade Anzahl oder beide eine gerade Anzahl von Bekannten, dann steigt oder sinkt aufgrund der neuen Bekanntschaften die Anzahl derjenigen, die eine ungerade Anzahl von Bekannten haben, um 2. Die Parität ändert sich also nicht (das heißt, wenn sie gerade war, dann bleibt sie gerade, und wenn sie ungerade war, dann bleibt sie ungerade). Unter Anwendung der Induktionsvoraussetzung ergibt sich also, dass die Anzahl derjenigen, die ungeradzahlig viele Bekannte haben, gerade ist.

* * *

Das Problem hat einen sehr interessanten mathematischen Hintergrund. Bevor wir jedoch darauf eingehen, wollen wir den Begriff des Graphen erklären.

Es seien in der Ebene endlich viele Punkte gegeben, wobei gewisse Punktepaare durch Linien verbunden seien. Eine solche Linie kann gerade oder gekrümmt sein, und zwei Punkte können auch durch mehrere (aber immer endlich viele) Linien verbunden sein. Die Gesamtheit dieser Punkte und Linien wird als *Graph* bezeichnet. Die betreffenden Punkte sind die *Ecken* des Graphen, die Verbindungslinien heißen *Kanten* des Graphen. (Der hier gegebene Begriff wird in der Mathematik als *endlicher Graph* bezeichnet. Wir befassen uns hier nur mit diesem Fall.)

Auch in den bisherigen Rätseln sind wir Graphen bereits begegnet. Die Zeichnungen bei den Rätseln *Das Haus des Nikolaus* (3. Woche, S. 22), *Im Garten* (11. Woche, S. 34) und *Gekritzel* (28. Woche, S. 61) stellen Graphen dar.

Wir sehen uns nun an, wie wir unsere Gesellschaft mit Graphen in Verbindung bringen können. Wir verbinden zwei Ecken dann, wenn die entsprechenden Personen einander kennen. Dadurch erhalten wir einen Graphen, der die Bekanntschaftsverhältnisse in übersichtlicher Weise darstellt.

Das Verfahren lässt sich offenbar auch umkehren. Jeder endliche Graph, in dem zwei beliebige Ecken durch höchstens eine Kante verbunden sind, lässt sich als Graph auffassen, der die Bekanntschaftsverhältnisse einer Gesellschaft darstellt.

Die im Rätsel formulierte Behauptung stimmt demnach mit der folgenden Aussage überein:

*Jeder Graph, bei dem zwei beliebige Ecken durch höchstens eine Kante verbunden sind, enthält eine gerade Anzahl von Ecken, in denen eine ungerade Anzahl von Kanten zusammenläuft.*

Gehen wir jedoch die erste Lösung des Rätsels durch, dann sehen wir, dass nirgendwo verwendet wurde, dass zwei beliebige Ecken durch höchstens eine Kante miteinander verbunden sind. Also ist auch die folgende Aussage wahr:

*In jedem Graphen gibt es eine gerade Anzahl von Ecken, in denen eine ungerade Anzahl von Kanten zusammenläuft.*

* * *

Wir hatten in den bisherigen Ausführungen bereits gesehen, dass im Falle der Probleme zum *Zeichnen ohne Hochheben des Bleistifts* diejenigen Ecken eine ausgezeichnete Rolle spielen, in denen eine ungerade Anzahl von Kanten zusammenläuft. Wir hatten gesehen, dass sich die Figur nicht mit einem einzigen Linienzug zeichnen lässt, wenn es mehr als zwei solche Ecken gibt. Bei den Figuren, die sich zeichnen lassen, kann die Anzahl der Ecken mit *ungerader Valenz* (unter der Valenz einer Ecke verstehen wir die Anzahl derjenigen Kanten, bei denen die betreffende Ecke einer der Endpunkte ist) nur 0, 1 oder 2 sein.

Im Weiteren werden wir Folgendes einsehen: Beträgt die Anzahl der Ecken mit ungerader Valenz höchstens 2, dann können wir den

Graphen mit einem einzigen Linienzug so durchlaufen, dass wir keine Kante zweimal durchlaufen. Aus diesem Ergebnis folgt auch, dass die Anzahl der Ecken mit ungerader Valenz nicht 1 sein kann. Der Anfangspunkt und der Endpunkt eines Durchlaufs stimmen entweder überein, und dann ist die Anzahl der Ecken mit ungerader Valenz gleich 0, oder der Anfangspunkt ist vom Endpunkt verschieden, und dann ist Anzahl der Ecken mit ungerader Valenz gleich 2. Demnach kann die fragliche Zahl nicht gleich 1 sein.

## Der erste und der letzte Tag des Jahres

Die Zahl 2007 ist nicht durch 4 teilbar, also war es kein Schaltjahr, das heißt, das Jahr hatte 365 Tage.

Wegen $365 = 52 \cdot 7 + 1$ hat ein Jahr, das kein Schaltjahr ist, 52 volle Wochen und einen zusätzlichen Tag. Deswegen endet ein Nicht-Schaltjahr mit dem gleichen Wochentag, mit dem es beginnt, denn am letzten Tag des Jahres beginnt eine neue Woche.

Ein Schaltjahr hat dagegen 366 Tage. Deswegen fällt in einem solchen Jahr der 31. Dezember auf denjenigen Wochentag, der nach dem Wochentag folgt, mit dem der 1. Januar des gleichen Jahres begonnen hat.

Zum Beispiel war 2008 ein Schaltjahr und der 1. Januar ist auf einen Dienstag gefallen. Deswegen war der 31. Dezember ein Mittwoch.

# 32. Woche

## Bridgepartie

Die Aufgabe lässt sich durch einfaches Aufzählen sämtlicher Fälle lösen. Man muss alle Möglichkeiten aufschreiben, bei denen keiner der vier Spieler auf dem Platz sitzt, der seinem Namen entspricht. Insgesamt gibt es neun solche Möglichkeiten:

| | Norden | Osten | Süden | Westen |
|---|---|---|---|---|
| (1) | West | Nord | Ost | Süd |
| (2) | West | Süd | Nord | Ost |
| (3) | West | Süd | Ost | Nord |
| (4) | Ost | Nord | West | Süd |
| (5) | Ost | Süd | West | Nord |
| (6) | Ost | West | Nord | Süd |

| | | | | |
|---|---|---|---|---|
| (7) | Süd | West | Nord | Ost |
| (8) | Süd | West | Ost | Nord |
| (9) | Süd | Nord | West | Ost |

Da West bei jedem Robber zum Gewinnpaar gehörte (und da beim Bridge die miteinander spielenden Paare einander gegenübersitzen), hat Herr Nord in zwei Robbern gewonnen, nämlich in (2) und in (8). Die Reihenfolge der gespielten Robber stimmt nicht unbedingt mit der obigen Reihenfolge überein.

## Noch einmal Neben-Unter

In der ersten Runde legen wir die ungeraden Karten aus und die 485 geraden Karten von 2 bis 970 bleiben im Stoß. Da wir die Karte Nr. 971 ausgelegt haben, gelangt die Karte Nr. 2 an die Unterseite des Stoßes und wir legen die Karte Nr. 4 aus. Somit legen wir in der zweiten Runde diejenigen Karten aus, deren laufende Nummern die Vielfachen von 4 sind.

Auf ähnliche Weise können wir bestimmen, wann wir welche Karte auslegen. Um die Sache besser zu überblicken, sprechen wir von der ersten Runde, der zweiten Runde usw. Unter einer Anfangsposition einer Runde verstehen wir eine Position, bei der die in unserer Hand befindlichen Karten in streng aufsteigender Reihenfolge angeordnet sind.

Somit ist in der ersten Runde die Karte Nr. 1 ganz oben, in der zweiten und in der dritten Runde die Karte Nr. 2, und so weiter. In der nachstehenden Tabelle fassen wir den gesamten Verlauf des Kartenaus-

| Lfd. Nr. der Runden | Anzahl der Karten im Stoß | Lfd. Nr. der ausgelegten Karten | Lfd. Kartennr. auf der Unterseite des Stoßes |
|---|---|---|---|
| 1 | 971 | $1 + 2n$ | $2 + 2n$ |
| 2 | 485 | $4 + 4n$ | $2 + 4n$ |
| 3 | 243 | $2 + 8n$ | $6 + 8n$ |
| 4 | 121 | $14 + 16n$ | $6 + 16n$ |
| 5 | 61 | $6 + 32n$ | $22 + 32n$ |
| 6 | 30 | $54 + 64n$ | $22 + 64n$ |
| 7 | 15 | $86 + 128n$ | $22 + 128n$ |
| 8 | 8 | $22 + 256n$ | $150 + 256n$ |
| 9 | 4 | $150 + 512n$ | $406 + 512n$ |
| 10 | 2 | 406 | 918 |
| 11 | 1 | 918 | |

legens zusammen; die Werte von $n$ sind nichtnegative ganze Zahlen, das heißt, es können die Werte 0, 1, 2 angenommen werden, und in jedem Fall werden alle Werte angenommen, für die $n$ noch definiert ist. So ist zum Beispiel $150 + 512n$ nur für die Werte $n = 0$ und $n = 1$ definiert, da $n = 2$ den Wert 1174 ergeben würde, aber eine Karte mit einer solchen Nummer im Stoß gar nicht vorhanden ist.

Bei einem Blick auf die zweite Spalte sehen wir, dass sich im Falle einer geraden Anzahl von Karten die Anzahl der im Kartenstoß befindlichen Karten im Laufe einer Runde halbiert; im Falle einer ungeraden Anzahl von Karten verringert sich im Laufe einer Runde die Anzahl der Karten derart, dass wir die Hälfte der Anzahl der Karten abwechselnd aufgerundet und abgerundet erhalten. In der dritten und in der vierten Spalte stehen die Zweierpotenzen der Koeffizienten von $n$. Die Anzahl der zu Beginn der Runden ausgelegten bzw. daruntergelegten Karten ist entweder genauso groß wie in der vorhergehenden Runde oder diese Anzahl wächst und wird so groß wie die Summe der beiden Koeffizienten, die in der Formel für die in der vorhergehenden Runde ausgelegten Karten auftreten.

Wir können auch andere ähnlich allgemeine Schlussfolgerungen aus der Tabelle ziehen und diese Schlussfolgerungen exakt beweisen; aber wir müssen das nicht tun, da uns die Tabelle sämtliche Informationen liefert.

Die Antwort auf die *erste Frage* lautet: Die Karte Nr. 918 bleibt als letzte im Stoß.

Die *zweite Frage* lautete, in welcher Runde die Karte Nr. 228 auf den Tisch kommt. Da 228 eine gerade Zahl ist, haben wir die Karte nicht in der ersten Runde ausgelegt. Wir können jedoch die Zahl 228 in der Form $4 + 4n$ schreiben, denn $228 = 4 + 4 \cdot 56$. Die Werte von $n$ haben mit 0 begonnen und deswegen ist die Karte Nr. 228 die 57. ausgelegte Karte der zweiten Runde, und es kommen noch 486 Karten hinzu, denn so viele Karten kamen in der ersten Runde auf den Tisch. Deswegen wurde die Karte Nr. 228 als $57 + 486 = 543$-ste Karte ausgelegt.

Die *dritte Frage* war: Welche Karte wurde als 634. Karte ausgelegt? In der ersten Runde wurden 486 Karten ausgelegt; in der zweiten Runde waren es $485 - 243 = 242$ Karten. Da $486 + 242 = 728$ größer als 634 ist, ging die als 634. Karte ausgelegte Karte in der zweiten Runde raus, und zwar kam sie in der zweiten Runde als 148. Karte auf den Tisch, denn $634 - 486 = 148$. Bei dieser Karte handelt es sich um die mit der laufenden Nummer $4 + 4 \cdot 147 = 592$ bezeichnete Karte.

## Wiegetrick III

Wir bezeichnen die zwölf Schachteln mit den zwölf Buchstaben von $A$ bis $L$. Wir teilen die Schachteln in drei Gruppen ein:

*ABCD*, *EFGH* und *IJKL*.

Dabei verwenden wir die bereits früher eingeführten Bezeichnungen (vgl. 18. Woche, Lösung des Rätsels *Wiegetrick I*, S. 162. Wir erinnern daran, dass zum Beispiel $A > t$ bedeutet, dass die Schachtel $A$ schwerer ist als alle anderen Schachteln).[16] In der nachstehenden Tabelle sind die Wiegevorgänge aufgeführt:

| erste Wägung | zweite Wägung | dritte Wägung | Schluss-folgerung |
|---|---|---|---|
| $ABCD > EFGH$ | $ABE > CDF$ | $A > B$ | $A > t$ |
| | | $A < B$ | $B > t$ |
| | | $A = B$ | $F < t$ |
| | $ABE < CDF$ | $C > D$ | $C > t$ |
| | | $C < D$ | $D > t$ |
| | | $C = D$ | $E < t$ |
| | $ABE = CDF$ | $G > H$ | $H < t$ |
| | | $G < H$ | $G < t$ |
| $ABCD < EFGH$ | $ABE > CDF$ | $C > D$ | $D < t$ |
| | | $C < D$ | $C < t$ |
| | | $C = D$ | $E > t$ |
| | $ABE < CDF$ | $A > B$ | $B < t$ |
| | | $A < B$ | $A < t$ |
| | | $A = B$ | $F > t$ |
| | $ABE = CDF$ | $G > H$ | $G > t$ |
| | | $G < H$ | $H > t$ |

Die Tabelle enthält nicht den logisch möglichen dritten Fall, bei dem $ABCD = EFGH$. In diesem Fall befindet sich die Schachtel, deren Gewicht abweicht, in der dritten Gruppe ($IJKL$). Wir betrachten diese Gruppe und nehmen noch $A$, $B$ und $C$ hinzu. Dann haben wir vier Schachteln, von denen eine schwerer oder leichter als die übrigen ist, und wir haben drei weitere Schachteln, von denen wir wissen, dass sie das gleiche Gewicht haben wie drei von den vier Schachteln. Wir hatten jedoch schon gesehen (29. Woche, Lösung von *Wiegetrick II*, S. 195), dass man in diesem Fall mit zwei Wägungen entscheiden kann, welches die Schachtel mit abweichendem Gewicht ist, und ob sie leichter oder schwerer als die übrigen Schachteln ist.

[16] Wir verwenden auch hier wieder das gleiche Symbol für eine Schachtel und ihr Gewicht.

# 33. Woche

## Der Spion, der um die Ecke kam

Jede Straßenkreuzung kann von zwei anderen Kreuzungen aus erreicht werden; demnach kann man jede Kreuzung so oft erreichen, wie man sie von der gemäß Karte (vgl. S. 68) unmittelbar darüber befindlichen Kreuzung und von der unmittelbar links davon befindlichen Kreuzung aus zusammengenommen erreichen kann. Die gemäß Karte links oben befindliche Kreuzung und diejenigen Kreuzungen, die gemäß Karte entlang der oberen Wand und entlang der Seitenwand verlaufen, können nur auf eine einzige Weise erreicht werden. Wenn wir also an jede Straßenkreuzung schreiben, auf wieviele verschiedene Weisen wir diese erreichen können, dann erhalten wir ein Pascalsches Dreieck oder genauer gesagt, einen rechteckigen Teil davon. Da das Pascalsche Dreieck aus der Lösung der Aufgabe *Kartenpuzzles* (30. Woche, S. 198) nicht groß genug ist, um die 715 zu finden, geben wir jetzt eine Zeichnung, in die wir die Zahlen eintragen. Auf dem quadratischen Gitter dieser Zeichnung sind die Hausblöcke durch Quadrate und die dazwischen liegenden Straßenkreuzungen durch Gitterlinien gekennzeichnet.

Die 715 steht nur an einer Stelle. Wir haben nicht alle Zahlen hingeschrieben, weil sonst an den leeren Stellen nur Zahlen stünden, die größer als 715 sind. An dieser Straßenkreuzung befinden sich zwei Gebäude, so dass es hier zwei Straßenecken gibt. Diese Informationen reichen bereits, um den Spion zu fassen.

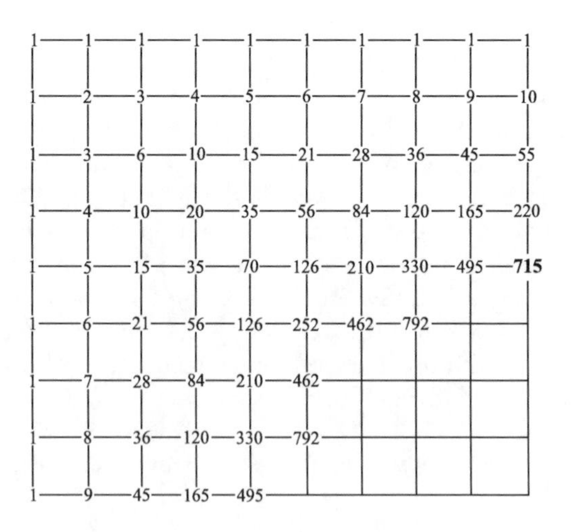

## Der Großvater und sein Enkel

Die Aufgabe ist offensichtlich nur dann lösbar, wenn der Enkel im 20. Jahrhundert geboren wurde, der Großvater dagegen im 19. Jahrhundert, denn andernfalls wären beide gleichaltrig.

Wir bezeichnen mit $x$ diejenige zweistellige Zahl, die wir aus den letzten beiden Ziffern des Geburtsjahres des Enkels erhalten. Diese Zahl stimmt nach Voraussetzung mit dem Alter des Enkels überein. Demnach ist

$$1900 + x$$

das Geburtsjahr des Enkels. Somit haben wir die Gleichung

$$1900 + x + x = 1932\,,$$

und wir rechnen mühelos aus, dass $x = 16$.

Der Enkel ist also 16 Jahre alt und wurde 1916 geboren.

Analog bezeichnen wir mit $y$ diejenige zweistellige Zahl, die wir aus den letzten beiden Ziffern des Geburtsjahres des Großvaters erhalten. Diese Zahl stimmt nach Voraussetzung mit dem Alter des Großvaters überein. Demnach ist

$$1800 + y$$

das Geburtsjahr des Großvaters und wir haben folgende Gleichung:

$$1800 + y + y = 1932\,.$$

Hieraus ergibt sich $y = 66$.

Der Großvater ist also 66 Jahre alt und wurde 1866 geboren.

## Letztmalig über eifersüchtige Männer

Das Übersetzen über den Fluss lässt sich folgendermaßen lösen:

*1. Fahrt*: Drei Ehefrauen setzen über.

*2. Fahrt*: Eine Ehefrau kommt zurück.

*3. Fahrt*: Zwei Ehefrauen setzen über.

*4. Fahrt*: Eine Ehefrau kommt zurück.

*5. Fahrt*: Diejenigen drei Männer setzen über, deren Frauen bereits am anderen Ufer sind.

*6. Fahrt*: Ein Ehepaar kommt zurück.

*7. Fahrt*: Die drei Ehemänner setzen über.

*8. Fahrt*: Eine Ehefrau kommt zurück.

*9. Fahrt*: Drei Ehefrauen setzen über.
*10. Fahrt*: Eine Ehefrau kommt zurück.
*11. Fahrt*: Die letzten beiden Ehefrauen setzen über.

* * *

Es bezeichne $n$ die Anzahl der Ehepaare und es sei $a_n$ diejenige kleinste Zahl, die angibt, ein Wieviel-Personen-Kahn ausreicht, um die $n$ Ehepaare gemäß den Voraussetzungen ans andere Ufer zu befördern.

In unseren bisherigen Ausführungen hatten wir Folgendes festgestellt: Ist $n = 2$ oder $n = 3$, dann ist die Aufgabe mit einem 2-Personen-Kahn lösbar, das heißt, $a_n = 2$.

Wir hatten bereits gezeigt: Für $n > 3$ ist $a_n > 2$.

Jetzt haben wir gesehen: Für $n = 5$ ist $a_n = 3$.

Wir hatten bereits früher gezeigt, dass ein 2-Personen-Kahn nicht ausreicht, um mehr als drei Ehepaare über den Fluss zu transportieren. Mit Hilfe der gleichen Überlegung können wir auch einsehen, dass für fünf Ehepaare ein 3-Personen-Kahn nicht ausreicht.

Es ist jedoch offensichtlich, dass ein 4-Personen-Kahn bereits ausreicht, um beliebig viele Ehepaare über den Fluss zu transportieren. Wir brauchen nur an die Lösung zu denken, dass ein Ehepaar die ganze Zeit über im Kahn bleibt und bei jeder Fahrt ein anderes Ehepaar über den Fluss bringt.

# 34. Woche

## Noch einmal: Springer auf dem Schachbrett

Wir lassen die Bedingung fallen, dass der Springer in der linken unteren Ecke anfangen muss und in die rechte obere Ecke gelangen muss, und setzen lediglich voraus, dass der Springer jedes Feld des Schachbretts genau einmal „betreten“ soll. Unter dieser Voraussetzung kann die Aufgabe sogar auf verschiedene Weisen gelöst werden. Auf der Abbildung ist eine der vielen Lösungen zu sehen. Die in den Feldern eingetragenen Zahlen geben die Reihenfolge der Rösselsprünge an: Feld 1 ist das Ausgangsfeld des Springers, der beim ersten Zug auf Feld 2 zieht, und so weiter.

Das Interessante an dieser Lösung ist, dass die Summe der in den Feldern eingetragenen Zahlen in jeder Zeile und in jeder Spalte gleich 260 ist. Es sind mehrere Lösungen dieser Aufgabe bekannt, die ein *magisches Quadrat* darstellen.

| 50 | 11 | 24 | 63 | 14 | 37 | 26 | 35 |
|---|---|---|---|---|---|---|---|
| 23 | 62 | 51 | 12 | 25 | 34 | 15 | 38 |
| 10 | 49 | 64 | 21 | 40 | 13 | 36 | 27 |
| 61 | 22 | 9 | 52 | 33 | 28 | 39 | 16 |
| 48 | 7 | 60 | **1** | 20 | 41 | 54 | 29 |
| 59 | 4 | 45 | 8 | 53 | 32 | 17 | 42 |
| 6 | 47 | 2 | 57 | 44 | 19 | 30 | 55 |
| 3 | 58 | 5 | 46 | 31 | 56 | 43 | 18 |

* * *

Noch etwas Interessantes im Zusammenhang mit diesem Thema: Das kleinere $4 \times 4$-Schachbrett lässt sich mit dem Springer auf diese Weise nicht „begehen.“ Auf dem $5 \times 5$-Schachbrett und auf dem $6 \times 6$-Schachbrett ist das jedoch möglich. Wer sich eingehender für dieses Thema interessiert, kann in einem Buch über Graphentheorie nachsehen.

## Kartenschlacht

Es bezeichne $v$, $x$, $y$ und $z$ das Geld, das $A$, $B$, $C$ und $D$ zu Spielbeginn haben. Wir sehen uns an, wie sich die Geldbeträge der einzelnen Spieler entwickelt haben.

Nach der ersten Runde

Geld von $A$: $2v$
Geld von $B$: $2x$
Geld von $C$: $2y$
Geld von $D$: $z - v - x - y$

Nach der zweiten Runde

Geld von $A$: $4v$
Geld von $B$: $4x$
Geld von $C$: $2y - 2v - 2x - (z - v - x - y) =$
$2y - 2v - 2x - z + v + x + y =$
$3y - v - x - z$
Geld von $D$: $2(z - v - x - y)$

Nach der dritten Runde

Geld von $A$: $8v$
Geld von $B$: $4x - 4v - (3y - v - x - z) - 2(z - v - x - y) =$
$7x - v - y - z$
Geld von $C$: $2(3y - v - x - z)$
Geld von $D$: $4(z - v - x - y)$

Nach der vierten Runde

Geld von $A$:

$8v-(7x-v-y-z)-2(3y-v-x-z)-4(z-v-x-y)=$
$15v-x-y-z$

Geld von $B$: $2(7x-v-y-z)$

Geld von $C$: $4(3y-v-x-z)$

Geld von $D$: $8(z-v-x-y)$

Im Endergebnis hatte jeder von ihnen 64 Forint und deswegen gilt

$$\begin{aligned}15v-x-y-z&=64\\2(7x-v-y-z)&=64\\4(3y-v-x-z)&=64\\8(z-v-x-y)&=64\,.\end{aligned}$$

Die Lösung des Gleichungssystems ist $v=20$, $x=36$, $y=68$ und $z=132$.

Zu Beginn des Spiels hatte also Andreas 20 Forint, Bert 36 Forint, Christian 68 Forint und Daniel hatte 132 Forint.

* * *

Wir können die Aufgabe auch lösen, indem wir rückwärts gehen.

Die vier kartenspielenden Jungen haben zusammen immer $4\cdot 64=256$ Forint. In der *vierten Runde* hat Andreas verloren, während sich das Geld der anderen verdoppelt hat. Vor der vierten Runde hatten demnach Bert, Christian und Daniel je 32 Forint, während Andreas $64+3\cdot 32=160$ Forint besaß.

In der *dritten Runde* hat Bert verloren und das Geld der anderen hat sich verdoppelt. Somit hatte Andreas davor 80 Forint, Christian und Daniel hatten je 16 Forint, während Bert $32+80+2\cdot 16=144$ Forint hatte.

In der *zweiten Runde* hat Christian verloren und dabei das Geld der anderen verdoppelt. Davor hatte also Andreas 40 Forint, Bert 72 Forint und Daniel 8 Forint. Diese Gewinne hat Christian von seinen $16+40+72+8=136$ Forint gezahlt.

In der *ersten Runde* hat Daniel verloren und dadurch das Vermögen der anderen verdoppelt. Das bedeutet, dass Andreas ursprünglich 20 Forint hatte, Bert 36 Forint und Christian 68 Forint.

Hieraus folgt, dass Daniel, der erste Verlierer, mit

$$8+20+36+68=132$$

Forint ins Spiel gegangen ist. Wir fassen das Gesagte in einer Tabelle zusammen:

| | Andreas | Bert | Christian | Daniel |
|---|---|---|---|---|
| nach der 4. Runde | 64 | 64 | 64 | 64 |
| vor der 4. Runde | 160 | 32 | 32 | 32 |
| vor der 3. Runde | 80 | 144 | 16 | 16 |
| vor der 2. Runde | 40 | 72 | 136 | 8 |
| vor der 1. Runde | 20 | 36 | 68 | 132 |

## Rechenreste

Wir sehen, dass sowohl das Fünffache als auch das Dreifache des Divisors eine vierstellige Zahl ist. Wir bezeichnen den Divisor mit $Q$. Da wir $5Q$ unter die ersten vier Ziffern des Dividenden schreiben und da die Differenz eine zweistellige Zahl ist, ergibt sich, dass $5Q$ nur eine mit 1 beginnende vierstellige Zahl sein kann. Demnach ist $5Q \leq 1999$ und hieraus folgt $Q \leq 399$.

Da $3Q$ vierstellig und kleiner als $5Q$ ist, kann auch $3Q$ nur mit 1 beginnen; verwenden wir außerdem noch, dass die dritte Stelle gleich 3 ist, dann erhalten wir $3Q \geq 1030$, und hieraus folgt $Q \geq 344$.

Demnach kann $Q$ nicht größer als 399 und nicht kleiner als 344 sein, das heißt, es handelt sich um eine mit 3 beginnende dreistellige Zahl. Ferner wissen wir, dass

$$3Q \leq 3 \cdot 399 = 1197 .$$

Das heißt, das Dreifache des Divisors, das eine mit 1 beginnende vierstellige Zahl ist, hat an der zweiten Stelle eine 0 oder eine 1, und da diese Zahl ebenfalls durch 3 teilbar ist, ergeben sich dafür die folgenden Möglichkeiten:

$$1032 \quad 1035 \quad 1038 \quad 1131 \quad 1134 \quad 1137$$

Dementsprechend ist der Divisor eine der folgenden Zahlen:

$$344 \quad 345 \quad 346 \quad 377 \quad 378 \quad 379$$

Das zweite Teilprodukt ist eine auf 6 endende dreistellige Zahl, die also nur das Einfache oder Zweifache des Divisors sein kann; die letzte Ziffer der für den Divisor infrage kommenden Möglichkeiten kann nur 6 oder 8 sein, und somit ist der Divisor 346 oder 378. Die vorletzte Ziffer von $5Q$ ist 9, und die Fünffachen der soeben angegebenen zwei Zahlen sind

$$346 \cdot 5 = 1730$$
$$378 \cdot 5 = 1890 .$$

Der Divisor kann also nur 378 sein und die zweite Ziffer des Quotienten ist 2.

Wir schreiben nun die bisherigen Ergebnisse in die nachfolgende Abbildung (bei der die kurzen Striche für die noch unbekannten Ziffern stehen), tragen am Ende des dritten Restes die gegebene Ziffer 5 ein und schreiben die gefundene 4 an das Ende des Dividenden. Damit erhalten wir

```
1____54 : 378 = 52_3
1890
----
  ___
  756
  ---
  ___5
  ----
  ____
   1134
   1134
   ----
      0
```

Die über der 756 stehende Zahl kann höchstens 999 sein und somit kann die unter 756 stehende Zahl höchstens 2435 sein. Die unter der jetzt eingetragenen 5 stehende Zahl ist 2, denn $3 + 2 = 5$. Nur das Vierfache oder das Neunfache von 378 endet auf 2, und demnach ist 4 oder 9 die fehlende Ziffer des Quotienten. Es ist aber $378 \cdot 9 = 3402$, und diese Zahl ist größer als 2435; das ist jedoch nicht möglich, weil sie – wie wir sehen – um 113 kleiner ist als die darüber stehende Zahl, aber die darüber stehende Zahl nicht größer als 2435 sein kann.

Demnach ist 4 die fehlende Ziffer des Quotienten. In Kenntnis des Quotienten und des Divisors können wir nunmehr den Dividenden ausrechnen und die Division ausführen. Wir erhalten

```
1981854 : 378 = 5243
1890
----
  918
  756
  ---
  1625
  1512
  ----
   1134
   1134
   ----
      0
```

Wir können uns davon überzeugen, dass diese Division tatsächlich die vorgeschriebenen Ziffern enthält.

* * *

Auch wenn wir es nicht bei jedem einzelnen Schritt betont hatten, möchte ich jetzt im Nachhinein dennoch hervorheben, dass man jeden Lösungsschritt folgendermaßen formulieren müsste: „Da das gilt, ist nur das möglich.“ Wir können uns nämlich von vornherein niemals sicher sein, dass das Rätsel wirklich lösbar ist. Jeder einzelne derartige logische Schritt gibt uns lediglich folgende Gewissheit: Wenn es überhaupt eine Lösung gibt, dann muss bei dieser Lösung das und das erfüllt sein.

Natürlich ist das nicht bei jedem Rätsel der Fall. Zum Beispiel hätten wir uns bei dem Puzzle *Drei Rätsel in drei Sprachen* (20. Woche, S. 48, Lösung S. 167) nicht durch Rücksubstitution von der Richtigkeit des Ergebnisses überzeugen müssen; die aufgeschriebenen Gleichungen waren nämlich nicht nur notwendige, sondern auch hinreichende Bedingungen für die Richtigkeit der Addition, das heißt, die Richtigkeit der aufgeschriebenen Gleichungen gewährleistet auch die Korrektheit der Addition.

Bei der Lösung des vorliegenden Rätsels hatten wir jedoch nur notwendige Bedingungen festgestellt; deswegen durfte das Rätsel erst dann als gelöst betrachtet werden, nachdem wir uns durch die tatsächliche Ausführung der Division davon überzeugt hatten, dass die gegebenen Bedingungen erfüllt sind.

# 35. Woche

## Zettelwirtschaft

Aus den gegebenen Zahlen lässt sich die 16 auf zweierlei Weise darstellen:

$$16 = 6 + 10$$
$$16 = 7 + 9\,.$$

Würde sich jedoch die 16 als Summe von 9 und 7 ergeben, dann ließe sich der Rest 17 nicht mit Hilfe der restlichen Zettel darstellen, denn aus den ursprünglich gegebenen Zetteln lässt sich die 17 nur auf zweierlei Weise darstellen (und hierzu werden die Zettel mit der 7 und mit der 9 auf jeden Fall benötigt):

$$17 = 7 + 10$$
$$17 = 8 + 9\,.$$

Somit haben wir $16 = 6 + 10$ und demnach $17 = 8 + 9$.

Da 6, 8, 9 und 10 bereits besetzt sind, lässt sich 11 nur in der Form $11 = 4 + 7$ aufschreiben; deswegen ist nur $7 = 2 + 5$ möglich, und dann haben wir schließlich $4 = 1 + 3$.

Demnach hat Maria die Zettel mit der 8 und mit der 9 gezogen, Hilde die Zettel mit der 5 und mit der 10, Anita die Zettel mit der 4 und mit der 7, Ludwig die Zettel mit der 2 und mit der 5 und Gregor die Zettel mit der 1 und mit der 3.

* * *

Man kann auch anders anfangen.

Mit Hilfe der gegebenen Zahlen lässt sich die 4 nur auf eine einzige Weise aufschreiben: $4 = 1 + 3$. Von den verbleibenden Zahlen lässt sich nun auch die 7 nur auf eine einzige Weise darstellen: $7 = 2 + 5$. Von den nunmehr übrig gebliebenen Zahlen lässt sich jetzt auch die 11 eindeutig aufschreiben: $11 = 4 + 7$. Jetzt bleiben nur noch die Zettel mit den Zahlen 6, 8, 9 und 10 übrig. Von diesen Zahlen ist nur die 9 ungerade und deswegen muss sie bei der Darstellung der 17 verwendet werden, das heißt, wir haben $17 = 8 + 9$. Demnach ist $16 = 6 + 10$.

## Turmspaziergang

Wir betrachten den Turm als eine Figur, die in jede zugelassene Richtung nur ein Feld ziehen kann. Wenn wir also etwa in irgendeine Richtung sechs Felder gehen, dann zerlegen wir diesen Zug in sechs Einzelzüge. Damit können wir die Bedingung, dass jedes Feld genau einmal durchlaufen werden darf, folgendermaßen umformulieren: Auf jedes Feld dürfen wir genau einmal ziehen. Die im Rätsel formulierte Aufgabe ist offenbar nur dann lösbar, wenn die neue Aufgabe lösbar ist.

Es ist offensichtlich, dass wir auf diese Weise bei jedem Turmzug auf ein Feld gelangen, das eine andere Farbe als unser Ausgangsfeld hat. Damit sind wir wieder bei der Verallgemeinerung, die wir bei der Lösung der Aufgabe *Springer auf dem Schachbrett* (18. Woche, S. 163) behandelt hatten. Wir sehen somit, dass die Aufgabe nicht lösbar ist.

* * *

Das ist ein schönes Beispiel dafür, wie man mit Hilfe der genannten Verallgemeinerung eine nicht einfache neue Aufgabe mühelos und geistreich lösen kann. Wir sind damit gleichzeitig auch einer Tatsache begegnet, die in der Mathematik häufig vorkommt und äußerst fruchtbar ist: Die Verallgemeinerung verbindet zwei voneinander weit entfernte Problemkreise, und damit können wir in vielen Fällen mehrere Fliegen mit einer Klappe schlagen.

## Ehepaare

Es bezeichne $x$ die Stückzahl der von irgendeinem Mann gekauften Waren und $y$ die Stückzahl der von seiner Frau gekauften Waren. Dann gilt für jedes Ehepaar

$$x^2 - y^2 = 63\,,$$

wobei $x$ und $y$ positive ganze Zahlen mit $x > y$ sind. Aufgrund der Beziehung $x^2 - y^2 = (x - y)(x + y)$ haben wir

$$63 = (x - y)(x + y)\,,$$

also gehört zu jeder Lösung $x$, $y$ irgendeine Zerlegung der Zahl 63 in ein Produkt zweier positiver ganzer Zahlen. Umgekehrt gilt: Zerlegen wir die Zahl 63 in ein Produkt zweier positiver ganzer Zahlen und setzen wir die kleinere der Zahlen gleich $x - y$, die größere hingegen gleich $x + y$, dann können wir zu einer Lösung $x$, $y$ gelangen. Die 63 lässt sich auf dreierlei Weise in ein Produkt zweier positiver ganzer Zahlen zerlegen:

$$63 = 1 \cdot 63 = 3 \cdot 21 = 7 \cdot 9\,.$$

Damit haben wir die folgenden drei Gleichungssysteme:

$$x - y = 1x + y = 63\,, \quad \text{und hieraus:} \quad x_1 = 32\,, y_1 = 31\,;$$
$$x - y = 3x + y = 21\,, \quad \text{und hieraus:} \quad x_2 = 12\,, y_2 = 9\,;$$
$$x - y = 7x + y = 9\,, \quad \text{und hieraus:} \quad x_3 = 8\,, y_3 = 1\,.$$

Zu den einzelnen Ehepaaren kann irgendein Paar $x$, $y$ gehören, das die gleichen Indizes hat. Wir wissen, dass Andreas 23 Stücke mehr gekauft hat als Bella, das heißt, irgendein $x$ ist um 23 größer als irgendein $y$. Diese Bedingung ist nur für den Fall $x_1 = 32$, $y_2 = 9$ erfüllt. Andreas hat also 32 Stück gekauft und Bella hat 9 Stück gekauft. Außerdem ist der Durchschnittswert (und die Stückzahl) der von Bernd gekauften Sachen um 11 größer als der Durchschnittswert (und die Stückzahl) der von Anna gekauften Sachen. Diese Bedingung ist nur im Fall $x_2 = 12$, $y_3 = 1$ erfüllt. Bernd hat also 12 Sachen gekauft und Anna hat 1 Sache gekauft. Aus unseren bisherigen Ergebnissen folgt, dass Bella Bernds Frau ist; ferner hat Claus 8 Sachen gekauft und seine Frau heißt Anna.

Also ist Christel die Frau von Andreas.

# 36. Woche

## Juristisches Problem aus der Antike

Das Gericht hat in seinem Urteil Caius 12 Denar und Sempronius 18 Denar zugesprochen. Die Begründung des Urteils lautete:

Titus erhielt fünf Gerichte, nämlich zwei von Caius und drei von Sempronius. Deswegen müssen die 30 Denar im Verhältnis 2 : 3 aufgeteilt werden, und das entspricht exakt dem Urteil.

## Auf dem Schulball

Es bezeichne $x$ die Anzahl der Mädchen.

Das erste Mädchen hat mit $1 + 11$ Jungen getanzt, das zweite mit $2 + 11$ Jungen, ..., das $x$-te mit $x + 11$ Jungen. Die Anzahl der tanzenden Paare ist demnach

$$(1 + 11) + (2 + 11) + \ldots + (x + 11) = 430 .$$

Auf der linken Seite steht die Summe einer $x$-gliedrigen arithmetischen Folge.

Das erste Glied der Folge ist 12, das letzte Glied ist $x + 11$, und somit beträgt die Summe der $x$ Glieder

$$x \cdot \frac{12 + x + 11}{2} = 430 .$$

Umordnen liefert

$$x^2 + 23x - 860 = 0 .$$

Hieraus ergibt sich unter Anwendung der Lösungsformel für die quadratische Gleichung die Lösung $x = 20$ (die Lösung $-43$ lässt sich vom Standpunkt der Aufgabe nicht interpretieren).

Am Tanzvergnügen haben also 20 Mädchen teilgenommen. Die Anzahl der Jungen ist gleich der Anzahl der Tanzpartner des letzten Mädchens, das heißt, $20 + 11 = 31$.

Die Summenformel einer arithmetischen Folge und die Lösungsformel für quadratische Gleichungen sind im *Anhang* auf S. 267 zu finden.

## Quadratzahlen

Die drei Zahlen sind $a - 1$, $a$ und $a + 1$. Die Zahl $a^2$ lässt sich folgendermaßen schreiben:

$$a^2 = \frac{(a-1)^2 + (a+1)^2 - 2}{2} .$$

Die gesuchte Quadratzahl ist demnach die Zahl

$$\frac{190\,246\,849 + 190\,302\,025 - 2}{2} .$$

Die Addition, die Subtraktion und die Division durch 2 können wir auch ohne Rechenhilfsmittel durchführen.

Die gesuchte Quadratzahl ist also 190 274 436.

# 37. Woche

## Halbwahrheit

Es ist vollkommen egal, an welcher Stelle wir an das Problem herangehen; wir können mit den Aussagen eines beliebigen Mädchens anfangen und die Wahrheit auf ähnliche Weise herausfinden.

Zwei der Mädchen behaupten, dass Rosi die Vierte war. Wäre das nicht wahr, dann müsste (aufgrund von Paulas Aussagen) Paula die Zweite sein und (aufgrund von Rosis Aussagen) Kati die Erste sein. Wenn aber Kati die Erste war, dann wäre Evas erste Aussage nicht wahr; wahr wäre jedoch, dass Susi die Zweite war. Das aber widerspricht der Aussage, dass Paula die Zweite war.

Demnach *war Rosi die Vierte*. Somit ist Paulas zweite Aussage wahr, aber es ist nicht wahr, dass sie Zweite wurde; also ist Katis erste Aussage nicht wahr, und somit ist es wahr, dass *Kati Dritte wurde*. Daher ist Susis erste Aussage nicht wahr und demnach ist *Eva Fünfte geworden*. Hieraus folgt, dass auch Evas erste Aussage nicht wahr ist, also ist *Susi Zweite geworden*. Wir erhalten somit, dass *Paula Erste war*.

Demgemäß war Paula die Erste, Susi die Zweite, Kati die Dritte, Rosi die Vierte und Eva die Fünfte. Man kann der Reihe nach überprüfen, dass jetzt auch die Bedingung erfüllt ist, dass jedes Mädchen eine wahre und eine nicht wahre Aussage gemacht hat.

* * *

Wir können auch Katis Aussagen als Ausgangspunkt nehmen. Zunächst nehmen wir an, dass Katis erste Aussage wahr ist, das heißt, dass Paula Zweite wurde; dann ist Kati nicht Dritte und Paulas Aussage, dass Rosi Vierte wurde, ist falsch. Deswegen ist Rosis Aussage wahr, dass Kati Erste wurde. Hieraus folgt, dass von Evas zwei Aussagen diejenige nicht wahr ist, gemäß der sie Erste wurde; deswegen ist es wahr, dass Susi Zweite wurde, was wiederum unserer Grundannahme widerspricht, dass Paula Zweite wurde.

Demnach ist Katis erste Aussage nicht wahr, das heißt, Paula wurde nicht Zweite; Katis zweite Aussage ist dagegen wahr, das heißt, *Kati wurde Dritte*. Dann aber ist Susis erste Aussage, gemäß der sie Dritte wurde, nicht wahr; Susis zweite Aussage ist dagegen wahr, also *ist Eva Letzte geworden*. Aufgrund der obigen Ausführungen hat Rosi gelogen, als sie sagte, dass Kati gewonnen hat; dagegen hat Rosi über sich selbst die Wahrheit gesagt, also *ist Rosi Vierte geworden*. Dann ist auch Paulas Aussage über Rosi wahr, aber Paula hat über sich selbst nicht die Wahrheit gesagt; also ist Paula nicht Zweite geworden. Dann aber ist *Paula Erste geworden* und *Susi ist Zweite geworden*.

## Die große Jagd

*1. Schritt*: Entsprechend den Angaben besteht die Beute aus mindestens sechs Stück Wild, denn es wurde von jedem der Tiere mindestens eines geschossen und von den Wölfen wurden mindestens drei geschossen. Somit hat $D$, der das meiste Wild erlegt hat, mindestens drei Tiere geschossen; hätte er nämlich nur zwei geschossen, dann hätten die anderen höchstens ein Tier schießen können und damit wären höchstens fünf Tiere erlegt worden.

Demnach *hat D mindestens drei Punkte erworben*.

*2. Schritt*: Der Punktwert des Wolfes ist mindestens 2, da es sich in der abnehmenden Reihenfolge um das vorletzte Wild handelte. Der Punktwert kann jedoch nicht größer als 2 sein, denn wenn er mindestens 3 wäre, dann wäre der Punktwert des Hirsches mindestens 4 und der des Keilers mindestens 5. Berücksichtigt man noch, dass der Punktwert des Fuchses mindestens 1 ist, dann wäre die Gesamtpunktzahl größer als 18, denn $3 \cdot 3 + 1 + 4 + 5 > 18$.

*Die Punktzahl des Wolfes ist also 2*. Hieraus folgt, dass *die Punktzahl des Fuchses 1 ist*.

*3. Schritt*: Da die Summe der Punktzahlen von $A$ und $D$ mit der Summe der Punktzahlen von $B$ und $C$ übereinstimmt, und da sie zu viert insgesamt 18 Punkte erworben haben, *ist die Summe der Punktzahlen beider Paare von Jägern gleich 9*.

*4. Schritt*: Die Gesamtpunktzahl von $D$ kann nicht größer als 3 sein, da er die kleinste Anzahl von Punkten erworben hat; hätte er mindestens 4 Punkte erworben, dann hätten $B$ und $C$ mindestens je 5 Punkte, und beide zusammen hätten dann mindestens 10 Punkte, was der Tatsache widerspricht, dass die Summe ihrer Punktzahlen 9 ist (3. Schritt).

*Somit hat D 3 Punkte erworben* (vgl. 1. Schritt), und dann hat $A$ wegen des 3. Schrittes *6 Punkte; von B und C hat der eine 4 Punkte erworben und der andere 5 Punkte* (wir wissen nicht, in welcher Reihenfolge).

*5. Schritt*: Von $D$ hat sich im 1. Schritt herausgestellt, dass er 3 Tiere geschossen hatte; damit konnte er (da der Fuchs gemäß dem 2. Schritt die Punktzahl 1 hat) die 3 Punkte nur erworben haben, wenn *die Beute von D drei Füchse waren.*

*6. Schritt*: Den einzigen Keiler mit der höchsten Punktzahl hat $C$ geschossen und die Punktzahl des Keilers ist mindestens 4. $C$ konnte keinen Wolf geschossen haben, denn entsprechend dem 4. Schritt hat $C$ 4 oder 5 Punkte erworben, aber im Ergebnis von Schritt 2 ist die Punktzahl des Wolfes gleich 2. Mit einer ähnlichen Überlegung erhalten wir, dass $B$ höchstens 2 Wölfe erlegt haben kann; verwenden wir nun, dass $C$ und $D$ keinen Wolf geschossen haben, dann ergibt sich, dass *A mindestens 1 Wolf erlegt hat.*

*7. Schritt*: $A$ hat 6 Punkte bekommen, von denen er gemäß dem 6. Schritt 2 Punkte für 1 Wolf bekommen hat; und weil außer $D$ jeder höchstens 2 Tiere erlegt haben konnte, konnte er (unter Berücksichtigung der Voraussetzungen) die restlichen 4 Punkte nur für 1 Hirsch bekommen haben. Also *ist die Beute von A 1 Wolf und 1 Hirsch.* Demnach hat der Hirsch die Punktzahl 4.

*8. Schritt*: Da es für 1 Hirsch 4 Punkte gibt, für 1 Keiler aber mindestens 5 Punkte, und da $C$ höchstens 5 Punkte erworben haben konnte (4. Schritt), bestand gemäß 6. Schritt *die Beute von C aus einem einzigen Keiler.*

*9. Schritt*: Somit hat Jäger $B$ gemäß dem 4. Schritt insgesamt 4 Punkte erworben, und da sich in der Beute noch 2 Wölfe befanden, konnte nur er diese Wölfe geschossen haben. Also *hat B seine 4 Punkte für die 2 Wölfe bekommen.*

*Zusammenfassung*: Die Punktwerte von Keiler, Hirsch und Wolf betragen der Reihe nach 5, 4 und 2, und der Punktwert des Fuchses ist 1.

Andreas hat 1 Hirsch und 1 Wolf erlegt und 6 Punkte erhalten;

Bernd hat 2 Wölfe geschossen und 4 Punkte bekommen;

Christian hat 1 Keiler erlegt und 5 Punkte bekommen;

Dieter hat 3 Füchse geschossen und 3 Punkte bekommen.

# 38. Woche

## Kopfzerbrecher mit Mützen

Aus der Aussage des hinten Sitzenden kann man schlussfolgern, dass er mit Sicherheit nicht zwei gelbe Mützen sieht, denn dann wüsste er, dass er eine grüne Mütze auf dem Kopf hat. Das heißt, der hinten Sitzende sieht mit Sicherheit mindestens eine grüne Mütze. Wenn also der in der Mitte Sitzende eine gelbe Mütze sähe, dann wüsste er, dass er eine grüne Mütze auf dem Kopf hat. Da er aber ebenfalls nicht sagen kann, was für eine Mütze er auf dem Kopf hat, muss der vorne Sitzende eine grüne Mütze haben.

Unter der Voraussetzung, dass meine hinten und in der Mitte sitzenden Freunde korrekt überlegt haben, konnte mein vorne sitzender Freund sagen: „Ich habe eine grüne Mütze auf dem Kopf."

## Schulmädchen

Aus den Bedingungen ist ersichtlich, dass in jede der ersten zehn Klassen eines der zehn Mädchen geht.

| | I | II | III | IV | V | VI | VII | VIII | IX | X |
|---|---|---|---|---|---|---|---|---|---|---|
| A | **2** | **2** | | 6 | **7** | **6** | **6** | **6** | **6** | **6** |
| B | **5** | **5** | **5** | **5** | **5** | **6** | 1 | **6** | 2 | |
| C | **5** | **5** | **5** | **5** | 9 | 4 | 1 | | 2 | **3** |
| D | **7** | **8** | **8** | | **7** | 4 | **7** | **7** | 2 | **7** |
| E | **7** | **8** | **8** | **8** | **7** | | **1** | **7** | 2 | **7** |
| F | **6** | **6** | **6** | **6** | **1** | **6** | | **6** | **2** | **2** |
| G | | 5 | 5 | 5 | 5 | 4 | 1 | 5 | 2 | 3 |
| H | **4** | **4** | **4** | 6 | | **8** | 1 | 9 | 2 | 3 |
| I | **7** | | 7 | 6 | **7** | **6** | **6** | **6** | **6** | **6** |
| J | 2 | 2 | 2 | 2 | 2 | 2 | 1 | 2 | | 2 |

Wir fertigen eine $10 \times 10$-Tabelle an (vgl. vorhergehende Abbildung). Wir gehen der Reihe nach die Bedingungen des Rätsels durch, und wenn ein Feld wegen irgendeiner Bedingung nicht in Betracht kommt, dann tragen wir dort die laufende Nummer der entsprechenden Bedingung ein (in der Tabelle sind diese Zahlen fettgedruckt). Würden für ein Feld mehrere Zahlen infrage kommen, dann tragen wir nur eine ein.

Da in jede Klasse (von den genannten Mädchen) nur ein Mädchen geht, kann Edit nicht in die siebente und Franzi nicht in die fünfte Klasse gehen, das heißt, in die Felder E-VII und F-V kommt je eine 1.

Wegen der 2. Bedingung kann Anna nicht in die erste Klasse gehen und Franzi kann weder in die neunte noch in die zehnte Klasse gehen. Demnach schreiben wir je eine 2 in das Feld A-I sowie in die Felder F-IX und F-X.

Wir setzen das Verfahren nun mit den nachfolgenden sechs Bedingungen fort; wenn wir damit fertig sind, dann sehen wir, dass in der Zeile von Franzi nur das Feld VII leer geblieben ist. Also gelten die nachstehenden Feststellungen:

*1. Feststellung*: Franzi geht in die siebente Klasse.

Aufgrund der 1. Feststellung wissen wir, dass kein anderes Mädchen in die siebente Klasse gehen kann. Wir kennzeichnen das auf der Abbildung durch Eintragen einer kleinen 1.

Gemäß der 2. Bedingung ist Jessica zwei Klassen über Franzi, also haben wir die

*2. Feststellung*: Jessica geht in die neunte Klasse.

Hiernach tragen wir je eine kleine 2 in die gemäß 2. Feststellung ausgeschlossenen leeren Felder ein.

Somit ist jetzt in der Zeile von Berta nur das Feld X leer und in der Zeile von Edit ist nur das Feld VI leer. Außerdem ist auch in der ersten Spalte nur noch ein leeres Feld, nämlich in der Zeile von Gisela.

*3. Feststellung*: Berta geht in die zehnte Klasse.

*4. Feststellung*: Edit geht in die sechste Klasse.

*5. Feststellung*: Gisela geht in die erste Klasse.

Wir tragen die klein geschriebenen Zahlen 3, 4 und 5 ein.

*6. Feststellung*: Doris geht in die vierte Klasse.

*7. Feststellung*: Anna geht in die dritte Klasse.

*8. Feststellung*: Ilona geht in die zweite Klasse.

Aufgrund der 8. Bedingung wissen wir, dass Hedwig in eine niedrigere Klasse geht als Edit; deswegen kommt von den leer stehenden Feldern in Spalte V und in Spalte VIII nur das Feld in Spalte V infrage, das heißt:

*9. Feststellung*: Hedwig geht in die fünfte Klasse.

Nunmehr ist klar:

*10. Feststellung*: Christel geht in die achte Klasse.

Aus der Lösung geht hervor, dass mehrere Bedingungen überflüssig sind; zum Beispiel sind gewisse Teile der 7. und der 8. Bedingung überflüssig.

# 39. Woche

## Tennisturnier

Am einfachsten ist es, wenn ich die Reportage mit dem Turniersieger mache, das heißt, mit einem Turnierteilnehmer $A$, für den Folgendes gilt: Kein anderer Teilnehmer hat mehr Siege als $A$ errungen. Würde $A$ den gestellten Bedingungen nicht entsprechen, dann gäbe es einen Turnierteilnehmer $B$, der weder von $A$ noch von den von $A$ besiegten Teilnehmern besiegt worden ist. Das heißt, dieser Turnierteilnehmer $B$ hätte einen Sieg mehr als $A$ errungen. Es hat jedoch niemand mehr Siege als $A$ errungen, womit wir zu einem Widerspruch gekommen sind. Demnach war unsere Annahme nicht wahr, dass $A$ nicht unseren Erwartungen entspricht.

* * *

Ob es wohl nur der Turniersieger ist, der den Forderungen entspricht? Oder ist es möglich, dass ich die Reportage auch mit mehreren Turnierteilnehmern hätte führen können?

Bevor wir diese Fragen beantworten, führen wir einen neuen Begriff ein, den Begriff des *gerichteten Graphen*.

Wir betrachten einen Graphen, das heißt eine endliche Mengen von Punkten („Ecken"), bei denen einige Eckenpaare durch eine Linie oder mehrere (aber endliche viele) Linien, das heißt Kanten, verbunden sind. Wir versehen jede Kante mit einer kleinen Pfeilspitze und deuten dadurch an, dass die Kante nicht nur die beiden Ecken verbindet, sondern dass sie auch eine Richtung hat. Wir bezeichnen die so erhaltene Gesamtheit von Ecken und gerichteten Kanten als *gerichteten Graphen*. Die folgende Abbildung zeigt zwei solche Graphen:

Bei der Lösung des Rätsels *Gesellschaftsfrage* (31. Woche, S. 203) hat ein Graph eine herausragende Rolle bei der Veranschaulichung eines komplizierten Bekanntschaftsverhältnisses gespielt. Im vorliegenden Fall macht ein gerichteter Graph die komplizierten Verhältnisse eines Turniers übersichtlich, an dem mehrere Spieler teilnehmen und

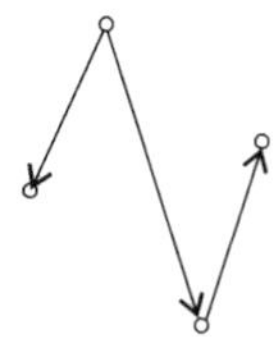

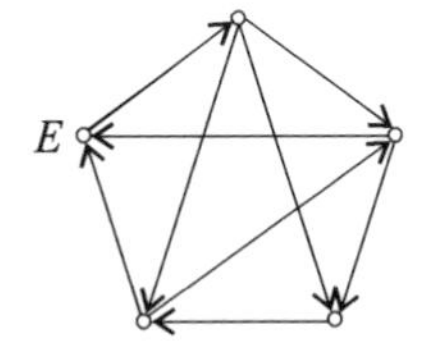


jeder gegen jeden spielt. Wir stellen die Teilnehmer als eines Graphen dar, und wenn $A$ über $B$ gesiegt hat, dann zeichnen wir eine gerichtete Kante von $A$ nach $B$. Anhand des so gezeichneten gerichteten Graphen erkennen wir sofort, wer wen besiegt hat.

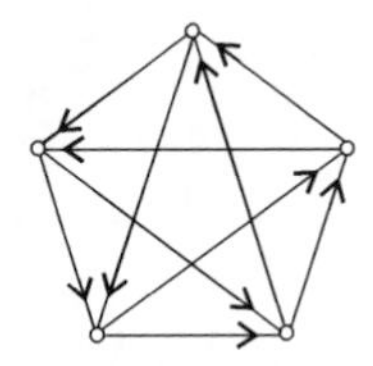

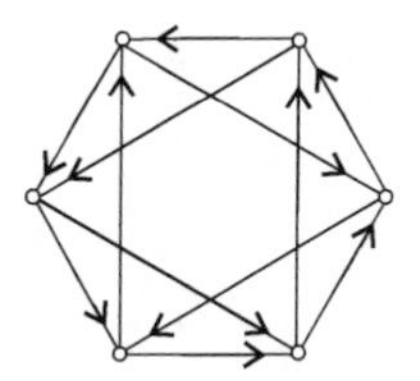

Der zweite oben zu sehende gerichtete Graph stellt ein Turnier mit fünf Teilnehmern dar. Bei diesem Turnier entspricht auch der Verlierer $E$ der Forderung, dass wir sämtliche Turnierteilnehmer aufzählen, wenn wir $E$ nennen, sowie die von $E$ Besiegten und diejenigen, die von den von $E$ Besiegten besiegt wurden.

Es ist auch möglich, dass jeder Turnierteilnehmer die Forderung erfüllt. Die nachstehenden beiden Graphen stellen derartige Fälle dar.

## Hindernislauf

Es bezeichne $5n$ die Anzahl der Spielmünzen, die verteilt werden. Wir wissen, dass wir die $5n$ Spielmünzen auf fünferlei verschiedene Weisen gemäß den Bedingungen verteilen können. Dementsprechend muss man solche Wertepaare $n$ und $k$ suchen, für die sich $5n$ auf genau fünferlei Weise derart in eine Summe von $k$ verschiedenen Zahlen zerlegen lässt, dass wir dabei die Reihenfolge der Summanden nicht berücksichtigen, das heißt, bei der Zerlegung in eine Summe gegebener Zahlen treten die Zahlen nur in einer einzigen Reihenfolge auf.

Wir wissen auch, dass in beiden Wettkämpfen zur Siegermannschaft mindestens vier Teilnehmer gehörten, da es auch einen Viertplatzierten gab; ferner wissen wir, dass weniger als 60 Spielmünzen verteilt wurden. Gehen wir die Möglichkeiten der Reihe nach durch, dann finden wir, dass nur zwei Wertepaare $n$ und $k$ den Voraussetzungen genügen. *Erster Fall*: $n = 5$ und $k = 6$ (25 lässt sich gemäß den Bedingungen auf genau fünferlei Weise in eine Summe von sechs positiven ganzen Zahlen zerlegen). *Zweiter Fall*: $n = 8$ und $k = 8$ (40 lässt sich gemäß den Bedingungen auf genau fünferlei Weise in eine Summe von acht positiven ganzen Zahlen zerlegen):

$$25 = 1 + 2 + 3 + 4 + 5 + 10 \qquad 40 = 1 + 2 + 3 + 4 + 5 + 6 + 7 + 12$$
$$25 = 1 + 2 + 3 + 4 + 6 + 9 \qquad 40 = 1 + 2 + 3 + 4 + 5 + 6 + 8 + 11$$
$$25 = 1 + 2 + 3 + 4 + 7 + 8 \qquad 40 = 1 + 2 + 3 + 4 + 5 + 6 + 9 + 10$$
$$25 = 1 + 2 + 3 + 5 + 6 + 8 \qquad 40 = 1 + 2 + 3 + 4 + 5 + 7 + 8 + 10$$
$$25 = 1 + 2 + 4 + 5 + 6 + 7 \qquad 40 = 1 + 2 + 3 + 4 + 6 + 7 + 8 + 9$$

Da in beiden Wettkämpfen die Summe des dritten und des vierten Preises gleich dem ersten Preis ist, kommt im Fall $n = 5$ nur die Zerlegung

$$25 = 1 + 2 + 3 + 5 + 6 + 8$$

infrage, im Fall $n = 8$ dagegen die Zerlegung

$$40 = 1 + 2 + 3 + 4 + 5 + 6 + 8 + 11 .$$

Verwendet man noch, dass in der Mannschaft meines Freundes der Zweitplatzierte genauso viel bekommen hat wie im zweiten Wettkampf der Erstplatzierte der Siegermannschaft, dann ergibt sich, dass beim Wettkampf meines Freundes 40 Spielmünzen verteilt wurden und dass jede der fünf Mannschaften acht Teilnehmer hatte. Beim anderen Wettkampf wurden 25 Spielmünzen verteilt und dort hatte jede Mannschaft sechs Teilnehmer.

Auch die aufgeworfene Frage lässt sich beantworten: Mein Freund hat sechs Spielmünzen erhalten.

* * *

Es könnte der Wunsch aufkommen, eine schöne Formel dafür anzugeben, auf wievielerlei Weise man eine positive ganze Zahl $N$ derart in eine Summe von $k$ verschiedenen positiven ganzen Zahlen aufteilen kann, dass dabei die Reihenfolge der Summanden nicht berücksichtigt wird. Wenn wir eine solche Formel finden, dann können wir das Rätsel auch lösen, ohne herumzuprobieren.

Der Wunsch ist berechtigt. Der Versuch kann sich lohnen, die Probiererei – die sehr arbeitsintensiv ist und viele Fehlermöglichkeiten in sich birgt – durch eine mathematische Formel zu eliminieren. Natürlich gelingt das nicht immer. So ist es auch im vorliegenden Fall. Zur

Vereinfachung der Vorgehensweise gibt es jedoch eine Methode, bei der man den folgenden mathematischen Satz verwendet.

*Die Anzahl der Zerlegungen einer positiven ganzen Zahl N in eine Summe von k verschiedenen positiven ganzen Zahlen (ohne Berücksichtigung der Reihenfolge) ist gleich der Anzahl der Zerlegungen der ganzen Zahl*

$$N - \frac{k(k+1)}{2}$$

*in eine Summe von k nichtnegativen ganzen Zahlen (das heißt 0 oder positive ganze Zahlen), wobei die Reihenfolge der Summanden nicht berücksichtigt wird.*

Achtung! Hier tritt unter den Voraussetzungen „verschieden" nicht auf.

Im Rätsel haben wir zum Beispiel in Bezug auf die Zahl 25 festgestellt, dass sie sich auf fünferlei Weise als Summe von sechs verschiedenen positiven ganzen Zahlen (ohne Berücksichtigung der Reihenfolge) darstellen lässt. Stattdessen reicht es also auch aus, sich anzusehen, auf wievielerlei Weise sich

$$25 - \frac{6 \cdot 7}{2} = 4$$

als Summe von 0 und positiven ganzen Zahlen darstellen lässt, wobei insgesamt sechs Summanden zugelassen sind. Letzteres lässt sich sehr einfach bewerkstelligen. Hier sind die fünf Möglichkeiten:

$$\begin{aligned}
4 &= 0+0+0+0+0+4 \\
4 &= 0+0+0+0+1+3 \\
4 &= 0+0+0+0+2+2 \\
4 &= 0+0+0+1+1+2 \\
4 &= 0+0+1+1+1+1
\end{aligned}$$

Der Satz lässt sich sehr leicht beweisen und der Beweis zeigt gleichzeitig auch, wie man aus den Darstellungen der letzteren Zahl die Darstellungen der ersteren Zahl erhalten kann. Hier ist zunächst der Beweis:

Wir betrachten eine Darstellung von $N$ als Summe von $k$ verschiedenen positiven ganzen Zahlen (im Weiteren sagen wir nicht, dass wir die Reihenfolge nicht berücksichtigen, aber diese Bedingung gilt überall):

$$x_1 + x_2 + \cdots + x_k = N \qquad (0 < x_1 < x_2 < \cdots < x_k) \qquad (1)$$

Wir definieren $y_i$ folgendermaßen: $y_i = x_i - i$. Dann sieht man, dass die $y_i$ nicht negativ sind und $y_1 \leq y_2 \leq \cdots \leq y_k$ gilt, sowie

$$y_1 + y_2 + \cdots + y_k = N - \frac{k(k+1)}{2} \,. \tag{2}$$

Die Summe der $y_i$ ergibt sich nämlich, wenn wir von der Summe der $x_i$ die ersten $k$ positiven ganzen Zahlen subtrahieren.

Man kann sich überlegen, dass wir auf diese Weise tatsächlich jeder Zerlegung des Typs (1) umkehrbar eindeutig eine Zerlegung des Typs (2) zugeordnet haben. Nachstehend geben wir nebeneinander die Fälle an, die in den Zerlegungen von 4 und 25 einander entsprechen:

$$\begin{array}{ll}
4 = 0+0+0+0+0+4 & 25 = 1+2+3+4+5+10 \\
4 = 0+0+0+0+1+3 & 25 = 1+2+3+4+6+9 \\
4 = 0+0+0+0+2+2 & 25 = 1+2+3+4+7+8 \\
4 = 0+0+0+1+1+2 & 25 = 1+2+3+5+6+8 \\
4 = 0+0+1+1+1+1 & 25 = 1+2+4+5+6+7
\end{array}$$

# 40. Woche

## Urlaubstage

Die Nutzung von 20 Urlaubstagen in drei Raten ist dieselbe Aufgabe wie das Zerschneiden eines 20 cm langen Lineals (oder einer beliebigen Stange) in drei Teile, die jeweils eine ganzzahlige Länge in Zentimetern haben (dabei werden verschiedene Reihenfolgen gleich langer Teilstücke als unterschiedlich betrachtet).

Verschiedene Möglichkeiten sind zum Beispiel

$$20 = 1 + 1 + 18$$
$$20 = 1 + 18 + 1 \,.$$

Die Zerlegung $1 + 18 + 1$ lässt sich zum Beispiel folgendermaßen einer Aufteilung einer Zentimeterskala zuordnen: Wir zerschneiden die Stange beim zweiten und beim neunzehnten Teilungspunkt. Beim Zusammenzählen sämtlicher Möglichkeiten reicht es also, sich davon zu überzeugen, wieviele entsprechende Schnitte möglich sind.

Bei jedem Zerschneiden wählen wir von den Teilungspunkten bei 1 cm, 2 cm, ... und 19 cm zwei Punkte aus (an denen wir schneiden wollen). Es handelt sich um Kombinationen von 19 Elementen zur

Klasse 2, das heißt, die Anzahl der Möglichkeiten beträgt

$$\binom{19}{2} = \frac{19 \cdot 18}{1 \cdot 2} = 171 \, .$$

Die 171 sind 15% der Gesamtbelegschaft des Betriebs, 10% sind zwei Drittel davon, also 114. Demnach ist die Gesamtzahl der Belegschaft das Zehnfache hiervon, also 1140.

Der Betrieb hatte also 1140 Belegschaftsmitglieder.

* * *

Allgemein können wir diese Aufgabe folgendermaßen formulieren:

Auf wieviele Weisen lässt sich eine gegebene positive ganze Zahl $n$ in eine Summe von $k$ positiven ganzen Zahlen zerlegen, wobei zwei Zerlegungen auch dann als verschieden betrachtet werden, wenn sie sich nur in der Reihenfolge der Summanden voneinander unterscheiden?

In diesem Rätsel ist die gegebene Zahl gleich 20 (das heißt, $n = 20$) und die Anzahl der Summanden ist 3 ($k = 3$). Im Falle des Rätsels *Die Metallstange* (4. Woche, S. 24, Lösung S. 125) ist die gegebene Zahl 85 ($n = 85$) und die Anzahl der Summanden ist 2 ($k = 2$).

Die bei der Lösung der Aufgabe verwendete Methode funktioniert auch im allgemeinen Fall. Die auf eine solche Weise durchgeführte Zerlegung einer gegebenen positiven ganzen Zahl $n$ in $k$ positive ganze Zahlen lässt sich nämlich umkehrbar eindeutig dem Zerschneiden einer $n$ cm langen Stange in $k$ Teilstücke zuordnen, von denen jedes eine in Zentimetern ganzzahlige Länge hat. Diese Anzahl ist gleich der Anzahl der Auswahlmöglichkeiten von $k - 1$ Elementen aus einer Menge von $n - 1$ Elementen:

$$\binom{n-1}{k-1} \, .$$

## Der Nachlass des Weinbauern

Jeder von ihnen erhielt neun Fässer.

Wir drücken den gesamten Wein in Vierteln aus:

$$9 \cdot 4 + 9 \cdot 3 + 9 \cdot 2 + 9 = 90 \, .$$

Jeder der Cousins erhielt hiervon ein Fünftel:

$$\frac{9 \cdot 4 + 9 \cdot 3 + 9 \cdot 2 + 9}{5} = 18 \, .$$

Es bezeichne $t, v, x, y, z$ die Anzahl der irgendeinem Cousin zugeteilten vollen, dreiviertelvollen, halbvollen, viertelvollen bzw. leeren Fässer.

Es bestehen die folgenden Zusammenhänge:

$$4t + 3v + 2x + y = 18$$
$$t + v + x + y + z = 9\,,$$

wobei $t$, $v$, $x$, $y$, $z$ positive ganze Zahlen sind (keine dieser Zahlen kann 0 sein, da jeder mindestens ein Faß von jeder Sorte bekommen hat). Man sieht leicht ein, dass es unter diesen Bedingungen nur die nachstehenden acht Möglichkeiten gibt.

| $t$ | $v$ | $x$ | $y$ | $z$ |
|---|---|---|---|---|
| 1 | 1 | 5 | 1 | 1 |
| 1 | 2 | 3 | 2 | 1 |
| 1 | 3 | 1 | 3 | 1 |
| 1 | 3 | 2 | 1 | 2 |
| 2 | 1 | 2 | 3 | 1 |
| 2 | 1 | 3 | 1 | 2 |
| 2 | 2 | 1 | 2 | 2 |
| 3 | 1 | 1 | 1 | 3 |

Jeder dieser acht Fälle eignet sich für jeden der Cousins vom Standpunkt des Testaments, nur müssen wir für die fünf Cousins fünf verschiedene Fälle so auswählen, dass wir auch die Bedingung erfüllen, dass es von jedem Faß genau neun Stück gibt, das heißt, für die fünf ausgewählten Fälle muss gelten, dass die Summe der $t$ gleich 9 ist. Ebenso muss auch die Summe der $v$, der $x$, der $y$ und der $z$ jeweils gleich 9 sein.

Hieraus ist ersichtlich, dass die Möglichkeit 1, 1, 5, 1, 1 nicht verwendbar ist. Geben wir nämlich irgendjemandem fünf Fässer des Typs $x$ (also halbvolle Fässer), dann müssen wir jedem der anderen vier ein Faß vom Typ $x$ geben, aber es gibt nur drei Möglichkeiten, bei denen die Anzahl der $x$ gleich 1 ist.

Auch der Fall 2, 2, 1, 2, 2 kommt nicht infrage, da in diesem Fall $t = v$ ist, das heißt, die Anzahl der vollen Fässer stimmt mit der Anzahl der dreiviertelvollen Fässer überein, was aber aufgrund der gegebenen Bedingungen nicht möglich ist.

Bei den verbleibenden sechs Möglichkeiten sind die Summen der Zahlen in den einzelnen Spalten (von links nach rechts): 10, 11, 12, 11, 10.

Hier erkennen wir bereits Folgendes: Lässt man die Möglichkeit 1, 2, 3, 2, 1 weg, dann ergeben die restlichen fünf Möglichkeiten die Lösung.

Die Cousins konnten also unter den folgenden fünf Möglichkeiten wählen:

| $t$ | $v$ | $x$ | $y$ | $z$ |
|---|---|---|---|---|
| 1 | 3 | 1 | 3 | 1 |
| 1 | 3 | 2 | 1 | 2 |
| 2 | 1 | 2 | 3 | 1 |
| 2 | 1 | 3 | 1 | 2 |
| 3 | 1 | 1 | 1 | 3 |

Die meisten leeren Fässer hat Andreas bekommen, deswegen trifft für ihn 3, 1, 1, 1, 3 zu. Die meisten viertelvollen Fässer haben Bernd und Dagobert bekommen; deswegen treffen für sie in irgendeiner Reihenfolge die Möglichkeiten 1, 3, 1, 3, 1 und 2, 1, 2, 3, 1 zu. Die wenigsten vollen Fässer haben Dagobert und Emil bekommen; demnach trifft für sie eine der Möglichkeiten 1, 3, 1, 3, 1 und 1, 3, 2, 1, 2 zu.

Hieraus erkennen wir bereits, dass für Dagobert die Möglichkeit 1, 3, 1, 3, 1, für Bernd die Möglichkeit 2, 1, 2, 3, 1, für Emil die Möglichkeit 1, 3, 2, 1, 2 und für Christian die Möglichkeit 2, 1, 3, 1, 2 zutrifft.

Die Tabelle zeigt, wie die Cousins schließlich den Nachlass des Weinbauern unter sich aufgeteilt haben:

| | Andreas | Bernd | Christian | Dagobert | Emil |
|---|---|---|---|---|---|
| volles Fass | 3 | 2 | 2 | 1 | 1 |
| 3/4-voll | 1 | 1 | 1 | 3 | 3 |
| 1/2-voll | 1 | 2 | 3 | 1 | 2 |
| 1/4-voll | 1 | 3 | 1 | 3 | 1 |
| leer | 3 | 1 | 2 | 1 | 2 |

# 41. Woche

## Göttlicher Befehl

Am einfachsten können wir die Aufgabe lösen, wenn wir sie zuerst verallgemeinern. Wir untersuchen die allgemeinere Frage, wie groß in Bezug auf die eine leere Nadel die kürzeste Schrittzahl für eine Umlagerung ist, wenn sich auf einer Nadel $n$ Scheiben befinden. Wir bezeichnen diese minimale Schrittzahl mit $a_n$. Wir zeigen, dass $a_n = 2^n - 1$ ist und erhalten dann die Lösung des Rätsels, indem wir $n = 64$ setzen.

Der Beweis erfolgt durch vollständige Induktion:

Unsere Formel ist richtig für $n = 1$, denn eine Scheibe lässt sich von der Nadel, auf der sich die Scheiben befinden, in einem Schritt auf eine andere Scheibe umlagern, und somit ist

$$a_1 = 2^1 - 1 = 1$$

tatsächlich richtig. Wir nehmen nun an, dass die Behauptung für $n - 1$ bereits bewiesen ist, das heißt:

$$a_{n-1} = 2^{n-1} - 1 \, .$$

Wir bezeichnen diese Annahme als *Induktionsvoraussetzung*. (Ausführungen zur Induktion findet man im *Anhang*, S. 265.) Unter Verwendung der Induktionsvoraussetzung müssen wir zeigen, dass die Behauptung auch für $n$ richtig ist, das heißt, dass sich die Richtigkeit der zu beweisenden Aussage von $n - 1$ auf $n$ vererbt. Hierzu betrachten wir bei der Umlagerung mit kürzester Schrittzahl dasjenige Moment, bei dem wir die ursprünglich zuunterst liegende Scheibe, die den größten Durchmesser hat, auf die andere Nadel umlagern. Diesen Schritt können wir jedoch nur dann ausführen, wenn sich die übrigen $n - 1$ Scheiben auf der dritten Nadel befinden.

Da die umzulagernde Scheibe den größten Durchmesser hat, kann sich unter ihr keine Scheibe befinden; aber auch über ihr kann sich keine Scheibe befinden, weil man dann noch davor die darüber befindliche Scheibe umlagern müsste. Auf jener Nadel darf sich überhaupt keine Scheibe befinden, auf die wir schließlich alle Scheiben umlagern wollen, denn die umzulagernde Scheibe darf auf keine Scheibe kleineren Durchmessers gelegt werden. Diese Situation können wir so erreichen, dass wir bei der Ausgangsposition beginnen und die $n - 1$ oberen Scheiben auf die dritte Nadel umlagern. Wegen der Induktionsvoraussetzung ist

$$a_{n-1} = 2^{n-1} - 1$$

die kürzeste Schrittzahl, in der sich das durchführen lässt. Hieran anschließend können wir die $n$-te (ursprünglich unterste) Scheibe auf die andere Nadel umlagern. Danach müssen noch $n - 1$ Scheiben von der dritten Nadel dorthin umgelagert werden, wohin wir die Scheibe mit dem größten Durchmesser bereits umgelagert hatten. Bei diesen Umlagerungen spielt die $n$-te Scheibe keine Rolle, da diese nicht mehr wegbewegt werden muss; und da sie den größten Durchmesser hat, kann man jede andere Scheibe ungestört drauflegen.

Somit beträgt wegen der Induktionsvoraussetzung die zur Umlagerung der $n-1$ Scheiben erforderliche minimale Schrittzahl ebenfalls

$$a_{n-1} = 2^{n-1} - 1 .$$

Demnach erhalten wir die zur Umlagerung von $n$ Scheiben notwendige Schrittzahl folgendermaßen:

$$\begin{aligned} a_n &= a_{n-1} + 1 + a_{n-1} = 2^{n-1} - 1 + 1 + 2^{n-1} - 1 \\ &= 2 \cdot 2^{n-1} - 1 = 2^n - 1 . \end{aligned}$$

Ausgehend von der Annahme, dass die Behauptung für $n-1$ richtig ist, konnten wir also schlussfolgern, dass sie auch für $n$ richtig ist. Und da wir gesehen hatten, dass die Behauptung auch für $n = 1$ richtig ist, vererbt sich die Richtigkeit von 1 auf 2, von 2 auf 3 und so weiter, das heißt, die Behauptung ist für alle positiven ganzen Zahlen $n$ richtig.

Im Rätsel ist $n = 64$, und deswegen sind zur gewünschten Umlagerung $2^{64} - 1$ Schritte erforderlich.

Diese Zahl ist ungefähr $1{,}844674407 \cdot 10^{15}$, und so viele Sekunden sind mehr als 500 Milliarden Jahre. Wenn also der göttliche Befehl auch bereits vor einigen tausend Jahren erteilt worden ist, so brauchen wir uns deswegen nicht vor einem baldigen Ende der Welt zu fürchten.

* * *

Aus dem obigen Beweis geht auch hervor, dass die Aufgabe eine Lösung hat; gleichzeitig liefert der Beweis auch eine Methode zur Durchführung der Umlagerungen. Außerdem erkennt man auch, dass es eine einzige kürzeste Lösung gibt, denn die beschriebene Methode ist für die Durchführung der Umlagerungen nicht nur hinreichend, sondern auch notwendig.

## Mathematiker unter sich

Wir sehen uns zuerst das Alter von Andreas (und Christian) an. Die Basis des Zahlensystems sei $q$ und wir bezeichnen die erste Ziffer mit $x$. Da es sich hier nicht um das Dezimalsystem handelt, ist $q$ eine von 10 verschiedene positive ganze Zahl. Ferner ist $x$ eine Ziffer im Zahlensystem zur Basis $q$, und deswegen ist $x$ eine nichtnegative ganze Zahl, die nicht größer als $q-1$ ist. Die Aussage von Andreas lässt sich folgendermaßen aufschreiben ($x$, $x+2$, $x+4$, $x+6$ sind die von Andreas genannten vier Zahlen, die mit einer Differenz von jeweils 2 aufeinander folgen):

$$qx + x + 2 = (x+4)(x+6) . \qquad (1)$$

Umordnen liefert:

$$x(q + 1 - x - 10) = 22\,. \tag{2}$$

Anhand dieser Schreibweise sehen wir, dass $x$ ein positiver ganzer Teiler von 22 ist. Wir betrachten der Reihe nach die Möglichkeiten:

Ist $x = 1$, dann gilt $q + 1 - x - 10 = 22$, und es folgt $q = 32$.

Ist $x = 2$, dann gilt $q + 1 - x - 10 = 11$, und es folgt $q = 22$.

Ist $x = 11$ oder $x = 22$, dann käme wegen (1) für das Alter eine zu große Zahl heraus (größer als 200).

Somit erhalten wir nur in den Fällen $x = 1$ und $x = 2$ eine Lösung.

Die Lösung $x = 1,\ q = 32$ ergibt für das Alter

$$32 \cdot 1 + (1 + 2) = (1 + 4)(1 + 6) = 35$$

Jahre.

Die Lösung $x = 2,\ q = 22$ ergibt für das Alter

$$22 \cdot 2 + (2 + 2) = (2 + 4)(2 + 6) = 48$$

Jahre.

Demnach ist Christian, der Jüngere, 35 Jahre alt, und Andreas, der Ältere, ist 48 Jahre alt (die 35 im Zahlensystem zur Basis 32 ist 13; die 48 im Zahlensystem zur Basis 22 ist 24).

Wir schreiben jetzt das, was Bernd gesagt hat, in einem Zahlensystem zur Basis $t$ auf:

$$tz + z + 1 = (z + 2)(z + 3)$$

Umgeordnet:

$$z(t + 1 - 5 - z) = 5\,.$$

Demnach ist $z$ ein positiver Teiler von 5, das heißt, $z = 1$ oder $z = 5$.

Ist $z = 1$, dann folgt aus der obigen Gleichung $t = 10$, und das Alter wäre

$$3 \cdot 4 = 12$$

Jahre, was nicht möglich ist, weil der 35-jährige Christian der Jüngste ist.

Ist $z = 5$, dann folgt aus der obigen Gleichung wieder $t = 10$, und das Alter beträgt

$$7 \cdot 8 = 56$$

Jahre. Demnach ist Bernd 56 Jahre alt und wir sehen auch, dass Bernd zerstreut ist, denn der von ihm genannten Eigenschaft entspricht nur eine im Dezimalsystem aufgeschriebene Zahl – am Anfang hatten sie jedoch vereinbart, dass sie ihr Alter in einem vom Dezimalsystem abweichenden System angeben.

# 42. Woche

## Geschenke

800 Forint müssen auf verschiedene Weise so in vier Teile aufgeteilt werden, dass jeder Teil ein positives ganzzahliges Vielfaches von 100 Forint ist, wobei wir zwei Aufteilungen nicht als verschieden betrachten, wenn sie sich nur in der Reihenfolge der Summanden voneinander unterscheiden.

Wir erhalten fünf verschiedene Möglichkeiten:

$$800 = 100 + 100 + 100 + 500 \tag{1}$$
$$800 = 100 + 100 + 200 + 400 \tag{2}$$
$$800 = 100 + 100 + 300 + 300 \tag{3}$$
$$800 = 100 + 200 + 200 + 300 \tag{4}$$
$$800 = 200 + 200 + 200 + 200 \tag{5}$$

Jedes Mädchen musste eine andere Aufteilung wählen. Hätte also Herr Schmidt mehr als fünf Töchter, dann hätte er die seinen Töchtern gestellte Aufgabe anders geplant.

Franzi hat mehr für Bernd ausgegeben als für die drei anderen Jungen zusammen. Das geht nur, wenn sie die Möglichkeit (1) gewählt hat.

Mary und Eva haben eine Lösung gewählt, bei der es eine einzige größte Zahl gibt. Von den verbliebenen Möglichkeiten erfüllen nur (2) und (4) diese Bedingung. Demnach haben Mary und Eva je eine der Möglichkeiten (2) und (4) gewählt.

Klara hat für Siegfried und Robert zusammen so viel ausgegeben, wie Franzi für die anderen beiden Jungen, also für Bernd und Jürgen, ausgegeben hat. Andererseits wissen wir, dass Franzi für Bernd 500 Forint und für Jürgen, Robert und Siegfried je 100 Forint ausgegeben hat. Somit hat Klara für Siegfried und Robert zusammen 600 Forint ausgegeben. Im Falle der Möglichkeit (5) lässt sich das jedoch nicht realisieren, und deswegen konnte Klara nur gemäß Möglichkeit (3) eingekauft haben; und dabei hat sie für Siegfried und Robert je 300 Forint und für Bernd und Jürgen je 100 Forint ausgegeben.

Jetzt wissen wir bereits, dass Susi gemäß Möglichkeit (5) eingekauft hat und dabei für jeden Jungen 200 Forint ausgegeben hat.

Die nachstehende Tabelle zeigt, was wir bis jetzt wissen:

| | Ausgaben für | | | |
|---|---|---|---|---|
| | Bernd | Jürgen | Robert | Siegfried |
| Franzi | 500 | 100 | 100 | 100 |
| Klara | 100 | 100 | 300 | 300 |
| Susi | 200 | 200 | 200 | 200 |

Wir wissen noch, dass die fünf Mädchen zusammengenommen für jeden Jungen den gleichen Betrag ausgegeben haben. Da sie insgesamt 5-mal 800 Forint, also 4000 Forint, ausgaben, entfielen auf jeden Jungen insgesamt 1000 Forint.

Im Fall von Eva und Mary müssen wir noch auf folgende Bedingung achten. Bei Jürgen fehlen noch 600 Forint, um auf 1000 zu kommen. Dies ergibt sich aus den Möglichkeiten (2) und (4) nur in der Verteilung 200 + 400. Mary hat aber für Jürgen das meiste ausgegeben, und Eva hat für Robert das meiste ausgegeben; deswegen trifft die Möglichkeit (2) auf Mary und die Möglichkeit (3) auf Eva zu.

Schreiben wir jetzt noch in die Spalte von Robert (in der Zeile von Eva) die größte Zahl von Möglichkeit (4), also 300, dann können wir die noch fehlenden Beträge unter Beachtung der Bedingung bestimmen, dass jeder Junge insgesamt Geschenke für 1000 Forint erhalten hat.

Die Lösung ist in der folgenden Tabelle dargestellt:

| | Ausgaben für | | | |
|---|---|---|---|---|
| | Andreas | Jürgen | Robert | Siegfried |
| Franzi | 500 | 100 | 100 | 100 |
| Klara | 100 | 100 | 300 | 300 |
| Susi | 200 | 200 | 200 | 200 |
| Mary | 100 | 400 | 100 | 200 |
| Eva | 100 | 200 | 300 | 200 |

## Der wankelmütige Sultan

Am Schluss bleiben diejenigen Zellen offen, deren Schlösser die Wächter ungeradzahlig oft gedreht haben. Denn beim ersten Mal, wenn der Wächter an jedem Schloss einmal dreht, dann öffnet er jedes Schloss; wird zum zweiten Mal an einem Schloss gedreht, dann schließt es sich; beim dritten Mal öffnet es sich wieder und so weiter.

Nummerieren wir – beginnend mit der ersten Tür – die Zellen von 1 bis 100 der Reihe nach durch, dann können wir die vorhergehende Aussage folgendermaßen umformulieren:

Am Schluss sind die Zellen mit denjenigen laufenden Nummern offen, bei denen die positiven ganzen Zahlen, die diesen laufenden Nummern entsprechen, eine ungerade Anzahl von positiven ganzen Teilern haben.

Die Frage ist also, welche der ersten 100 positiven ganzen Zahlen eine ungerade Anzahl von positiven ganzen Teilern haben (zu den Teilern gehören auch die 1 und die Zahl selbst).

Man kann die Teiler der Zahlen in *Teilerpaare* einteilen. Ist zum Beispiel eine Zahl $n$ durch 6 teilbar, dann ist $n$ auch durch $n/6$ teilbar; die Zahlen 6 und $n/6$ bilden Teilerpaare, falls $6 \neq n/6$. Demnach kann eine Zahl nur dann eine ungerade Anzahl von Teilern haben, wenn irgendein Teiler keinem Paar angehört. Hier erkennt man bereits leicht, dass die Quadrate der positiven ganzen Zahlen eine ungerade Anzahl von positiven ganzen Teilern haben, und dass das bei anderen Zahlen nicht der Fall sein kann.

Als Beispiel ordnen wir die Teiler von $6^2 = 36$ paarweise an:

1 und 36, 2 und 18, 3 und 12, 4 und 9, und schließlich die 6, die keinem Paar angehört.

Insgesamt kommen also zehn Gefangene frei, nämlich die Gefangenen, die in die 1., 4., 9., 16., 25., 36., 49., 64., 81. und 100. Zelle eingesperrt waren.

# 43. Woche

## Militärkapelle – haut auf die Pauke!

Da keine Offiziersfrau die Schwester des Mannes der Schwester ihres Mannes sein kann, ist klar, dass jeder Offizier zwei Schwäger hat: den Mann seiner Schwester und den Bruder seiner Frau. Man kann also die Offiziere in einer zyklischen Reihenfolge so aufstellen, dass sich an den Seiten eines jeden Offiziers dessen beide Schwäger befinden.

Die fünf Offiziere seien $A$, $B$, $C$, $D$ und $E$, und $A$ sei Drewes.

Die beiden Schwäger von Drewes waren mit der Kapelle in Frankreich auf Tournee, ebenso auch die beiden Schwäger von Pieper; von den beiden Schwägern des Obersten können wir das jedoch nicht sagen. Das ließ sich jedoch nur realisieren, wenn sie zu dritt in Frankreich waren. Es sei Pieper mit $C$ bezeichnet. Dann waren $A$ und $C$ nicht in Frankreich und $B$ ist der Oberst.

Ferner waren $B$, $C$ und $D$ in Finnland. Der Leutnant ist also $A$ oder $E$, und auch Voigt ist $A$ oder $E$.

Entweder waren $C$ und $D$ oder $C$ und $B$ nicht in Kanada. Da $B$ der Oberst ist, wissen wir, dass er nicht in Kanada war. Hieraus folgt, dass $A$, $D$ und $E$ in Kanada waren; also ist $E$ der Oberstleutnant. Demnach ist $A$ der Leutnant.

Wir wissen noch, dass $A$, $B$ und $C$ zusammen in Japan waren. Also waren $E$ und $D$ nicht in Japan, aber Voigt war auch nicht dort, und Voigt ist $A$ oder $E$. Demnach ist Voigt $E$.

Wir wissen bereits, dass $E$ der Oberstleutnant ist und dass auch der Hauptmann nicht in Japan war; somit ist $D$ der Hauptmann. Demnach ist $C$ der Major.

Engelhardt kann nunmehr nur $B$ oder $D$ sein. Aber mindestens einer der Schwäger Engelhardts hat einen höheren Rang als Engelhardt selbst; somit kann Engelhardt nur $D$ (der Hauptmann) sein. Und schließlich kommt für Brinkmann nur $B$ (der Oberst) infrage.

Zusammenfassung:

| Name | Rang | Geburtsname der Ehefrau |
|---|---|---|
| Drewes | Leutnant | Brinkmann oder Voigt |
| Brinkmann | Oberst | Drewes oder Pieper |
| Pieper | Major | Brinkmann oder Engelhardt |
| Engelhardt | Hauptmann | Pieper oder Voigt |
| Voigt | Oberstleutnant | Drewes oder Engelhardt |

## Am runden Tisch

Wir bezeichnen die Ehepaare mit den folgenden Buchstabenpaaren: $Aa$, $Bb$, $Cc$ und $Dd$. Da es sich um einen runden Tisch handelt, bedeutet die Annahme, dass $A$ immer an seinem Platz bleibt, keine Beschränkung der Allgemeinheit.

Wir stellen nun die Anzahl derjenigen Anordnungen fest, bei denen mindestens ein Mann und seine Frau nebeneinander sitzen (danach müssen wir die Summe der Anzahl dieser Möglichkeiten von der Anzahl sämtlicher Sitzmöglichkeiten subtrahieren, die am runden Tisch realisierbar sind):

*1. Fall:* Wieviele Möglichkeiten gibt es, dass die Ehepartner aller vier Ehepaare nebeneinander sitzen? Halten wir $Aa$ fest, dann gibt es für die drei anderen Ehepaare $3!$ Möglichkeiten, Platz zu nehmen.

Wenn wir in jedem einzelnen Fall die Ehepartner miteinander vertauschen, dann ergeben sich $(2!)^4 = 16$ Sitzmöglichkeiten. Die Anzahl der Sitzmöglichkeiten beträgt also

$$3! \cdot 16 = 6 \cdot 16 = 96 \, .$$

*2. Fall:* Wie groß ist die Anzahl derjenigen Fälle, bei denen die Ehepartner dreier Ehepaare nebeneinander sitzen, die anderen aber getrennt sitzen? Wir nehmen an, dass die Ehepartner $Aa$, $Bb$ und $Cc$ nebeneinander sitzen. Dann lassen sich aus den Elementen $Aa$, $Bb$, $Cc$, $D$ und $d$ (unter Festhalten von $Aa$) 4! verschiedene Reihenfolgen bilden.

Beim Vertauschen der nebeneinander sitzenden Ehepartner ergeben sich in jedem der 4! Fälle $2^3 = 8$ Möglichkeiten.

Somit erhalten wir insgesamt $4! \cdot 8 = 24 \cdot 8 = 192$ Möglichkeiten, aber in diesen Möglichkeiten sind auch die im 1. Fall ausgerechneten Unterfälle enthalten, und deswegen müssen wir deren Anzahl noch subtrahieren:

$$192 - 96 = 96 \, . \tag{1}$$

Zur Auswahl dreier Ehepaare von vier Ehepaaren gibt es

$$\binom{4}{3} = \binom{4}{1} = 4$$

Möglichkeiten. (Die Anzahl der Auswahlmöglichkeiten von 3 Elementen aus einer Menge von 4 Elementen lässt sich am einfachsten so berechnen, dass diese Anzahl gleich der Anzahl derjenigen Möglichkeiten ist, die wir zur Nichtauswahl 1 Elements aus 4 Elementen haben. Nichtauswahl bedeutet, dass das Element in der Menge verbleibt.)

Die Anzahl der Sitzmöglichkeiten, bei denen die Ehepartner von genau drei Ehepaaren nebeneinander sitzen, beträgt also

$$96 \cdot 4 = 384 \, .$$

*3. Fall:* Wie groß ist die Anzahl derjenigen Fälle, bei denen die Ehepartner zweier Ehepaare nebeneinander sitzen, die anderen beiden Ehepartner jedoch getrennt sitzen? Wir nehmen an, dass die Ehepartner $Aa$ und $Bb$ nebeneinander sitzen. Dann lassen sich aus den Elementen $Aa$, $Bb$, $C$, $c$, $D$ und $d$ (bei Festhalten von $Aa$) 5! verschiedene Reihenfolgen bilden.

In jedem einzelnen Fall ergeben sich beim Vertauschen der nebeneinander sitzenden Ehepartner $2^2 = 4$ Möglichkeiten. Also erhalten wir insgesamt

$$5! \cdot 4 = 120 \cdot 4 = 480$$

Möglichkeiten, aber in diesen sind die im 1. Fall ausgerechneten Unterfälle ebenso enthalten wie diejenigen im 2. Fall angegebenen Unterfälle, deren Anzahl (1) ergibt; die letztgenannte Anzahl ist sogar zweimal darin enthalten (das eine Mal, wenn als drittes Paar die Ehepartner $Cc$ nebeneinander sitzen, das andere Mal, wenn als drittes Paar die Ehepartner $Dd$ nebeneinander sitzen). Deswegen müssen wir diese Anzahlen noch subtrahieren:

$$480 - 96 - 2 \cdot 96 = 480 - 288 = 192\,.$$

Zur Auswahl zweier Ehepaare aus vier Ehepaaren gibt es

$$\binom{4}{2} = 6$$

Möglichkeiten. Die Anzahl der Sitzmöglichkeiten, bei denen genau zwei Ehepartner nebeneinander sitzen, beträgt also

$$192 \cdot 6 = 1152\,.$$

*4. Fall:* Zum Schluss sehen wir uns die Möglichkeiten an, bei denen nur ein Mann und seine Frau nebeneinander sitzen und die anderen Ehepaare getrennt sitzen. Wir nehmen an, dass das Ehepaar $Aa$ nebeneinander sitzt. Dann lassen sich aus den Elementen $Aa$, $B$, $b$, $C$, $c$, $D$ und $d$ (unter Festhalten von $Aa$) 6! verschiedene Reihenfolgen bilden. In jedem einzelnen Fall ergeben sich bei Vertauschen der nebeneinander sitzenden Ehepartner $A$ und $a$ zwei Möglichkeiten. Somit erhalten wir insgesamt

$$6! \cdot 2 = 720 \cdot 2 = 1440$$

Möglichkeiten, aber in diesen sind die im 1. Fall ausgerechneten Unterfälle einmal enthalten, während im 2. Fall diejenigen Unterfälle, deren Anzahl (1) ergibt, dreimal gezählt werden (denn zu den nebeneinander sitzenden Ehepartnern können wir zwei der anderen drei Ehepaare auf dreierlei Weise auswählen); ferner sind im 3. Fall in den obigen Möglichkeiten auch diejenigen Unterfälle enthalten, deren Anzahl (2) ergibt, und auch diese sind dreimal gezählt worden (denn zu den nebeneinander sitzenden Ehepartnern können wir eines der anderen drei

Ehepaare auf zweierlei Weise auswählen). Deswegen müssen wir die Anzahl dieser Möglichkeiten noch subtrahieren:

$$1440 - 96 - 3 \cdot 96 - 3 \cdot 192 = 1440 - 96 - 288 - 576 = 480\,.$$

Es gibt vier Möglichkeiten, ein Ehepaar aus vier Ehepaaren auszuwählen; die Anzahl der Sitzmöglichkeiten, bei denen die Ehepartner genau eines Ehepaares nebeneinander sitzen, beträgt also

$$480 \cdot 4 = 1920\,.$$

Wir erhalten die Anzahl der gesuchten Sitzmöglichkeiten, wenn wir von der Anzahl sämtlicher Sitzmöglichkeiten die Summe der Möglichkeiten subtrahieren, die wir in den Fällen 1, 2, 3 und 4 herausbekommen haben.

Jetzt ist noch zu klären, wieviele Sitzmöglichkeiten es insgesamt gibt, das heißt, auf wievielerlei Weise sich acht Personen an einen runden Tisch setzen können. Auf einer Bank gibt es für acht Personen insgesamt 8! verschiedene Reihenfolgen. Setzen wir die Personen jedoch an einen runden Tisch, dann haben wir eine andere Situation. Setzen wir dann nämlich bei einer gegebenen Sitzweise jede Person an die Stelle ihres rechten Nachbarn, dann kann man diese Sitzweise nicht von der ursprünglichen Sitzweise unterscheiden, da ein runder Tisch keinen ausgezeichneten Punkt hat. Diese Verschiebung um einen Platz können wir achtmal wiederholen, bis wir in die Ausgangsposition zurückkommen. Demgemäß können wir die 8! Fälle derart in Achtergruppen zerlegen, dass wir deren Elemente nicht voneinander unterscheiden können. An unserem runden Tisch gibt es also

$$\frac{8!}{8} = 7!$$

verschiedene Sitzmöglichkeiten. (Bei den vorhergehenden Lösungsschritten haben wir die Rundheit des Tisches dadurch berücksichtigt, dass wir eine Stelle festgehalten haben.)

Für die Anzahl sämtlicher gesuchter Lösungen ergibt sich schließlich

$$7! - (96 + 384 + 1152 + 1920) = 5040 - 3552 = 1488\,.$$

Hieran sieht man auch, dass derjenige vollkommen Recht hatte, der meinte, dass es über mehrere Wochen unterschiedliche Sitzmöglichkeiten gibt. Es gibt ja sogar über mehrere Jahre immer neue Möglichkeiten, da die Ehepaare im Allgemeinen fünfmal in der Woche in der Gaststätte zu Mittag essen: Ein Jahr hat 52 Wochen und $5 \cdot 52 = 260$, das heißt, sogar das Fünffache dieser Zahl ist kleiner als 1488.

* * *

Unsere Bemerkung, dass ein runder Tisch keinen ausgezeichneten Punkt hat, ist natürlich eine abstrakte mathematische Aussage. In der Realität kann es selbstverständlich vorkommen, dass man an irgendeiner Stelle besser sitzt, weil zum Beispiel der Ofen näher ist oder weil man von dieser Stelle einen guten Überblick über das Geschehen hat.

# 44. Woche

## Springbrunnen

Auf den ersten Blick hat es den Anschein, dass die Lösung davon abhängt, ob das Jahr 365 oder 366 Tage hat. Überlegen wir uns die Sache gründlicher, dann erkennen wir jedoch, dass es hier – ähnlich wie bei der Lösungsmethode des Rätsels *Der wankelmütige Sultan* (42. Woche, S. 238) – darauf ankommt, ob am 31. Dezember aus einer Düse Wasser kommt oder nicht, also ob die positive ganze Zahl, die der laufenden Nummer der betreffenden Düse entspricht, eine ungerade Anzahl von positiven ganzen Teilern hat oder nicht.

Wir sehen uns beispielsweise an, was mit der 365. Düse geschieht. Unabhängig davon, ob es sich um ein Schaltjahr handelt oder nicht (sondern weil 365 die vier positiven Teiler 1, 5, 73 und 365 hat), öffnet der Automat zu Jahresbeginn (am 1. Januar um Mitternacht) die Düse, zu Beginn des fünften Tages (am 5. Januar) schließt er sie, zu Beginn des 73. Tages öffnet er sie wieder, zu Beginn des 365. Tages schließt er sie, und am 31. Dezember bleibt der Hahn auf jeden Fall geschlossen (egal, ob dieser Tag der 365. oder der 366. Tag des Jahres ist).

Ein Hahn ist also dann geöffnet, wenn die Zahl, die seiner laufenden Nummer entspricht, eine ungerade Anzahl von positiven Teilern hat. Das kann aber nur dann sein, wenn die Zahl das Quadrat einer ganzen Zahl ist (vgl. Rätsel *Der wankelmütige Sultan*, 42. Woche, Lösung auf S. 238).

Am 31. Dezember spritzt also das Wasser aus 19 Düsen, nämlich aus der 1., 4., 9., 16., 25., 36., 49., 64., 81., 100., 121., 144., 169., 196., 225., 256., 289., 324. und aus der 361. Düse.

## Tommy ist überrascht

Setzen wir im Multiplikanden an die Stelle der Punkte der Reihe nach die Buchstaben $a, b, c, d, e$ und in den Multiplikator der Reihe nach die Buchstaben $f, g, h, i, j$ ein, dann können wir das gesuchte Produkt in der Form

$$abTcdeT \cdot fghiTj$$

schreiben, wobei unterschiedliche Buchstaben auch gleiche Ziffern bedeuten können.

Aus der Verschiedenheit der sechs Teilprodukte folgt, dass $f$, $g$, $h$, $i$, $T$ und $j$ voneinander verschieden sind und keine dieser Zahlen gleich 0 sein kann (nur $T$ könnte 0 sein, aber dann würde das eine Teilprodukt nur aus $T$ bestehen).

Es gilt $T \neq 1, T \neq 5$ und $T \neq 6$, weil die Einerstelle des fünften Teilproduktes (bei dem wir mit $T$ multiplizieren) zeigt, dass $T \cdot T$ nicht mit $T$ enden kann.

Das dritte Teilprodukt (bei dem wir mit $h$ multiplizieren) unterscheidet sich vom Multiplikanden, also ist $h \neq 1$. Dagegen endet das dritte Teilprodukt mit $T$, und das ist nur möglich, wenn $h = 6$ und $T = 2$, oder $T = 4$, oder $T = 8$ (wir haben hier die in den *Hinweisen* (vgl. S. 113) bewiesene Aussage sowie $h \neq 1$, $T \neq 5$ und $T \neq 6$ verwendet).

Es gilt $T \neq 2$, weil wir in der vierten Spalte von links erkennen, dass die Summe

$$T + T + T + y$$

mit $T$ endet, wobei $y$ (als Übertrag, der zur fünften Spalte gehört) auf keinen Fall größer als 5 sein kann.

Ferner gilt $T \neq 8$, weil im Falle von $T = 8$ das 8-stellige dritte Teilprodukt, das sich aus der Multiplikation des 7-stelligen Multiplikanden mit 6 ergibt, offensichtlich nicht mit 88 beginnen kann. Demnach ist $T = 4$ die einzige Möglichkeit.

Das vierte Teilprodukt (bei dem wir mit $i$ multiplizieren) endet deswegen mit 4, das heißt, das Produkt $i \cdot 4$ endet mit 4. Und weil wir uns überlegt hatten, dass die Ziffern der Multiplikators verschieden sind und $h = 6$ gilt, ist nur $i = 1$ möglich.

Das dritte Teilprodukt (bei dem wir mit 6 multiplizieren) beginnt mit 44, und somit kann $a$ nur 7 sein. Ferner bleibt bei der Multiplikation mit $b$ der Übertrag 2, was nur im Fall $b = 3$ oder $b = 4$ möglich ist; aber 4 fällt weg, da die betreffende Zahl von $T$ verschieden sein muss. Es bleibt also $b = 3$.

Im Produkt ist die erste Ziffer von links eine 4; wenn wir berücksichtigen, welche Überträge aus der vorhergehenden Spalte dazukommen können, und beachten, dass die erste Ziffer des ersten Teilproduktes keine 4 sein kann, dann kann die erste Ziffer des ersten Teilproduktes nur eine 3 sein. Hieran erkennt man, dass $f$ nur 5 sein kann.

Dann aber endet das erste Teilprodukt mit 0, und seine vierte Ziffer kann nur dann 4 sein, wenn der Übertrag von $5c$ gleich 4 ist. Also gilt $c = 8$ oder $c = 9$. Aber $c = 8$ ist nicht möglich, denn im dritten Teilprodukt endet die Summe von $6c$ und dem Übertrag, der sich aus dem vorhergehenden Produkt ergibt, mit 4. Das ist nur möglich, wenn der Übertrag von $6d$ gleich 6 wäre, und das wiederum ist nur möglich, wenn $e$ gleich 9 wäre, und der Übertrag von 6-mal 4 gleich 6 wäre. Das ist jedoch unmöglich und deswegen gilt $c = 9$.

Aus dem zweiten Teilprodukt geht hervor, dass die Summe von $9g$ und dem Übertrag des vorhergehenden Produktes, die Summe von $4g$ und dem vorhergehenden Übertrag sowie die Summe von $3g$ und dem vorhergehenden Übertrag gleichermaßen mit 4 endet. Betrachten wir der Reihe nach sämtliche Möglichkeiten, dann stellt sich heraus, dass nur $g = 7$ alle Voraussetzungen erfüllen kann.

Im zweiten Teilprodukt endet $7e + 2$ mit 4, und somit ist $e = 6$.

Multiplizieren wir ebenfalls im zweiten Teilprodukt die 9 mit der 7, dann ist 4 die letzte Ziffer; und weil 7-mal 9 gleich 63 ist, ergibt sich 1 für den Übertrag von $7d + 4$, und hieraus folgt $d = 1$.

Für $j$ können jetzt nur noch 2, 3, 8 und 9 infrage kommen. Berücksichtigen wir, dass 734 die ersten drei Ziffern des Multiplikanden sind, dann kann sich nur im Fall $j = 2$ das sechste Teilprodukt ergeben.

Das gesuchte Produkt ist demnach

$$
\begin{array}{cccccccccccccc}
7 & 3 & 4 & 9 & 1 & 6 & 4 & \cdot & 5 & 7 & 6 & 1 & 4 & 2 \\
\hline
3 & 6 & 7 & 4 & 5 & 8 & 2 & 0 & & & & & & \\
 & 5 & 1 & 4 & 4 & 4 & 1 & 4 & 8 & & & & & \\
 & & 4 & 4 & 0 & 9 & 4 & 9 & 8 & 4 & & & & \\
 & & & & 7 & 3 & 4 & 9 & 1 & 6 & 4 & & & \\
 & & & & 2 & 9 & 3 & 9 & 6 & 6 & 5 & 6 & & \\
 & & & & & 1 & 4 & 6 & 9 & 8 & 3 & 2 & 8 & \\
\hline
4 & 2 & 3 & 4 & 1 & 6 & 2 & 0 & 4 & 5 & 2 & 8 & 8 &
\end{array}
$$

# 45. Woche

## Die gedachte Zahl

Die gedachte Zahl sei $x$. Vertauschen wir in ihrem Quadrat die an der Zehnerstelle stehende Ziffer mit der an der Einerstelle stehenden Ziffer, dann erhalten wir das Quadrat von $x + 1$.

Ist die letzte Ziffer einer Zahl gleich

$$0, 1, 2, 3, 4, 5, 6, 7, 8, 9\,,$$

dann ist die letzte Ziffer ihres Quadrates gleich

$$0, 1, 4, 9, 6, 5, 6, 9, 4, 1\,.$$

Da die letzte Ziffer von $(x+1)^2$ mit der Zehnerstelle von $x^2$ übereinstimmt und umgekehrt, kommen für die letzten beiden Ziffern von $x^2$ nur die folgenden infrage:

$$10, 41, 94, 69, 56, 65, 96, 49, 14, 01\,.$$

Die Zahlen mit den letzten Ziffern 10, 94 und 14 sind gerade, aber nicht durch 4 teilbar; jedoch muss eine gerade Quadratzahl auch durch 4 teilbar sein (vgl. *Hinweise*, S. 113). Also kommen diese Endziffern nicht infrage.

Ebenso kommen die beiden Endziffern 65 nicht infrage, denn eine mit 65 endende Zahl ist zwar durch 5, aber nicht durch 25 teilbar, und kann somit keine Quadratzahl sein (das können wir auf ähnliche Weise einsehen wie die Tatsache, dass das Quadrat einer geraden Zahl auch durch 4 teilbar ist). Und natürlich fallen zusammen mit den obigen vier Endzifferpaaren auch diejenigen weg, die wir durch Vertauschen der jeweiligen Endziffern erhalten, also 01, 49, 41 und 56. Denn wenn $x^2$ mit einer dieser Ziffernfolgen enden würde, dann hätte $(x+1)^2$ die Endzifferpaare 10, 94, 14 oder 65, was aber – wie wir uns bereits überlegt hatten – nicht möglich ist. Dementsprechend können die Endziffern der beiden gesuchten Zahlen nur 69 und 96 sein.

Da die vorhergehenden Ziffern der beiden Quadratzahlen übereinstimmen, kann ihre Differenz nur

$$96 - 69 = 27$$

oder

$$69 - 96 = -27$$

sein. Verwenden wir also

$$(x+1)^2 - x^2 = 2x+1\,,$$

dann gibt es zwei Möglichkeiten:

$$2x+1 = 27$$
$$2x+1 = -27\,.$$

Hieraus ergibt sich $x = 13$ oder $x = -14$. Gemäß den Voraussetzungen konnte Alfred also nur an die 13 gedacht haben. Und tatsächlich unterscheiden sich $13^2 = 169$ und $14^2 = 196$ nur durch die Reihenfolge der letzten beiden Ziffern voneinander.

* * *

Es lohnt sich, über Folgendes nachzudenken. Wir hätten dieses Zahlenpaar auch leicht durch Probieren finden können. Unsere Überlegung hat jedoch gezeigt, dass es nur die beiden obigen Lösungen für zwei aufeinanderfolgende Zahlen gibt, deren Quadrate lediglich in der Reihenfolge ihrer letzten beiden Ziffern voneinander abweichen.

Die 13 hatten wir bereits ausprobiert; wir sehen uns jetzt noch die $-14$ an: $(-14)^2 = 196$ und $(-14+1)^2 = (-13)^2 = 169$. Also erfüllt tatsächlich auch $-14$ die Voraussetzungen.

Es ist interessant, dass im unendlichen Meer der ganzen Zahlen nur diese beiden Zahlen die genannte Eigenschaft haben.

## Die hungrige Marktfrau

Es bezeichne $x$, $y$ und $z$ die Anzahl der in den einzelnen Körben befindlichen Äpfel. Wir suchen die ganzzahligen Lösungen der Gleichung

$$x^2 + y^2 + z^2 = x^2y^2\,.$$

Die Gleichung lässt sich wie folgt umformen:

$$1 + z^2 = x^2y^2 - x^2 - y^2 + 1 = (x^2-1)(y^2-1)\,.$$

Wir zeigen, dass auf beiden Seiten der Gleichung nur eine ungerade Zahl stehen kann. Im Gegensatz hierzu nehmen wir an, dass auf der linken Seite eine gerade Zahl steht. Dann ist $z^2$ ungerade, und damit ist auch $z$ ungerade; jedoch hat das Quadrat einer ungeraden Zahl stets die Form $4k+1$, das heißt, die linke Seite hätte die Form $4k+2$ (vgl. *Hinweis* zum vorhergehenden Rätsel *Die gedachte Zahl*, S. 113). Die rechte Seite kann dagegen nur dann gerade sein, wenn mindestens einer der Faktoren gerade ist; aber in diesem Fall hätte der auf der rechten Seite stehende Faktor die Form $4k$ (denn $x^2$ ist ungerade und hat deswegen die Form $4k+1$), das heißt, die rechte Seite wäre durch 4 teilbar, die linke Seite dagegen nicht.

Gemäß diesen Ausführungen können also beide Seiten unserer umgeformten Gleichung nur ungerade sein und demnach können $x$, $y$ und $z$ nur gerade sein. Es sei $x = 2^a t$, $y = 2^b u$ und $z = 2^c v$ mit $a \geq 1$, $b \geq 1$ und $c \geq 1$, und ferner seien $t$, $u$ und $v$ ungerade. Unsere ursprüngliche Gleichung geht also über in

$$2^{2a}t^2 + 2^{2b}u^2 + 2^{2c}v^2 = 2^{2a+2b}t^2u^2 .$$

Es sei $a$ die kleinste der positiven ganzen Zahlen $a$, $b$ und $c$. Wir teilen unsere Gleichung durch die Zahl $2^{2a}$ und erhalten

$$t^2 + 2^{2(b-a)}u^2 + 2^{2(c-a)}v^2 = 2^{2b}t^2u^2 .$$

Da $t^2$ ungerade ist, kann die linke Seite nur dann gerade sein, wenn von den anderen beiden Summanden der eine gerade und der andere ungerade ist, das heißt, von den Differenzen $b-a$ und $c-a$ ist eine gleich 0, die andere dagegen nicht. In diesem Fall steht jedoch auf der linken Seite die Summe der Quadrate zweier ungerader Zahlen und einer geraden Zahl. Da die beiden ungeraden Zahlen die Form $4k+1$ haben und die gerade Zahl die Form $4k$ hat, ist die linke Seite von der Form $4k+2$, während die rechte Seite auch durch 4 teilbar ist.

Dieser Widerspruch löst sich nur dann auf, wenn $u$, $t$ und $v$ alle gleich 0 sind, und deswegen auch $x$, $y$ und $z$ gleich 0 sind (man kann sich überlegen, dass der Widerspruch nicht einmal dann aufgelöst wird, wenn zwar $a = b = c = 0$, aber eine der Zahlen $t$, $u$ und $v$ von 0 verschieden ist, weil dann die linke Seite die Form $4k+3$ hat, die rechte Seite dagegen die Form $4k+1$).

Die Marktfrau ist also deswegen hungrig geblieben, weil in keinem ihrer Körbe Äpfel waren.

# 46. Woche

## Noch eine lückenhafte Division

1. *Beobachtung*: Das Siebenfache des dreistelligen Divisors ist eine dreistellige Zahl mit folgender Eigenschaft: Subtrahiert man diese Zahl von einer dreistelligen Zahl, dann ist auch die Differenz dreistellig.

*2. Beobachtung*: Auch das Produkt der dritten Ziffer des Quotienten und des Divisors ist eine dreistellige Zahl, und diese ist größer als das Siebenfache des Divisors, denn subtrahiert man sie von einer vierstelligen Zahl, dann ergibt sich nur eine zweistellige Differenz.

*3. Beobachtung*: Die erste und die letzte Ziffer des Quotienten sind auch größer als die dritte Ziffer, denn bei Multiplikation mit dem Divisor ergibt sich eine vierstellige Zahl.

Aus diesen Beobachtungen folgt, dass die dritte Ziffer des Quotienten nur eine 8 sein kann, während für die erste und für die letzte Ziffer nur eine 9 infrage kommt.

*4. Beobachtung*: Beim letzten Teilprodukt mussten zwei Ziffern des Dividenden hingeschrieben werden und deswegen ist die vierte Ziffer des Quotienten gleich 0. Der Quotient ist demnach 97809.

*5. Beobachtung*: Bezeichnen wir mit $x$ den dreistelligen Divisor, dann ist $8x < 1000$. Also ist $x < 125$.

Aufgrund von Beobachtung 4 und 5 können wir Folgendes feststellen: Subtrahieren wir das Achtfache des Divisors von einer vierstelligen Zahl, dann ergibt sich eine zweistellige Zahl mit der Eigenschaft, dass die durch Hinzufügen einer dritten Ziffer entstehende dreistellige Zahl immer noch kleiner als der Divisor ist, der seinerseits kleiner als 125 ist. Deswegen haben wir

$$1000 - 8x \leq 12 \, ,$$

das heißt,

$$x \geq \frac{988}{8} = 123{,}5 \, .$$

Hieraus ergibt sich gemäß Beobachtung 5 die Zahl 124 als Divisor.

Der Dividend ist demnach

$$97809 \cdot 124 = 12128316 \, .$$

Wir führen diese Division schriftlich aus und sehen, dass sie tatsächlich die Voraussetzungen des Rätsels erfüllt. Die ursprüngliche Division hat also wie folgt ausgesehen:

```
1 2 1 2 8 3 1 6 : 1 2 4 = 9 7 8 0 9
1 1 1 6
-------
    9 6 8
    8 6 8
    -----
    1 0 0 3
      9 9 2
    -------
        1 1 1 6
        1 1 1 6
        -------
              0
```

## Die Wiederkehr des Sultans

Ein Gefangener kommt dann aus seiner Zelle frei, wenn die Anzahl der Drehungen des Zellenschlosses ungerade ist.

Ebenso wie im Falle des Rätsels *Der wankelmütige Sultan* (42. Woche, S. 84, Hinweis S. 112, Lösung S. 238) geht ein Wächter auch diesmal auf Befehl des Sultans so viele Male zu einer Zelle, wie durch die Anzahl der Teiler der Zellennummer angegeben wird. Aber der Wächter dreht jetzt nicht nur einmal am Schloss, sondern so oft wie der betreffende Teiler angibt.

Wir können uns nun Folgendes leicht überlegen: Um zu wissen, welche Zellen am Schluss geöffnet sind, müssen wir diejenigen positiven ganzen Zahlen finden, die nicht größer als 100 sind und bei denen die Summe ihrer Teiler ungerade ist.

Die Summe der Teiler kann nur dann ungerade sein, wenn die Anzahl der ungeraden Teiler ungerade ist. Jede Zahl lässt sich in der Form $2^n \cdot k$ aufschreiben, wobei $n$ eine nichtnegative Zahl und $k$ eine ungerade ganze Zahl ist (im Falle von ungeraden Zahlen ist $n = 0$), und die ungeraden Teiler einer Zahl sind genau die Teiler von $k$. Die Anzahl dieser Teiler ist genau dann ungerade, wenn $k$ eine Quadratzahl ist (dabei verwenden wir wieder die Überlegungen, die wir in der Lösung des Rätsels *Der wankelmütige Sultan* (S. 238) beschrieben hatten).

Demnach haben die gesuchten Zahlen die Form

$$a^2 \cdot 2^n,$$

wobei $a$ eine positive ungerade ganze Zahl und $n$ eine nichtnegative ganze Zahl ist. Also kommen die Bewohner der

1., 2., 4., 8., 9., 16., 18., 25., 32., 36., 49., 50., 64., 72., 81., 98. und 100.

Zelle auf freien Fuß.

* * *

Bemerkung: Die gesuchten Zahlen können auch folgendermaßen beschrieben werden. Es sind ganze Zahlen der Form

$$2^n \quad (n \geq 0)$$

und der Form

$$2^n \cdot (2k+1)^2 \quad (n \geq 0, \quad k \geq 1)\,.$$

# 47. Woche

## Ein interessantes Spiel

Es gewinnt immer derjenige, der das Spiel beginnt, wenn er die folgende Strategie anwendet. Er legt die erste 2-Euro-Münze in die Mitte des rechteckigen Tisches. Wenn der Gegner nun eine Münze auf den Tisch gelegt hat, dann legt der Beginnende die nächste Münze symmetrisch in Bezug auf den Mittelpunkt auf den Tisch. Wird das Spiel in dieser Weise fortgesetzt, dann legt offensichtlich der Beginnende die letzte Münze auf den Tisch, denn der Platz, der mittelpunktsymmetrisch zu dem vom Gegner besetzten Platz liegt, ist noch leer.

* * *

Es ist zu bemerken, dass es sich um ein theoretisches Spiel handelt, das sich in der Praxis kaum realisieren lässt. Wir können nämlich eine Münze weder genau in der Mitte des Tisches noch mittelpunktsymmetrisch positionieren.

## Am Balaton V

In den Aufgaben *Am Balaton* (23. Woche (S. 53), 24. Woche (S. 55), 27. Woche (S. 59) und 29. Woche (S. 64)) hatten wir das NIM-Spiel vorgestellt.

Wir wissen bereits, dass derjenige Teil der Spielregeln, der sich auf höchstens *einen* Haufen mit mehr als einem Element bezieht, korrekt ist. Somit reicht es also, einzusehen, dass derjenige, der die geschilderte Strategie anwendet, immer diese Gewinnsituation erreicht. Wir bezeichnen den Gewinner (der unter Anwendung der richtigen Strategie gewinnt) mit $G$ und den Verlierer mit $V$.

Wir sehen uns also den Fall an, bei dem *sich nicht nur in einem Haufen mehr als ein Streichholz befindet.* Dann muss $G$ Folgendes erreichen: Kommt $V$ nach dem Zug von $G$ an die Reihe, dann muss – wenn man die Anzahl der in den einzelnen Haufen liegenden Streichhölzer im Binärsystem aufschreibt und die an den übereinstimmenden Stellen stehenden Einsen addiert – überall eine gerade Zahl herauskommen. (Das können wir auch folgendermaßen formulieren: Bei den im Binärsystem aufgeschriebenen Zahlen muss jede der verschiedenen Zweierpotenzen insgesamt geradzahlig oft auftreten.)

Für $G$ wäre es auch nicht vorteilhaft, wenn nach seinem Zug $V$ an die Reihe kommt und sich dann nur in *einem* Haufen mehr als ein

Streichholz befinden würde. Offensichtlich kann das aber nicht eintreten, wenn $G$ gemäß der obigen Regel zieht: Befände sich nämlich nur in *einem* Haufen mehr als ein Streichholz, dann würden gewisse Zweierpotenzen nur in *einem* Haufen auftreten und dann können diese nicht geradzahlig sein.

Um zu erkennen, dass die Strategie richtig ist, müssen wir also nur einsehen, dass der Spieler $G$ – falls es (wenn er an der Reihe ist) eine Zweierpotenz gibt, die insgesamt nicht geradzahlig oft auftritt – immer erreichen kann, dass (wenn nach seinem Zug $V$ an der Reihe ist) jede Zweierpotenz geradzahlig oft auftritt. Nehmen wir zum Beispiel an, dass die Zweierpotenzen $2^m$, $2^n$, ..., $2^t$ ungeradzahlig oft auftreten ($m > n > \cdots > t$). Dann muss es einen Haufen geben, in dem sich mindestens $2^m$ Streichhölzer befinden, denn im gegenteiligen Fall könnte es von der Zweierpotenz $2^m$ insgesamt keine ungerade Anzahl (das heißt mindestens 1) geben. Von diesem Haufen entfernt er $2^m$ Streichhölzer und schaut dann nach, ob im Falle desselben Haufens an der Stelle $2^n$ eine 1 oder eine 0 steht. Steht dort eine 1, dann entfernt er $2^n$ Streichhölzer; steht dort aber eine 0, dann gibt er $2^n$ Streichhölzer dazu und so weiter.

Man kann sich überlegen, dass dieses Verfahren immer durchführbar ist, das heißt, dass insgesamt die Anzahl der zu entfernenden Streichhölzer positiv ist; ferner ist offensichtlich, dass sich die Anzahl der entsprechenden Zweierpotenzen um 1 ändert (um 1 abnimmt oder um 1 zunimmt) und somit immer geradzahlig bleibt.

Mit dieser Überlegung haben wir gleichzeitig auch ein Verfahren dafür angegeben, wie man bestimmt, aus welchem Haufen man wieviele Streichhölzer entfernen muss, um richtig zu ziehen.

Zur Illustration des Verfahrens sehen wir uns noch das folgende Beispiel an.

Der Spieler $G$ ist an der Reihe: Die Streichhölzer liegen in drei Haufen – in einem Haufen befinden sich 13, im anderen 10 und im dritten 29 Streichhölzer. $G$ schreibt die Anzahl der Streichhölzer im Binärsystem auf und addiert die Anzahl der entsprechenden Zweierpotenzen:

| | 16-er | 8-er | 4-er | 2-er | 1-er |
|---|---|---|---|---|---|
| 13 | | 1 | 1 | 0 | 1 |
| 10 | | 1 | 0 | 1 | 0 |
| 29 | 1 | 1 | 1 | 0 | 1 |
| insgesamt: | 1 | 3 | 2 | 1 | 2 |

Die 16-er, die 8-er und die 2-er treten ungeradzahlig oft auf. Bei der 29 tritt auch ein 16-er auf, und deswegen entfernen wir aus diesem Haufen insgesamt $(16 + 8 - 2)$, also 22 Streichhölzer (die 2 hat deswegen ein Minuszeichen, weil bei der 29 an der Stelle der 2-er eine 0 steht). Demnach verbleiben im dritten Haufen 7 Streichhölzer und damit tritt jetzt jede Zweierpotenz tatsächlich geradzahlig oft auf:

| | 16-er | 8-er | 4-er | 2-er | 1-er |
|---|---|---|---|---|---|
| 13 | | 1 | 1 | 0 | 1 |
| 10 | | 1 | 0 | 1 | 0 |
| 7 | | | 1 | 1 | 1 |
| insgesamt: | | 2 | 2 | 2 | 2 |

* * *

Das NIM-Spiel hat verschiedene Varianten. Es wird zum Beispiel auch so gespielt, dass derjenige gewinnt, der das letzte Streichholz entfernt hat. Im Internet findet man das Spiel in vielerlei Formen.

# 48. Woche

## Das Rechenwunder

Zuerst zerlegen wir die Zahlen in Primfaktoren und vertauschen die beiden Nenner:

$$\frac{2 \cdot 3 \cdot (3^3)^{12} + 2 \cdot (3^4)^9}{(3^2)^{19} - (3^6)^6} \cdot \frac{2^4 \cdot 5 \cdot (2^5)^3 \cdot (5^3)^4}{(2^3 \cdot 2^6 \cdot 5^6)^2} .$$

Durch Vereinfachung erhalten wir tatsächlich mühelos den Wert der kompliziert aufgeschriebenen Zahl:

$$\frac{2 \cdot 3^{37} + 2 \cdot 3^{36}}{3^{38} - 3^{36}} \cdot \frac{2^{19} \cdot 5^{13}}{2^{18} \cdot 5^{12}} = \frac{2 \cdot 3^{36}(3+1)}{3^{36}(3^2-1)} \cdot 2 \cdot 5 = 10 .$$

## Das rätselhafte Gekritzel

Die im Rätsel beschriebene Zeichnung lässt sich deswegen nicht ohne Hochheben des Bleistifts so zeichnen, dass wir jede Linie nur einmal durchlaufen, weil die Zeichnung nicht *zusammenhängend ist*, das heißt, man kann über die Kanten des Graphen nicht von einer beliebigen Ecke zu einer beliebigen anderen Ecke gelangen.

Für zusammenhängende Graphen gilt folgende Aussage.

*Einen zusammenhängenden Graphen kann man genau dann auf einem einzigen Weg durchlaufen, ohne dabei irgendeine der Kanten zweimal zu durchlaufen, wenn die Anzahl der Ecken mit ungerader Valenz gleich 0 oder gleich 2 ist.*

Einen solchen Weg nennt man in der Graphentheorie *Eulerschen Weg*.

Die Aussage lässt sich mit vollständiger Induktion beweisen.

Wir zeigen zuerst Folgendes: Hat ein zusammenhängender Graph mit $n$ Kanten keine Ecke mit ungerader Valenz, dann kann man den Graphen immer vorschriftsgemäß durchlaufen.

Der Fall $n = 1$ kann nicht auftreten. Der Fall $n = 2$ ist auf der nachstehenden Abbildung zu sehen und dieser Graph kann offensichtlich in der gewünschten Weise durchlaufen werden.

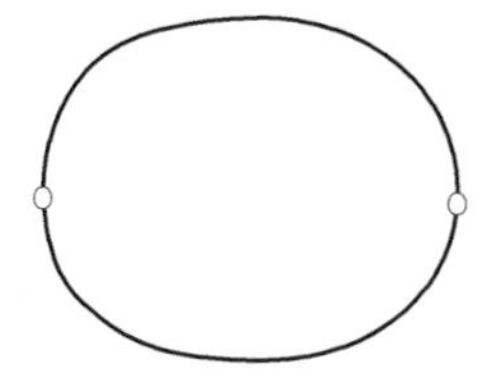

Wir nehmen an, dass die Aussage für jeden zusammenhängenden Graphen wahr ist, der $k$ Kanten ($k < n$) und keine Ecke mit ungerader Valenz hat (das heißt, wir nehmen an, dass man einen solchen Graphen in der entsprechenden Weise durchlaufen kann).

Wir beweisen jetzt, dass die Aussage auch für einen Graphen mit $n$ Kanten wahr ist, das heißt, dass sich die Richtigkeit der Aussage vererbt.

Wir betrachten eine beliebige Ecke $P$ des Graphen, der $n$ Kanten hat. Wir gehen von $P$ aus so lange von Kante zu Kante (ohne eine Kante zweimal zu durchlaufen), bis wir nach $P$ zurückkommen. Früher oder später müssen wir dorthin zurückkommen, denn im gegenteiligen Fall müsste der Weg bei irgendeiner anderen Ecke enden. Das kann aber nicht sein, denn wenn wir die Ecke $Q$ bislang $t$-mal durchlaufen haben, dann sind wir bis jetzt über insgesamt $2t$ Kanten gegangen, die durch $Q$ verlaufen, und nun sind wir über eine neue Kante nach $Q$ zurückgegangen. Das widerspricht der Voraussetzung, dass die Valenz von $Q$ gerade ist.

Demnach haben wir eine durch $P$ hindurch führende Rundreise gemacht. Nunmehr lassen wir jede Kante dieser Rundreise und jede solche Ecke weg, von der Kanten ausgehen, die wir bereits durchlaufen haben. Wenn wir damit sämtliche Ecken weggelassen haben, dann haben wir auch den Graphen in entsprechender Weise durchlaufen. Sind aber noch Ecken übrig, dann gilt auch für den so verbliebenen Graphen, dass die Valenz jeder seiner Ecken gerade ist. Ferner hat der verbliebene Graph auf jeden Fall weniger Kanten als der vorhergehende Graph. Wir können aber die Induktionsvoraussetzung noch nicht anwenden, weil nicht sicher ist, dass der verbleibende Graph zusammenhängend ist.

Richtig ist aber bereits, dass man jeden zusammenhängenden Teil gesondert für sich durchlaufen kann. Ferner kann man sich überlegen, dass jeder verbleibende zusammenhängende Teil (wegen des Zusammenhangs des ursprünglichen Graphen) den durch $P$ verlaufenden „Rundgang" berührt, den wir bereits weggelassen hatten.

Die beiden sich berührenden Rundgänge können wir entsprechend der nachstehenden Abbildung miteinander verbinden.

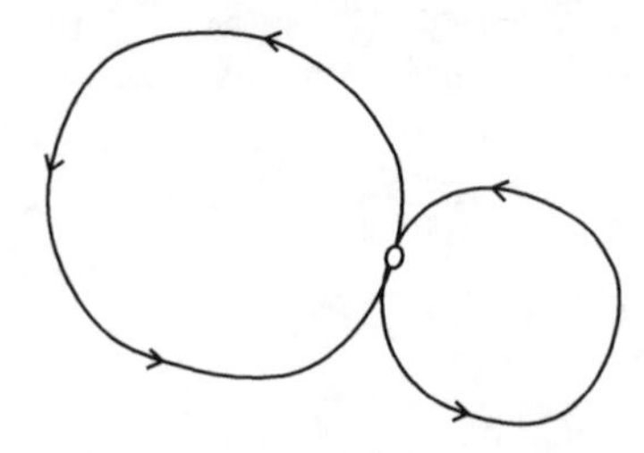

Damit haben wir die Behauptung bewiesen.

Ähnlich wie in den obigen Überlegungen können wir auch Folgendes sehen: Starten wir im Falle zweier Ecken mit ungerader Valenz bei einer solchen Ecke, dann können wir nur bei der anderen solchen Ecke steckenbleiben. Wir lassen jetzt die Kanten des so durchlaufenen Weges sowie diejenigen Ecken weg, deren sämtliche von dort ausgehenden Kanten wir durchlaufen hatten. Dann erhalten wir zusammenhängende Graphen mit kleinerer Kantenzahl, die keine Ecken mit ungerader Valenz mehr haben. Diese Graphen lassen sich alle in der vorgeschriebenen Weise durchlaufen und – wie oben beschrieben – mit dem bereits durchlaufenen und weggelassenen Weg verbinden.

Klar ist auch, dass man den Graphen in einem anderen Fall nicht vorschriftsgemäß durchlaufen kann (entsprechend der Überlegung „Wenn wir hineingehen, dann müssen wir auch herauskommen").

# 49. Woche

## Wettlauf

Das Produkt der Trikotnummer eines Läufers und seiner Platzierung kann höchstens

$$12 \cdot 12 = 144$$

sein. Wir schreiben alle diejenigen Zahlen bis 144 auf, die bei Division durch 13 den Rest 1 lassen:

$$1, 14, 27, 40, 53, 66, 79, 92, 105, 118, 131, 144 .$$

Von diesen Zahlen kommen 53, 79, 92, 105, 118 und 131 nicht infrage, weil sie sich nicht derart in ein Produkt zweier Zahlen zerlegen lassen, dass beide Faktoren nicht größer als 12 sind. Die verbleibenden Zahlen zerlegen wir nun auf alle möglichen Weisen derart in ein Produkt von zwei Faktoren, dass beide Faktoren höchstens 12 sind:

$$\begin{array}{llll} 1 = 1 \cdot 1 & 14 = 2 \cdot 7 & 27 = 3 \cdot 9 & 40 = 4 \cdot 10 \\ 40 = 5 \cdot 8 & 66 = 6 \cdot 11 & 144 = 12 \cdot 12 & \end{array}$$

Da außer den (mit sich selbst multiplizierten Zahlen) 1 und 12 alle anderen Zahlen in den obigen Produkten nur einmal auftreten, war die Reihenfolge der Zielankunft entsprechend der auf dem Trikot stehenden Zahlen die folgende:

| 1. | 2. | 3. | 4. | 5. | 6. | 7. | 8 | 9. | 10. | 11. | 12. | Platzierung |
|---|---|---|---|---|---|---|---|---|---|---|---|---|
| 1 | 7 | 9 | 10 | 8 | 11 | 2 | 5 | 3 | 4 | 6 | 12 | Trikotnummer |

## Kein Betrug

Wir müssen davon ausgehen, dass Herr Schmidt zwar die Hausnummer kennt, dass aber gemäß seiner Aussage die Altersangaben nicht eindeutig dadurch bestimmt werden, dass ihre Summe gleich der Hausnummer ist. Das bedeutet mit anderen Worten, dass 1296 mehrere Darstellungen als Produkt dreier Faktoren derart hat, dass die Summe der Faktoren gleichgroß ist.

Wir müssen also die Lösung des Rätsels damit beginnen, sämtliche Zerlegungen von 1296 in ein Produkt dreier Faktoren darzustellen, wobei wir jedesmal auch die Summe der betreffenden Faktoren bestimmen müssen. Wegen

$$1296 = 2^4 \cdot 3^4$$

haben in jeder Zerlegung in drei Faktoren die drei Faktoren die Form

$$2^{a_1} \cdot 3^{b_1} \qquad 2^{a_2} \cdot 3^{b_2} \qquad 2^{a_3} \cdot 3^{b_3} ,$$

wobei $a_1 + a_2 + a_3 = b_1 + b_2 + b_3 = 4$. Auf dieser Grundlage ist es leicht, sämtliche Zerlegungen von 1296 in ein Produkt von drei Faktoren systematisch darzustellen. In Klammern steht überall die Summe der drei Faktoren:

| | | |
|---|---|---|
| $1 \cdot 1 \cdot 1296$ (1298) | $1 \cdot 2 \cdot 648$ (651) | $1 \cdot 4 \cdot 324$ (329) |
| $1 \cdot 8 \cdot 162$ (171) | $1 \cdot 16 \cdot 81$ (98) | $1 \cdot 3 \cdot 432$ (436) |
| $1 \cdot 6 \cdot 216$ (223) | $1 \cdot 12 \cdot 108$ (121) | $1 \cdot 24 \cdot 54$ (79) |
| $1 \cdot 27 \cdot 48$ (76) | $1 \cdot 9 \cdot 144$ (154) | $1 \cdot 18 \cdot 72$ (91) |
| $1 \cdot 36 \cdot 36$ (73) | $2 \cdot 2 \cdot 324$ (328) | $2 \cdot 4 \cdot 162$ (168) |
| $2 \cdot 8 \cdot 81$ (91) | $2 \cdot 3 \cdot 216$ (221) | $2 \cdot 6 \cdot 108$ (116) |
| $2 \cdot 12 \cdot 54$ (68) | $2 \cdot 24 \cdot 27$ (53) | $2 \cdot 9 \cdot 72$ (83) |
| $2 \cdot 18 \cdot 36$ (56) | $4 \cdot 4 \cdot 81$ (89) | $4 \cdot 3 \cdot 108$ (115) |
| $4 \cdot 6 \cdot 54$ (64) | $4 \cdot 12 \cdot 27$ (43) | $4 \cdot 9 \cdot 36$ (49) |
| $4 \cdot 18 \cdot 18$ (40) | $8 \cdot 3 \cdot 54$ (65) | $8 \cdot 6 \cdot 27$ (41) |
| $8 \cdot 9 \cdot 18$ (35) | $16 \cdot 3 \cdot 27$ (46) | $16 \cdot 9 \cdot 9$ (34) |
| $3 \cdot 6 \cdot 72$ (81) | $3 \cdot 24 \cdot 18$ (45) | $3 \cdot 3 \cdot 144$ (150) |
| $3 \cdot 12 \cdot 36$ (51) | $3 \cdot 48 \cdot 9$ (60) | $6 \cdot 6 \cdot 36$ (48) |
| $6 \cdot 12 \cdot 18$ (36) | $6 \cdot 24 \cdot 9$ (39) | $12 \cdot 12 \cdot 9$ (33) |

Wir sehen, dass die Summe der Faktoren nur in zwei Fällen übereinstimmt. Somit ist 91 die Hausnummer und das Alter der betreffenden Einwohner ist

$$1,\ 18,\ 72$$

oder

$$2,\ 8,\ 81\,.$$

Der alte Herr unterscheidet die beiden Lösungen dadurch, dass er erklärt, dass alle drei jünger sind als er selbst. Somit kann nur dann zwischen den beiden Lösungen unterschieden werden, wenn der alte Herr ein Alter zwischen 72 und 81 Jahren hat.

Das Alter der drei Einwohner beträgt also 1, 18 und 72 Jahre.

# 50. Woche

## Die Balkenwaage

Vier Gewichte reichen aus: ein 1-kg-Gewicht, ein 3-kg-Gewicht, ein 9-kg-Gewicht und ein 27-kg-Gewicht. Um das festzustellen, kann man kann alle Möglichkeiten durchprobieren.

Man kann auch beweisen, dass weniger Gewichte nicht ausreichen. Es lässt sich ebenfalls beweisen, dass sich das Problem mit einer anderen Folge von Gewichten nicht lösen lässt. Die Schilderung dieses Beweises würde jedoch den Rahmen dieses Buches sprengen.

## Misslungene Anordnung

Wir bezeichnen die Vermögen mit $0 < x_1 \leq x_2 \leq \cdots \leq x_{n-1} \leq x_n$. Es gab einen einzigen reichsten Menschen im Land und somit ist $x_{n-1} < x_n$. Nach der Verdoppelung der Vermögen wurde das Vermögen keines einzigen Einwohners größer als $2x_{n-1}$, und deswegen muss

$$2x_{n-1} = x_n$$

gelten. Analog muss gelten:

$$2x_{i-1} = x_i \qquad (i = 2, \ldots, n) .$$

Das heißt, das Vermögen der einzelnen Menschen lässt sich folgendermaßen aufschreiben:

$$x_{i+1} = x_1 \cdot 2^i \qquad (i = 1, 2, \ldots, n-1) .$$

Die Verteilung der Vermögen kann also nur über dieses Schema erfolgen. Wir müssen aber noch zeigen, dass eine solche Verteilung möglich ist.

Nach den Verdoppelungen beträgt das verbliebene Vermögen des ursprünglich reichsten Menschen:

$$2^{n-1} \cdot x_1 - \left(x_1 + 2 \cdot x_1 + 2^2 \cdot x_1 + \cdots + 2^{n-3} \cdot x_1 + 2^{n-2} \cdot x_1\right) .$$

Mit Hilfe der Summenformel der geometrischen Reihe (vgl. *Anhang*, S. 265) erhalten wir für des Vermögen des ursprünglich reichsten Menschen:

$$2^{n-1} \cdot x_1 - \left(2^{n-1} \cdot x_1 - x_1\right) = x_1 .$$

Demgemäß lässt sich die Verteilung wirklich durchführen, und das Vermögen des ursprünglich reichsten Menschen wird nach der Verteilung so groß wie das Vermögen des ursprünglich ärmsten Menschen (gemäß Voraussetzung könnte es auch mehrere solche gegeben haben).

# 51. Woche

## Bücherfreunde

Wir suchen Primzahlen $p$ und $q$, welche die folgende Gleichung erfüllen:

$$p^a = q^b + 1 ,$$

wobei $a > 1$ und $b > 1$.

Es können nicht beide Primzahlen ungerade sein, weil sonst in der obigen Gleichung auf der einen Seite eine gerade Zahl stünde, auf der anderen Seite hingegen eine ungerade Zahl. Demnach ist eine der Primzahlen $p$ und $q$ die Zahl 2. Deswegen müssen wir eine ungerade Primzahl $r$ finden, deren $n$-te Potenz um 1 größer oder um 1 kleiner als $2^k$ ist.

Wir nehmen zuerst an, dass $n$ ungerade ist. Dann haben wir entsprechend den beiden Fällen

$$2^k = (r-1)\left(r^{n-1} + r^{n-2} + r^{n-3} + \cdots + r^2 + r + 1\right)$$

oder

$$2^k = (r+1)\left(r^{n-1} - r^{n-2} + r^{n-3} - \cdots + r^2 - r + 1\right) .$$

In beiden Fällen ist der auf der rechten Seite stehende zweite Faktor größer als 1, und da er ungeradzahlig viele ungerade Glieder enthält, ist er selbst ungerade, was aber unmöglich ist.

Ist $n$ gerade, dann lässt es sich in der Form $2m$ schreiben, und die beiden zu lösenden Gleichungen nehmen folgende Form an:

$$2^k = r^{2m} + 1 \tag{1}$$

oder

$$2^k = r^{2m} - 1 \tag{2}$$

Die Gleichung (1) ist nicht möglich. Auf der linken Seite steht nämlich eine durch 4 teilbare Zahl, da $k > 1$; auf der rechten Seite steht dagegen eine Zahl, die bei Division durch 4 den Rest 2 ergibt, denn es handelt sich um eine Zahl, die um 1 größer ist als das Quadrat einer ungeraden Zahl (letztere hat nach Division durch 4 immer den Rest 1).

Die Gleichung (2) lässt sich folgendermaßen schreiben:

$$2^k = (r^m)^2 - 1 .$$

Wir verwenden, dass $r$ ungerade ist, und wir schreiben $2x + 1$ anstelle von $r^m$:

$$2^k = (2x+1)^2 - 1 = 4x^2 + 4x .$$

Nun dividieren wir beide Seiten der Gleichung durch $2^2$:

$$2^{k-2} = x(x+1) .$$

Das ist nur möglich, wenn $x = 1$, und daraus folgt $r = 3$, $n = 2$ und $k = 3$.

Demnach ist Peter auf der achten Seite und Thomas auf der neunten Seite.

## Gebt Acht: Sie waren zu acht

Gemäß Bedingung 3 kann Michael nicht der Richter sein.

Außer Michael fängt der Name jedes Mannes mit J an, und deswegen beginnt wegen der vorhergehenden Feststellung auch der Name des Richters mit J und gemäß Bedingung 5 heißt seine Frau Judith.

Gemäß den Bedingungen 1 und 7 sind Jürgen und Joseph Geschwister. Wegen Bedingung 6 kann keiner von beiden Judiths Mann sein.

Judiths Mann heißt also Jakob und Jakob ist Richter von Beruf.

Margit kann nicht verheiratet sein, denn Jürgen und Joseph sind Geschwister, wie wir gesehen hatten, und somit könnte nur Michael der Ehemann Margits sein. Das ist aber nicht möglich, denn andernfalls wären Michael, Jürgen und Joseph verwandt; aber unter diesen Dreien muss es zwei Männer geben, die nicht miteinander verwandt sind, denn unter ihnen befinden sich der Arzt und der Junggeselle, die gemäß Bedingung 2 nicht miteinander verwandt sind.

Gemäß der vorhergehenden Feststellung ist also Magda verheiratet und wegen Bedingung 4 kann Magdas Mann nur der Arzt sein; ebenfalls wegen Bedingung 4 kann ihr Mann nur Michael heißen, denn mindestens einer der Männer namens Jürgen und Joseph ist Handwerker.

Gemäß Bedingung 8 ist Joseph kein Tischler. Also ist Joseph der Schlosser und Jürgen der Tischler. Aufgrund von Bedingung 8 wissen wir ferner, dass Josef eine Frau hat, und da Margit ledig ist, ist Maria Josephs Frau.

Zusammenfassung: Jakob ist Richter (Judith ist seine Frau), Michael ist Arzt (seine Frau ist Magda), Joseph ist Schlosser (Maria ist seine Frau), Jürgen ist Tischler und Junggeselle, Margit ist ledig.

# 52. Woche

## Wer einmal wiegt, gewinnt!

Der findige Ingenieur trug folgenden Plan vor:

– Ich nehme aus der ersten Kiste 1, aus der zweiten Kiste 2, ..., aus der 200. Kiste 200 Kugellager. Das Ganze lasse ich auf eine Waage stellen und wiege es. Wenn alle Kugellager zum neuen Typ gehören würden, dann wäre das Gesamtgewicht genau

$$1 + 2 + 3 + \cdots + 200 = \frac{200 \cdot 201}{2} = 20\,100\,.$$

Die Waage wird jedoch eine Abweichung von $n$-mal 100 Gramm anzeigen, und das bedeutet, dass sich in der $n$-ten Kiste die alten Kugellager befinden. Diese Abweichung ist positiv oder negativ, je nachdem, ob die alten Kugellager schwerer oder leichter sind als die neuen.

## Schlaue Erben

Es bezeichne (in Forint ausgedrückt) $x$ den gesamten Nachlass und $y$ den Betrag, den ein Erbe erhielt.

Gemäß den Voraussetzungen beträgt die Erbschaft des ersten Erben

$$y = a + \frac{x - a}{n}\,.$$

Die Erbschaft des zweiten Erben (falls es einen solchen gibt) beträgt

$$y = 2a + \frac{1}{n}\left(x - \left(a + \frac{x - a}{n}\right) - 2a\right)\,.$$

Hieraus folgt $x = (n-1)^2 \cdot a$ und $y = (n-1) \cdot a$, woraus sich für die Anzahl der Erben $\frac{x}{y} = n - 1$ ergibt.

Es muss noch überprüft werden, dass auf diese Weise tatsächlich jeder Erbe den gleichen Betrag erhält. Das lässt sich anhand eines konkreten Zahlenbeispiels durchführen.

Allgemein kann man die Richtigkeit der Aussage durch vollständige Induktion beweisen. Diesen Beweis überlassen wir jedoch dem Leser.

# ANHANG

## Vollständige Induktion

Die *vollständige Induktion* (oder *mathematische Induktion*) ist ein Beweisverfahren, mit dem man eine Aussage über die Elemente einer Folge so beweisen kann, dass man zuerst die Richtigkeit der Aussage für das erste Element der Folge beweist, und anschließend zeigt, dass sich aus der Annahme der Richtigkeit der Aussage *für ein Element* der Folge auch die Richtigkeit der Aussage *für das nachfolgende Element* ergibt, das heißt, dass *sich die Behauptung vererbt*.

Mit vollständiger Induktion kann man zum Beispiel folgende Aussage beweisen:

*Für die Summe der Quadrate der ersten $n$ positiven ganzen Zahlen gilt:*

$$1^2 + 2^2 + 3^2 + \cdots + n^2 = \frac{n(n+1)(2n+1)}{6} .$$

Der Beweis mit vollständiger Induktion besteht aus zwei Teilen:

*1. Schritt (Induktionsanfang)*: Wir stellen fest, dass die Formel für $n = 1$ richtig ist.

$$\frac{1 \cdot 2 \cdot 3}{6} = 1 .$$

*2. Schritt (Induktionsschritt)*: Es sei $k$ eine beliebige positive ganze Zahl. Wir nehmen an, dass die Aussage für $k$ richtig ist und beweisen, dass sich die Richtigkeit von $k$ auf $k+1$ vererbt. Die Induktionsvoraussetzung ist:

$$1^2 + 2^2 + \cdots + k^2 = \frac{k \cdot (k+1) \cdot (2k+1)}{6} . \tag{1}$$

Wir beweisen, dass die Formel (1) auch für $k+1$ richtig ist, das heißt:

$$1^2 + 2^2 + \cdots + k^2 + (k+1)^2 = \frac{(k+1) \cdot (k+2) \cdot (2k+3)}{6} .$$

Zu beiden Seiten von Formel (1) addieren wir $(k+1)^2$:

$$1^2 + 2^2 + \cdots + k^2 + (k+1)^2 = \frac{k \cdot (k+1) \cdot (2k+1)}{6} + (k+1)^2 .$$

Die rechte Seite lässt sich wie folgt umformen:

$$\frac{k \cdot (k+1)(2k+1) + 6(k+1)^2}{6} = \frac{(k+1) \cdot (k+2) \cdot (2k+3)}{6} .$$

Das heißt:

$$1^2 + 2^2 + \cdots + (k+1)^2 = \frac{k+1) \cdot (k+2) \cdot (2k+3)}{6} .$$

Das ist gerade das, was wir beweisen wollten.

### Einige wichtige Formeln

$$\begin{aligned}
(a+b)^2 &= a^2 + ab + ab + b^2 = a^2 + 2ab + b^2 \\
(a-b)^2 &= a^2 - 2ab + b^2 \\
(a+b)^3 &= a^3 + 3a^2b + 3ab^2 + b^3 \\
(a-b)^3 &= a^3 - 3a^2b + 3ab^2 - b^3 \\
(a+b)(a-b) &= a^2 - b^2
\end{aligned}$$

Für jedes *positive ganze* $n$ gilt

$$a^n - b^n = (a-b)(a^{n-1} + a^{n-2}b + a^{n-3}b^2 + \ \cdots \ + b^{n-1}) .$$

Insbesondere gilt für $n = 3$ und für $n = 4$

$$\begin{aligned}
a^3 - b^3 &= (a-b)(a^2 + ab + b^2) \\
a^4 - b^4 &= (a-b)(a^3 + a^2b + ab^2 + b^3) .
\end{aligned}$$

Für *gerade* $n$ gilt

$$a^n - b^n = (a+b)\big(a^{n-1} - a^{n-2}b + a^{n-3}b^2 - \ + \ \cdots \ - b^{n-1}\big) .$$

Für *ungerade* $n$ gilt

$$a^n + b^n = (a+b)\big(a^{n-1} - a^{n-2}b + a^{n-3}b^2 + \ \cdots \ + b^{n-1}\big) .$$

Insbesondere gilt für $n = 3$ und für $n = 4$

$$\begin{aligned}
a^3 + b^3 &= (a+b)\big(a^2 - ab + b^2\big) \\
a^4 - b^4 &= (a+b)\big(a^3 - a^2b + ab^2 - b^3\big) .
\end{aligned}$$

Eine *arithmetische Folge* ist eine Zahlenfolge, in der (ab dem zweiten Glied) die *Differenz* ($d$) eines Gliedes und des unmittelbar vorhergehenden Gliedes konstant ist.

Das $n$-te Glied der Folge ist $a_n = a_1 + (n-1)d$.

Die Summe der ersten $n$ Glieder einer arithmetischen Folge sei mit $S_n$ bezeichnet. Diese Summe lässt sich folgendermaßen berechnen:

$$S_n = n \cdot \frac{a_1 + a_n}{2} .$$

Eine *geometrische Folge* ist eine Zahlenfolge, in der (ab dem zweiten Glied) der Quotient aus einem beliebigen Glied (als Zähler) und dem unmittelbar vorhergehenden Glied (als Nenner) eine Konstante $q$ ist.

Das $n$-te Glied der Folge ist $a_n = a_1 \cdot q^{n-1}$.

Die Summe der ersten $n$ Glieder einer geometrischen Folge sei mit $G_n$ bezeichnet. Diese Summe lässt sich folgendermaßen berechnen:

$$G_n = a_1 \cdot \frac{q^n - 1}{q - 1} \quad (q \neq 1) .$$

Die quadratische Gleichung $ax^2 + bx + c = 0$ $(a \neq 0)$ hat für $b^2 - 4ac \geq 0$ folgende Lösungsformel:

$$x_1 = \frac{-b + \sqrt{b^2 - 4ac}}{2a}$$
$$x_2 = \frac{-b - \sqrt{b^2 - 4ac}}{2a} ,$$

wobei $x_1$ und $x_2$ reelle Zahlen sind.

## Primzahlen

| | | | | | | | | | | | | |
|---|---|---|---|---|---|---|---|---|---|---|---|---|
| 2 | 233 | 547 | 877 | 1229 | 1597 | 1993 | 2371 | 2749 | 3187 | 3581 | 4001 | 4421 |
| 3 | 239 | 557 | 881 | 1231 | 1601 | 1997 | 2377 | 2753 | 3191 | 3583 | 4003 | 4423 |
| 5 | 241 | 563 | 883 | 1237 | 1607 | 1999 | 2381 | 2767 | 3203 | 3593 | 4007 | 4441 |
| 7 | 251 | 569 | 887 | 1249 | 1609 | 2003 | 2383 | 2777 | 3209 | 3607 | 4013 | 4447 |
| 11 | 257 | 571 | 907 | 1259 | 1613 | 2011 | 2389 | 2789 | 3217 | 3613 | 4019 | 4451 |
| 13 | 263 | 577 | 911 | 1277 | 1619 | 2017 | 2393 | 2791 | 3221 | 3617 | 4021 | 4457 |
| 17 | 269 | 587 | 919 | 1279 | 1621 | 2027 | 2399 | 2797 | 3229 | 3623 | 4027 | 4463 |
| 19 | 271 | 593 | 929 | 1283 | 1627 | 2029 | 2411 | 2801 | 3251 | 3631 | 4049 | 4481 |
| 23 | 277 | 599 | 937 | 1289 | 1637 | 2039 | 2417 | 2803 | 3253 | 3637 | 4051 | 4483 |
| 29 | 281 | 601 | 941 | 1291 | 1657 | 2053 | 2423 | 2819 | 3257 | 3643 | 4057 | 4493 |
| 31 | 283 | 607 | 947 | 1297 | 1663 | 2063 | 2437 | 2833 | 3259 | 3659 | 4073 | 4507 |
| 37 | 293 | 613 | 953 | 1301 | 1667 | 2069 | 2441 | 2837 | 3271 | 3671 | 4079 | 4513 |
| 41 | 307 | 617 | 967 | 1303 | 1669 | 2081 | 2447 | 2843 | 3299 | 3673 | 4091 | 4517 |
| 43 | 311 | 619 | 971 | 1307 | 1693 | 2083 | 2459 | 2851 | 3301 | 3677 | 4093 | 4519 |
| 47 | 313 | 631 | 977 | 1319 | 1697 | 2087 | 2467 | 2857 | 3307 | 3691 | 4099 | 4523 |
| 53 | 317 | 641 | 983 | 1321 | 1699 | 2089 | 2473 | 2861 | 3313 | 3697 | 4111 | 4547 |
| 59 | 331 | 643 | 991 | 1327 | 1709 | 2099 | 2477 | 2879 | 3319 | 3701 | 4127 | 4549 |
| 61 | 337 | 647 | 997 | 1361 | 1721 | 2111 | 2503 | 2887 | 3323 | 3709 | 4129 | 4561 |
| 67 | 347 | 653 | 1009 | 1367 | 1723 | 2113 | 2521 | 2897 | 3329 | 3719 | 4133 | 4567 |
| 71 | 349 | 659 | 1013 | 1373 | 1733 | 2129 | 2531 | 2903 | 3331 | 3727 | 4139 | 4583 |
| 73 | 353 | 661 | 1019 | 1381 | 1741 | 2131 | 2539 | 2909 | 3343 | 3733 | 4153 | 4591 |
| 79 | 359 | 673 | 1021 | 1399 | 1747 | 2137 | 2543 | 2917 | 3347 | 3739 | 4157 | 4597 |
| 83 | 367 | 677 | 1031 | 1409 | 1753 | 2141 | 2549 | 2927 | 3359 | 3761 | 4159 | 4603 |
| 89 | 373 | 683 | 1033 | 1423 | 1759 | 2143 | 2551 | 2939 | 3361 | 3767 | 4177 | 4621 |
| 97 | 379 | 691 | 1039 | 1427 | 1777 | 2153 | 2557 | 2953 | 3371 | 3769 | 4201 | 4637 |
| 101 | 383 | 701 | 1049 | 1429 | 1783 | 2161 | 2579 | 2957 | 3373 | 3779 | 4211 | 4639 |
| 103 | 389 | 709 | 1051 | 1433 | 1787 | 2179 | 2591 | 2963 | 3389 | 3793 | 4217 | 4643 |
| 107 | 397 | 719 | 1061 | 1439 | 1789 | 2203 | 2593 | 2969 | 3391 | 3797 | 4219 | 4649 |
| 109 | 401 | 727 | 1063 | 1447 | 1801 | 2207 | 2609 | 2971 | 3407 | 3803 | 4229 | 4651 |
| 113 | 409 | 733 | 1069 | 1451 | 1811 | 2213 | 2617 | 2999 | 3413 | 3821 | 4231 | 4657 |
| 127 | 419 | 739 | 1087 | 1453 | 1823 | 2221 | 2621 | 3001 | 3433 | 3823 | 4241 | 4663 |
| 131 | 421 | 743 | 1091 | 1459 | 1831 | 2237 | 2633 | 3011 | 3449 | 3833 | 4243 | 4673 |
| 137 | 431 | 751 | 1093 | 1471 | 1847 | 2239 | 2647 | 3019 | 3457 | 3847 | 4253 | 4679 |
| 139 | 433 | 757 | 1097 | 1481 | 1861 | 2243 | 2657 | 3023 | 3461 | 3851 | 4259 | 4691 |
| 149 | 439 | 761 | 1103 | 1483 | 1867 | 2251 | 2659 | 3037 | 3463 | 3853 | 4261 | 4703 |
| 151 | 443 | 769 | 1109 | 1487 | 1871 | 2267 | 2663 | 3041 | 3467 | 3863 | 4271 | 4721 |
| 157 | 449 | 773 | 1117 | 1489 | 1873 | 2269 | 2671 | 3049 | 3469 | 3877 | 4273 | 4723 |
| 163 | 457 | 787 | 1123 | 1493 | 1877 | 2273 | 2677 | 3061 | 3491 | 3881 | 4283 | 4729 |
| 167 | 461 | 797 | 1129 | 1499 | 1879 | 2281 | 2683 | 3067 | 3499 | 3889 | 4289 | 4733 |
| 173 | 463 | 809 | 1151 | 1511 | 1889 | 2287 | 2687 | 3079 | 3511 | 3907 | 4297 | 4751 |
| 179 | 467 | 811 | 1153 | 1523 | 1901 | 2293 | 2689 | 3083 | 3517 | 3911 | 4327 | 4759 |
| 181 | 479 | 821 | 1163 | 1531 | 1907 | 2297 | 2693 | 3089 | 3527 | 3917 | 4337 | 4783 |
| 191 | 487 | 823 | 1171 | 1543 | 1913 | 2309 | 2699 | 3109 | 3529 | 3919 | 4339 | 4787 |
| 193 | 491 | 827 | 1181 | 1549 | 1931 | 2311 | 2707 | 3119 | 3533 | 3923 | 4349 | 4789 |
| 197 | 499 | 829 | 1187 | 1553 | 1933 | 2333 | 2711 | 3121 | 3539 | 3929 | 4357 | 4793 |
| 199 | 503 | 839 | 1193 | 1559 | 1949 | 2339 | 2713 | 3137 | 3541 | 3931 | 4363 | 4799 |
| 211 | 509 | 853 | 1201 | 1567 | 1951 | 2341 | 2719 | 3163 | 3547 | 3943 | 4373 | 4801 |
| 223 | 521 | 857 | 1213 | 1571 | 1973 | 2347 | 2729 | 3167 | 3557 | 3947 | 4391 | 4813 |
| 227 | 523 | 859 | 1217 | 1579 | 1979 | 2351 | 2731 | 3169 | 3559 | 3967 | 4397 | 4817 |
| 229 | 541 | 863 | 1223 | 1583 | 1987 | 2357 | 2741 | 3181 | 3571 | 3989 | 4409 | 4831 |

# Zerlegung zusammengesetzter Zahlen in Primfaktoren

| $4 = 2^2$ | $62 = 2 \cdot 31$ | $116 = 2^2 \cdot 29$ | $166 = 2 \cdot 83$ | $217 = 7 \cdot 31$ |
|---|---|---|---|---|
| $6 = 2 \cdot 3$ | $63 = 3^2 \cdot 7$ | $117 = 3^2 \cdot 13$ | $168 = 2^3 \cdot 3 \cdot 7$ | $218 = 2 \cdot 109$ |
| $8 = 2^3$ | $64 = 2^6$ | $118 = 2 \cdot 59$ | $169 = 13^2$ | $219 = 3 \cdot 73$ |
| $9 = 3^2$ | $65 = 5 \cdot 13$ | $119 = 7 \cdot 17$ | $170 = 2 \cdot 5 \cdot 17$ | $220 = 2^2 \cdot 5 \cdot 11$ |
| $10 = 2 \cdot 5$ | $66 = 2 \cdot 3 \cdot 11$ | $120 = 2^3 \cdot 3 \cdot 5$ | $171 = 3^2 \cdot 19$ | $221 = 13 \cdot 17$ |
| $12 = 2^2 \cdot 3$ | $68 = 2^2 \cdot 17$ | $121 = 11^2$ | $172 = 2^2 \cdot 43$ | $222 = 2 \cdot 3 \cdot 37$ |
| $14 = 2 \cdot 7$ | $69 = 3 \cdot 23$ | $122 = 2 \cdot 61$ | $174 = 2 \cdot 3 \cdot 29$ | $224 = 2^5 \cdot 7$ |
| $15 = 3 \cdot 5$ | $70 = 2 \cdot 5 \cdot 7$ | $123 = 3 \cdot 41$ | $175 = 5^2 \cdot 7$ | $225 = 3^2 \cdot 5^2$ |
| $16 = 2^4$ | $72 = 2^3 \cdot 3^2$ | $124 = 2^2 \cdot 31$ | $176 = 2^4 \cdot 11$ | $226 = 2 \cdot 113$ |
| $18 = 2 \cdot 3^2$ | $74 = 2 \cdot 37$ | $125 = 5^3$ | $177 = 3 \cdot 59$ | $228 = 2^2 \cdot 3 \cdot 19$ |
| $20 = 2^2 \cdot 5$ | $75 = 3 \cdot 5^2$ | $126 = 2 \cdot 3^2 \cdot 7$ | $178 = 2 \cdot 89$ | $230 = 2 \cdot 5 \cdot 23$ |
| $21 = 3 \cdot 7$ | $76 = 2^2 \cdot 19$ | $128 = 2^7$ | $180 = 2^2 \cdot 3^2 \cdot 5$ | $231 = 3 \cdot 7 \cdot 11$ |
| $22 = 2 \cdot 11$ | $77 = 7 \cdot 11$ | $129 = 3 \cdot 43$ | $182 = 2 \cdot 7 \cdot 13$ | $232 = 2^3 \cdot 29$ |
| $24 = 2^3 \cdot 3$ | $78 = 2 \cdot 3 \cdot 13$ | $130 = 2 \cdot 5 \cdot 13$ | $183 = 3 \cdot 61$ | $234 = 2 \cdot 3^2 \cdot 13$ |
| $25 = 5^2$ | $80 = 2^4 \cdot 5$ | $132 = 2^2 \cdot 3 \cdot 11$ | $184 = 2^3 \cdot 23$ | $235 = 5 \cdot 47$ |
| $26 = 2 \cdot 13$ | $81 = 3^4$ | $133 = 7 \cdot 19$ | $185 = 5 \cdot 37$ | $236 = 2^2 \cdot 59$ |
| $27 = 3^3$ | $82 = 2 \cdot 41$ | $134 = 2 \cdot 67$ | $186 = 2 \cdot 3 \cdot 31$ | $237 = 3 \cdot 79$ |
| $28 = 2^2 \cdot 7$ | $84 = 2^2 \cdot 3 \cdot 7$ | $135 = 3^3 \cdot 5$ | $187 = 11 \cdot 17$ | $238 = 2 \cdot 7 \cdot 17$ |
| $30 = 2 \cdot 3 \cdot 5$ | $85 = 5 \cdot 17$ | $136 = 2^3 \cdot 17$ | $188 = 2^2 \cdot 47$ | $240 = 2^4 \cdot 3 \cdot 5$ |
| $32 = 2^5$ | $86 = 2 \cdot 43$ | $138 = 2 \cdot 3 \cdot 23$ | $189 = 3^3 \cdot 7$ | $242 = 2 \cdot 11^2$ |
| $33 = 3 \cdot 11$ | $87 = 3 \cdot 29$ | $140 = 2^2 \cdot 5 \cdot 7$ | $190 = 2 \cdot 5 \cdot 19$ | $243 = 3^5$ |
| $34 = 2 \cdot 17$ | $88 = 2^3 \cdot 11$ | $141 = 3 \cdot 47$ | $192 = 2^6 \cdot 3$ | $244 = 2^2 \cdot 61$ |
| $35 = 5 \cdot 7$ | $90 = 2 \cdot 3^2 \cdot 5$ | $142 = 2 \cdot 71$ | $194 = 2 \cdot 97$ | $245 = 5 \cdot 7^2$ |
| $36 = 2^2 \cdot 3^2$ | $91 = 7 \cdot 13$ | $143 = 11 \cdot 13$ | $195 = 3 \cdot 5 \cdot 13$ | $246 = 2 \cdot 3 \cdot 41$ |
| $38 = 2 \cdot 19$ | $92 = 2^2 \cdot 23$ | $144 = 2^4 \cdot 3^2$ | $196 = 2^2 \cdot 7^2$ | $247 = 13 \cdot 19$ |
| $39 = 3 \cdot 13$ | $93 = 3 \cdot 31$ | $145 = 5 \cdot 29$ | $198 = 2 \cdot 3^2 \cdot 11$ | $248 = 2^3 \cdot 31$ |
| $40 = 2^3 \cdot 5$ | $94 = 2 \cdot 47$ | $146 = 2 \cdot 73$ | $200 = 2^3 \cdot 5^2$ | $249 = 3 \cdot 83$ |
| $42 = 2 \cdot 3 \cdot 7$ | $95 = 5 \cdot 19$ | $147 = 3 \cdot 7^2$ | $201 = 3 \cdot 67$ | $250 = 2 \cdot 5^3$ |
| $44 = 2^2 \cdot 11$ | $96 = 2^5 \cdot 3$ | $148 = 2^2 \cdot 37$ | $202 = 2 \cdot 101$ | $252 = 2^2 \cdot 3^2 \cdot 7$ |
| $45 = 3^2 \cdot 5$ | $98 = 2 \cdot 7^2$ | $150 = 2 \cdot 3 \cdot 5^2$ | $203 = 7 \cdot 29$ | $253 = 11 \cdot 23$ |
| $46 = 2 \cdot 23$ | $99 = 3^2 \cdot 11$ | $152 = 2^3 \cdot 19$ | $204 = 2^2 \cdot 3 \cdot 17$ | $254 = 2 \cdot 127$ |
| $48 = 2^4 \cdot 3$ | $100 = 2^2 \cdot 5^2$ | $153 = 3^2 \cdot 17$ | $205 = 5 \cdot 41$ | $255 = 3 \cdot 5 \cdot 17$ |
| $49 = 7^2$ | $102 = 2 \cdot 3 \cdot 17$ | $154 = 2 \cdot 7 \cdot 11$ | $206 = 2 \cdot 103$ | $256 = 2^8$ |
| $50 = 2 \cdot 5^2$ | $104 = 2^3 \cdot 13$ | $155 = 5 \cdot 31$ | $207 = 3^2 \cdot 23$ | $258 = 2 \cdot 3 \cdot 43$ |
| $51 = 3 \cdot 17$ | $105 = 3 \cdot 5 \cdot 7$ | $156 = 2^2 \cdot 3 \cdot 13$ | $208 = 2^4 \cdot 13$ | $259 = 7 \cdot 37$ |
| $52 = 2^2 \cdot 13$ | $106 = 2 \cdot 53$ | $158 = 2 \cdot 79$ | $209 = 11 \cdot 19$ | $260 = 2^2 \cdot 5 \cdot 13$ |
| $54 = 2 \cdot 3^3$ | $108 = 2^2 \cdot 3^3$ | $159 = 3 \cdot 53$ | $210 = 2 \cdot 3 \cdot 5 \cdot 7$ | $261 = 3^2 \cdot 29$ |
| $55 = 5 \cdot 11$ | $110 = 2 \cdot 5 \cdot 11$ | $160 = 2^5 \cdot 5$ | $212 = 2^2 \cdot 53$ | $262 = 2 \cdot 131$ |
| $56 = 2^3 \cdot 7$ | $111 = 3 \cdot 37$ | $161 = 7 \cdot 23$ | $213 = 3 \cdot 71$ | $264 = 2^3 \cdot 3 \cdot 11$ |
| $57 = 3 \cdot 19$ | $112 = 2^4 \cdot 7$ | $162 = 2 \cdot 3^4$ | $214 = 2 \cdot 107$ | $265 = 5 \cdot 53$ |
| $58 = 2 \cdot 29$ | $114 = 2 \cdot 3 \cdot 19$ | $164 = 2^2 \cdot 41$ | $215 = 5 \cdot 43$ | $266 = 2 \cdot 7 \cdot 19$ |
| $60 = 2^2 \cdot 3 \cdot 5$ | $115 = 5 \cdot 23$ | $165 = 3 \cdot 5 \cdot 11$ | $216 = 2^3 \cdot 3^3$ | $267 = 3 \cdot 89$ |

| | | | | |
|---|---|---|---|---|
| $268 = 2^2 \cdot 67$ | $320 = 2^6 \cdot 5$ | $369 = 3^2 \cdot 41$ | $418 = 2 \cdot 11 \cdot 19$ | $471 = 3 \cdot 157$ |
| $270 = 2 \cdot 3^3 \cdot 5$ | $321 = 3 \cdot 107$ | $370 = 2 \cdot 5 \cdot 37$ | $420 = 2^2 \cdot 3 \cdot 5 \cdot 7$ | $472 = 2^3 \cdot 59$ |
| $272 = 2^4 \cdot 17$ | $322 = 2 \cdot 7 \cdot 23$ | $371 = 7 \cdot 53$ | $422 = 2 \cdot 211$ | $473 = 11 \cdot 43$ |
| $273 = 3 \cdot 7 \cdot 13$ | $323 = 17 \cdot 19$ | $372 = 2^2 \cdot 3 \cdot 31$ | $423 = 3^2 \cdot 47$ | $474 = 2 \cdot 3 \cdot 79$ |
| $274 = 2 \cdot 137$ | $324 = 2^2 \cdot 3^4$ | $374 = 2 \cdot 11 \cdot 17$ | $424 = 2^3 \cdot 53$ | $475 = 5^2 \cdot 19$ |
| $275 = 5^2 \cdot 11$ | $325 = 5^2 \cdot 13$ | $375 = 3 \cdot 5^3$ | $425 = 5^2 \cdot 17$ | $476 = 2^2 \cdot 7 \cdot 17$ |
| $276 = 2^2 \cdot 3 \cdot 23$ | $326 = 2 \cdot 163$ | $376 = 2^3 \cdot 47$ | $426 = 2 \cdot 3 \cdot 71$ | $477 = 3^2 \cdot 53$ |
| $278 = 2 \cdot 139$ | $327 = 3 \cdot 109$ | $377 = 13 \cdot 29$ | $427 = 7 \cdot 61$ | $478 = 2 \cdot 239$ |
| $279 = 3^2 \cdot 31$ | $328 = 2^3 \cdot 41$ | $378 = 2 \cdot 3^3 \cdot 7$ | $428 = 2^2 \cdot 107$ | $480 = 2^5 \cdot 3 \cdot 5$ |
| $280 = 2^3 \cdot 5 \cdot 7$ | $329 = 7 \cdot 47$ | $380 = 2^2 \cdot 5 \cdot 19$ | $429 = 3 \cdot 11 \cdot 13$ | $481 = 13 \cdot 37$ |
| $282 = 2 \cdot 3 \cdot 47$ | $330 = 2 \cdot 3 \cdot 5 \cdot 11$ | $381 = 3 \cdot 127$ | $430 = 2 \cdot 5 \cdot 43$ | $482 = 2 \cdot 241$ |
| $284 = 2^2 \cdot 71$ | $332 = 2^2 \cdot 83$ | $382 = 2 \cdot 191$ | $432 = 2^4 \cdot 3^3$ | $483 = 3 \cdot 7 \cdot 23$ |
| $285 = 3 \cdot 5 \cdot 19$ | $333 = 3^2 \cdot 37$ | $384 = 2^7 \cdot 3$ | $434 = 2 \cdot 7 \cdot 31$ | $484 = 2^2 \cdot 11^2$ |
| $286 = 2 \cdot 11 \cdot 13$ | $334 = 2 \cdot 167$ | $385 = 5 \cdot 7 \cdot 11$ | $435 = 3 \cdot 5 \cdot 29$ | $485 = 5 \cdot 97$ |
| $287 = 7 \cdot 41$ | $335 = 5 \cdot 67$ | $386 = 2 \cdot 193$ | $436 = 2^2 \cdot 109$ | $486 = 2 \cdot 3^5$ |
| $288 = 2^5 \cdot 3^2$ | $336 = 2^4 \cdot 3 \cdot 7$ | $387 = 3^2 \cdot 43$ | $437 = 19 \cdot 23$ | $488 = 2^3 \cdot 61$ |
| $289 = 17^2$ | $338 = 2 \cdot 13^2$ | $388 = 2^2 \cdot 97$ | $438 = 2 \cdot 3 \cdot 73$ | $489 = 3 \cdot 163$ |
| $290 = 2 \cdot 5 \cdot 29$ | $339 = 3 \cdot 113$ | $390 = 2 \cdot 3 \cdot 5 \cdot 13$ | $440 = 2^3 \cdot 5 \cdot 11$ | $490 = 2 \cdot 5 \cdot 7^2$ |
| $291 = 3 \cdot 97$ | $340 = 2^2 \cdot 5 \cdot 17$ | $391 = 17 \cdot 23$ | $441 = 3^2 \cdot 7^2$ | $492 = 2^2 \cdot 3 \cdot 41$ |
| $292 = 2^2 \cdot 73$ | $341 = 11 \cdot 31$ | $392 = 2^3 \cdot 7^2$ | $442 = 2 \cdot 13 \cdot 17$ | $493 = 17 \cdot 29$ |
| $294 = 2 \cdot 3 \cdot 7^2$ | $342 = 2 \cdot 3^2 \cdot 19$ | $393 = 3 \cdot 131$ | $444 = 2^2 \cdot 3 \cdot 37$ | $494 = 2 \cdot 13 \cdot 19$ |
| $295 = 5 \cdot 59$ | $343 = 7^3$ | $394 = 2 \cdot 197$ | $445 = 5 \cdot 89$ | $495 = 3^2 \cdot 5 \cdot 11$ |
| $296 = 2^3 \cdot 37$ | $344 = 2^3 \cdot 43$ | $395 = 5 \cdot 79$ | $446 = 2 \cdot 223$ | $496 = 2^4 \cdot 31$ |
| $297 = 3^3 \cdot 11$ | $345 = 3 \cdot 5 \cdot 23$ | $396 = 2^2 \cdot 3^2 \cdot 11$ | $447 = 3 \cdot 149$ | $497 = 7 \cdot 71$ |
| $298 = 2 \cdot 149$ | $346 = 2 \cdot 173$ | $398 = 2 \cdot 199$ | $448 = 2^6 \cdot 7$ | $498 = 2 \cdot 3 \cdot 83$ |
| $299 = 13 \cdot 23$ | $348 = 2^2 \cdot 3 \cdot 29$ | $399 = 3 \cdot 7 \cdot 19$ | $450 = 2 \cdot 3^2 \cdot 5^2$ | $500 = 2^2 \cdot 5^3$ |
| $300 = 2^2 \cdot 3 \cdot 5^2$ | $350 = 2 \cdot 5^2 \cdot 7$ | $400 = 2^4 \cdot 5^2$ | $451 = 11 \cdot 41$ | $501 = 3 \cdot 167$ |
| $301 = 7 \cdot 43$ | $351 = 3^3 \cdot 13$ | $402 = 2 \cdot 3 \cdot 67$ | $452 = 2^2 \cdot 113$ | $502 = 2 \cdot 251$ |
| $302 = 2 \cdot 151$ | $352 = 2^5 \cdot 11$ | $403 = 13 \cdot 31$ | $453 = 3 \cdot 151$ | $504 = 2^3 \cdot 3^2 \cdot 7$ |
| $303 = 3 \cdot 101$ | $354 = 2 \cdot 3 \cdot 59$ | $404 = 2^2 \cdot 101$ | $454 = 2 \cdot 227$ | $505 = 5 \cdot 101$ |
| $304 = 2^4 \cdot 19$ | $355 = 5 \cdot 71$ | $405 = 3^4 \cdot 5$ | $455 = 5 \cdot 7 \cdot 13$ | $506 = 2 \cdot 11 \cdot 23$ |
| $305 = 5 \cdot 61$ | $356 = 2^2 \cdot 89$ | $406 = 2 \cdot 7 \cdot 29$ | $456 = 2^3 \cdot 3 \cdot 19$ | $507 = 3 \cdot 13^2$ |
| $306 = 2 \cdot 3^2 \cdot 17$ | $357 = 3 \cdot 7 \cdot 17$ | $407 = 11 \cdot 37$ | $458 = 2 \cdot 229$ | $508 = 2^2 \cdot 127$ |
| $308 = 2^2 \cdot 7 \cdot 11$ | $358 = 2 \cdot 179$ | $408 = 2^3 \cdot 3 \cdot 17$ | $459 = 3^3 \cdot 17$ | $510 = 2 \cdot 3 \cdot 5 \cdot 17$ |
| $309 = 3 \cdot 103$ | $360 = 2^3 \cdot 3^2 \cdot 5$ | $410 = 2 \cdot 5 \cdot 41$ | $460 = 2^2 \cdot 5 \cdot 23$ | $511 = 7 \cdot 73$ |
| $310 = 2 \cdot 5 \cdot 31$ | $361 = 19^2$ | $411 = 3 \cdot 137$ | $462 = 2 \cdot 3 \cdot 7 \cdot 11$ | $512 = 2^9$ |
| $312 = 2^3 \cdot 3 \cdot 13$ | $362 = 2 \cdot 181$ | $412 = 2^2 \cdot 103$ | $464 = 2^4 \cdot 29$ | $513 = 3^3 \cdot 19$ |
| $314 = 2 \cdot 157$ | $363 = 3 \cdot 11^2$ | $413 = 7 \cdot 59$ | $465 = 3 \cdot 5 \cdot 31$ | $514 = 2 \cdot 257$ |
| $315 = 3^2 \cdot 5 \cdot 7$ | $364 = 2^2 \cdot 7 \cdot 13$ | $414 = 2 \cdot 3^2 \cdot 23$ | $466 = 2 \cdot 233$ | $515 = 5 \cdot 103$ |
| $316 = 2^2 \cdot 79$ | $365 = 5 \cdot 73$ | $415 = 5 \cdot 83$ | $468 = 2^2 \cdot 3^2 \cdot 13$ | $516 = 2^2 \cdot 3 \cdot 43$ |
| $318 = 2 \cdot 3 \cdot 53$ | $366 = 2 \cdot 3 \cdot 61$ | $416 = 2^5 \cdot 13$ | $469 = 7 \cdot 67$ | $517 = 11 \cdot 47$ |
| $319 = 11 \cdot 29$ | $368 = 2^4 \cdot 23$ | $417 = 3 \cdot 139$ | $470 = 2 \cdot 5 \cdot 47$ | $518 = 2 \cdot 7 \cdot 37$ |

$519 = 3 \cdot 173$
$520 = 2^3 \cdot 5 \cdot 13$
$522 = 2 \cdot 3^2 \cdot 29$

$524 = 2^2 \cdot 131$
$525 = 3 \cdot 5^2 \cdot 7$
$526 = 2 \cdot 263$

$527 = 17 \cdot 31$
$528 = 2^4 \cdot 3 \cdot 11$
$529 = 23^2$

$530 = 2 \cdot 5 \cdot 53$
$531 = 3^2 \cdot 59$
$532 = 2^2 \cdot 7 \cdot 19$

$533 = 13 \cdot 41$
$534 = 2 \cdot 3 \cdot 89$
$535 = 5 \cdot 107$

$536 = 2^3 \cdot 67$
$537 = 3 \cdot 179$
$538 = 2 \cdot 269$

$539 = 7^2 \cdot 11$
$540 = 2^2 \cdot 3^3 \cdot 5$
$542 = 2 \cdot 271$

$543 = 3 \cdot 181$
$544 = 2^5 \cdot 17$
$545 = 5 \cdot 109$

$546 = 2 \cdot 3 \cdot 7 \cdot 13$
$548 = 2^2 \cdot 137$
$549 = 3^2 \cdot 61$

$550 = 2 \cdot 5^2 \cdot 11$
$551 = 19 \cdot 29$
$552 = 2^3 \cdot 3 \cdot 23$

$553 = 7 \cdot 79$
$554 = 2 \cdot 277$
$555 = 3 \cdot 5 \cdot 37$

$556 = 2^2 \cdot 139$
$558 = 2 \cdot 3^2 \cdot 31$
$559 = 13 \cdot 43$

$560 = 2^4 \cdot 5 \cdot 7$
$561 = 3 \cdot 11 \cdot 17$
$562 = 2 \cdot 281$

$564 = 2^2 \cdot 3 \cdot 47$
$565 = 5 \cdot 113$
$566 = 2 \cdot 283$

$567 = 3^4 \cdot 7$
$568 = 2^3 \cdot 71$
$570 = 2 \cdot 3 \cdot 5 \cdot 19$

$572 = 2^2 \cdot 11 \cdot 13$
$573 = 3 \cdot 191$
$574 = 2 \cdot 7 \cdot 41$

$575 = 5^2 \cdot 23$
$576 = 2^6 \cdot 3^2$
$578 = 2 \cdot 17^2$

$579 = 3 \cdot 193$
$580 = 2^2 \cdot 5 \cdot 29$
$581 = 7 \cdot 83$

$582 = 2 \cdot 3 \cdot 97$
$583 = 11 \cdot 53$
$584 = 2^3 \cdot 73$

$585 = 3^2 \cdot 5 \cdot 13$
$586 = 2 \cdot 293$
$588 = 2^2 \cdot 3 \cdot 7^2$

$589 = 19 \cdot 31$
$590 = 2 \cdot 5 \cdot 59$
$591 = 3 \cdot 197$

$592 = 2^4 \cdot 37$
$594 = 2 \cdot 3^3 \cdot 11$
$595 = 5 \cdot 7 \cdot 17$

$596 = 2^2 \cdot 149$
$597 = 3 \cdot 199$
$598 = 2 \cdot 13 \cdot 23$

$600 = 2^3 \cdot 3 \cdot 5^2$
$602 = 2 \cdot 7 \cdot 43$
$603 = 3^2 \cdot 67$

$604 = 2^2 \cdot 151$
$605 = 5 \cdot 11^2$
$606 = 2 \cdot 3 \cdot 101$

$608 = 2^5 \cdot 19$
$609 = 3 \cdot 7 \cdot 29$
$610 = 2 \cdot 5 \cdot 61$

$611 = 13 \cdot 47$
$612 = 2^2 \cdot 3^2 \cdot 17$
$614 = 2 \cdot 307$

$615 = 3 \cdot 5 \cdot 41$
$616 = 2^3 \cdot 7 \cdot 11$
$618 = 2 \cdot 3 \cdot 103$

$620 = 2^2 \cdot 5 \cdot 31$
$621 = 3^3 \cdot 23$
$622 = 2 \cdot 311$

$623 = 7 \cdot 89$
$624 = 2^4 \cdot 3 \cdot 13$
$625 = 5^4$

$626 = 2 \cdot 313$
$627 = 3 \cdot 11 \cdot 19$
$628 = 2^2 \cdot 157$

$629 = 17 \cdot 37$
$630 = 2 \cdot 3^2 \cdot 5 \cdot 7$
$632 = 2^3 \cdot 79$

$633 = 3 \cdot 211$
$634 = 2 \cdot 317$
$635 = 5 \cdot 127$

$636 = 2^2 \cdot 3 \cdot 53$
$637 = 7^2 \cdot 13$
$638 = 2 \cdot 11 \cdot 29$

$639 = 3^2 \cdot 71$
$640 = 2^7 \cdot 5$
$642 = 2 \cdot 3 \cdot 107$

$644 = 2^2 \cdot 7 \cdot 23$
$645 = 3 \cdot 5 \cdot 43$
$646 = 2 \cdot 17 \cdot 19$

$648 = 2^3 \cdot 3^4$
$649 = 11 \cdot 59$
$650 = 2 \cdot 5^2 \cdot 13$

$651 = 3 \cdot 7 \cdot 31$
$652 = 2^2 \cdot 163$
$654 = 2 \cdot 3 \cdot 109$

$655 = 5 \cdot 131$
$656 = 2^4 \cdot 41$
$657 = 3^2 \cdot 73$

$658 = 2 \cdot 7 \cdot 47$
$660 = 2^2 \cdot 3 \cdot 5 \cdot 11$
$662 = 2 \cdot 331$

$663 = 3 \cdot 13 \cdot 17$
$664 = 2^3 \cdot 83$
$665 = 5 \cdot 7 \cdot 19$

$666 = 2 \cdot 3^2 \cdot 37$
$667 = 23 \cdot 29$
$668 = 2^2 \cdot 167$

$669 = 3 \cdot 223$
$670 = 2 \cdot 5 \cdot 67$
$671 = 11 \cdot 61$

$672 = 2^5 \cdot 3 \cdot 7$
$674 = 2 \cdot 337$
$675 = 3^3 \cdot 5^2$

$676 = 2^2 \cdot 13^2$
$678 = 2 \cdot 3 \cdot 113$
$679 = 7 \cdot 97$

$680 = 2^3 \cdot 5 \cdot 17$
$681 = 3 \cdot 227$
$682 = 2 \cdot 11 \cdot 31$

$684 = 2^2 \cdot 3^2 \cdot 19$
$685 = 5 \cdot 137$
$686 = 2 \cdot 7^3$

$687 = 3 \cdot 229$
$688 = 2^4 \cdot 43$
$689 = 13 \cdot 53$

$690 = 2 \cdot 3 \cdot 5 \cdot 23$
$692 = 2^2 \cdot 173$
$693 = 3^2 \cdot 7 \cdot 11$

$694 = 2 \cdot 347$
$695 = 5 \cdot 139$
$696 = 2^3 \cdot 3 \cdot 29$

$697 = 17 \cdot 41$
$698 = 2 \cdot 349$
$699 = 3 \cdot 233$

$700 = 2^2 \cdot 5^2 \cdot 7$
$702 = 2 \cdot 3^3 \cdot 13$
$703 = 19 \cdot 37$

$704 = 2^6 \cdot 11$
$705 = 3 \cdot 5 \cdot 47$
$706 = 2 \cdot 353$

$707 = 7 \cdot 101$
$708 = 2^2 \cdot 3 \cdot 59$
$710 = 2 \cdot 5 \cdot 71$

$711 = 3^2 \cdot 79$
$712 = 2^3 \cdot 89$
$713 = 23 \cdot 31$

$714 = 2 \cdot 3 \cdot 7 \cdot 17$
$715 = 5 \cdot 11 \cdot 13$
$716 = 2^2 \cdot 179$

$717 = 3 \cdot 239$
$718 = 2 \cdot 359$
$720 = 2^4 \cdot 3^2 \cdot 5$

$721 = 7 \cdot 103$
$722 = 2 \cdot 19^2$
$723 = 3 \cdot 241$

$724 = 2^2 \cdot 181$
$725 = 5^2 \cdot 29$
$726 = 2 \cdot 3 \cdot 11^2$

$728 = 2^3 \cdot 7 \cdot 13$
$729 = 3^6$
$730 = 2 \cdot 5 \cdot 73$

$731 = 17 \cdot 43$
$732 = 2^2 \cdot 3 \cdot 61$
$734 = 2 \cdot 367$

$735 = 3 \cdot 5 \cdot 7^2$
$736 = 2^5 \cdot 23$
$737 = 11 \cdot 67$

$738 = 2 \cdot 3^2 \cdot 41$
$740 = 2^2 \cdot 5 \cdot 37$
$741 = 3 \cdot 13 \cdot 19$

$742 = 2 \cdot 7 \cdot 53$
$744 = 2^3 \cdot 3 \cdot 31$
$745 = 5 \cdot 149$

$746 = 2 \cdot 373$
$747 = 3^2 \cdot 83$
$748 = 2^2 \cdot 11 \cdot 17$

$749 = 7 \cdot 107$
$750 = 2 \cdot 3 \cdot 5^3$
$752 = 2^4 \cdot 47$

$753 = 3 \cdot 251$
$754 = 2 \cdot 13 \cdot 29$
$755 = 5 \cdot 151$

$756 = 2^2 \cdot 3^3 \cdot 7$
$758 = 2 \cdot 379$
$759 = 3 \cdot 11 \cdot 23$

$760 = 2^3 \cdot 5 \cdot 19$
$762 = 2 \cdot 3 \cdot 127$
$763 = 7 \cdot 109$

$764 = 2^2 \cdot 191$
$765 = 3^2 \cdot 5 \cdot 17$
$766 = 2 \cdot 383$

$767 = 13 \cdot 59$
$768 = 2^8 \cdot 3$
$770 = 2 \cdot 5 \cdot 7 \cdot 11$

$771 = 3 \cdot 257$
$772 = 2^2 \cdot 193$
$774 = 2 \cdot 3^2 \cdot 43$

$775 = 5^2 \cdot 31$
$776 = 2^3 \cdot 97$
$777 = 3 \cdot 7 \cdot 37$

$778 = 2 \cdot 389$
$779 = 19 \cdot 41$
$780 = 2^2 \cdot 3 \cdot 5 \cdot 13$

$781 = 11 \cdot 71$
$782 = 2 \cdot 17 \cdot 23$
$783 = 3^3 \cdot 29$

$784 = 2^4 \cdot 7^2$
$785 = 5 \cdot 157$
$786 = 2 \cdot 3 \cdot 131$

$788 = 2^2 \cdot 197$
$789 = 3 \cdot 263$
$790 = 2 \cdot 5 \cdot 79$

$791 = 7 \cdot 113$
$792 = 2^3 \cdot 3^2 \cdot 11$
$793 = 13 \cdot 61$

$794 = 2 \cdot 397$
$795 = 3 \cdot 5 \cdot 53$
$796 = 2^2 \cdot 199$

$798 = 2 \cdot 3 \cdot 7 \cdot 19$
$799 = 17 \cdot 47$
$800 = 2^5 \cdot 5^2$

$801 = 3^2 \cdot 89$
$802 = 2 \cdot 401$
$803 = 11 \cdot 73$

$804 = 2^2 \cdot 3 \cdot 67$
$805 = 5 \cdot 7 \cdot 23$
$806 = 2 \cdot 13 \cdot 31$

$807 = 3 \cdot 269$
$808 = 2^3 \cdot 101$
$810 = 2 \cdot 3^4 \cdot 5$

$812 = 2^2 \cdot 7 \cdot 29$
$813 = 3 \cdot 271$
$814 = 2 \cdot 11 \cdot 37$

$815 = 5 \cdot 163$
$816 = 2^4 \cdot 3 \cdot 17$
$817 = 19 \cdot 43$

$818 = 2 \cdot 409$
$819 = 3^2 \cdot 7 \cdot 13$
$820 = 2^2 \cdot 5 \cdot 41$

$822 = 2 \cdot 3 \cdot 137$
$824 = 2^3 \cdot 103$
$825 = 3 \cdot 5^2 \cdot 11$

$826 = 2 \cdot 7 \cdot 59$
$828 = 2^2 \cdot 3^2 \cdot 23$
$830 = 2 \cdot 5 \cdot 83$

$831 = 3 \cdot 277$
$832 = 2^6 \cdot 13$
$833 = 7^2 \cdot 17$

$834 = 2 \cdot 3 \cdot 139$
$835 = 5 \cdot 167$
$836 = 2^2 \cdot 11 \cdot 19$

$837 = 3^3 \cdot 31$
$838 = 2 \cdot 419$
$840 = 2^3 \cdot 3 \cdot 5 \cdot 7$

$841 = 29^2$
$842 = 2 \cdot 421$
$843 = 3 \cdot 281$

$844 = 2^2 \cdot 211$
$845 = 5 \cdot 13^2$
$846 = 2 \cdot 3^2 \cdot 47$

$847 = 7 \cdot 11^2$
$848 = 2^4 \cdot 53$
$849 = 3 \cdot 283$

$850 = 2 \cdot 5^2 \cdot 17$
$851 = 23 \cdot 37$
$852 = 2^2 \cdot 3 \cdot 71$

$854 = 2 \cdot 7 \cdot 61$
$855 = 3^2 \cdot 5 \cdot 19$
$856 = 2^3 \cdot 107$

$858 = 2 \cdot 3 \cdot 11 \cdot 13$
$860 = 2^2 \cdot 5 \cdot 43$
$861 = 3 \cdot 7 \cdot 41$

$862 = 2 \cdot 431$
$864 = 2^5 \cdot 3^3$
$865 = 5 \cdot 173$

$866 = 2 \cdot 433$
$867 = 3 \cdot 17^2$
$868 = 2^2 \cdot 7 \cdot 31$

$869 = 11 \cdot 79$
$870 = 2 \cdot 3 \cdot 5 \cdot 29$
$871 = 13 \cdot 67$

$872 = 2^3 \cdot 109$
$873 = 3^2 \cdot 97$
$874 = 2 \cdot 19 \cdot 23$

$875 = 5^3 \cdot 7$
$876 = 2^2 \cdot 3 \cdot 73$
$878 = 2 \cdot 439$

$879 = 3 \cdot 293$
$880 = 2^4 \cdot 5 \cdot 11$
$882 = 2 \cdot 3^2 \cdot 7^2$

$884 = 2^2 \cdot 13 \cdot 17$
$885 = 3 \cdot 5 \cdot 59$
$886 = 2 \cdot 443$

$888 = 2^3 \cdot 3 \cdot 37$
$889 = 7 \cdot 127$
$890 = 2 \cdot 5 \cdot 89$

$891 = 3^4 \cdot 11$
$892 = 2^2 \cdot 223$
$893 = 19 \cdot 47$

$894 = 2 \cdot 3 \cdot 149$
$895 = 5 \cdot 179$
$896 = 2^7 \cdot 7$

$897 = 3 \cdot 13 \cdot 23$
$898 = 2 \cdot 449$
$899 = 29 \cdot 31$

$900 = 2^2 \cdot 3^2 \cdot 5^2$
$901 = 17 \cdot 53$
$902 = 2 \cdot 11 \cdot 41$

$903 = 3 \cdot 7 \cdot 43$
$904 = 2^3 \cdot 113$
$905 = 5 \cdot 181$

$906 = 2 \cdot 3 \cdot 151$
$908 = 2^2 \cdot 227$
$909 = 3^2 \cdot 101$

$910 = 2 \cdot 5 \cdot 7 \cdot 13$
$912 = 2^4 \cdot 3 \cdot 19$
$913 = 11 \cdot 83$

$914 = 2 \cdot 457$
$915 = 3 \cdot 5 \cdot 61$
$916 = 2^2 \cdot 229$

$917 = 7 \cdot 131$
$918 = 2 \cdot 3^3 \cdot 17$
$920 = 2^3 \cdot 5 \cdot 23$

$921 = 3 \cdot 307$
$922 = 2 \cdot 461$
$923 = 13 \cdot 71$

$924 = 2^2 \cdot 3 \cdot 7 \cdot 11$
$925 = 5^2 \cdot 37$
$926 = 2 \cdot 463$

$927 = 3^2 \cdot 103$
$928 = 2^5 \cdot 29$
$930 = 2 \cdot 3 \cdot 5 \cdot 31$

$931 = 7^2 \cdot 19$
$932 = 2^2 \cdot 233$
$933 = 3 \cdot 311$

$934 = 2 \cdot 467$
$935 = 5 \cdot 11 \cdot 17$
$936 = 2^3 \cdot 3^2 \cdot 13$

$938 = 2 \cdot 7 \cdot 67$
$939 = 3 \cdot 313$
$940 = 2^2 \cdot 5 \cdot 47$

$942 = 2 \cdot 3 \cdot 157$
$943 = 23 \cdot 41$
$944 = 2^4 \cdot 59$

$945 = 3^3 \cdot 5 \cdot 7$
$946 = 2 \cdot 11 \cdot 43$
$948 = 2^2 \cdot 3 \cdot 79$

$949 = 13 \cdot 73$
$950 = 2 \cdot 5^2 \cdot 19$
$951 = 3 \cdot 317$

$952 = 2^3 \cdot 7 \cdot 17$
$954 = 2 \cdot 3^2 \cdot 53$
$955 = 5 \cdot 191$

$956 = 2^2 \cdot 239$
$957 = 3 \cdot 11 \cdot 29$
$958 = 2 \cdot 479$

$959 = 7 \cdot 137$
$960 = 2^6 \cdot 3 \cdot 5$
$961 = 31^2$

$962 = 2 \cdot 13 \cdot 37$
$963 = 3^2 \cdot 107$
$964 = 2^2 \cdot 241$

$965 = 5 \cdot 193$
$966 = 2 \cdot 3 \cdot 7 \cdot 23$
$968 = 2^3 \cdot 11^2$

$969 = 3 \cdot 17 \cdot 19$
$970 = 2 \cdot 5 \cdot 97$
$972 = 2^2 \cdot 3^5$

$973 = 7 \cdot 139$
$974 = 2 \cdot 487$
$975 = 3 \cdot 5^2 \cdot 13$

$976 = 2^4 \cdot 61$
$978 = 2 \cdot 3 \cdot 163$
$979 = 11 \cdot 89$

$980 = 2^2 \cdot 5 \cdot 7^2$
$981 = 3^2 \cdot 109$
$982 = 2 \cdot 491$

$984 = 2^3 \cdot 3 \cdot 41$
$985 = 5 \cdot 197$
$986 = 2 \cdot 17 \cdot 29$

$987 = 3 \cdot 7 \cdot 47$
$988 = 2^2 \cdot 13 \cdot 19$
$989 = 23 \cdot 43$

$990 = 2 \cdot 3^2 \cdot 5 \cdot 11$
$992 = 2^5 \cdot 31$
$993 = 3 \cdot 331$

$994 = 2 \cdot 7 \cdot 71$
$995 = 5 \cdot 199$
$996 = 2^2 \cdot 3 \cdot 83$

$998 = 2 \cdot 499$
$999 = 3^3 \cdot 37$
$1000 = 2^3 \cdot 5^3$

$1001 = 7 \cdot 11 \cdot 13$
$1002 = 2 \cdot 3 \cdot 167$
$1003 = 17 \cdot 59$

$1004 = 2^2 \cdot 251$
$1005 = 3 \cdot 5 \cdot 67$
$1006 = 2 \cdot 503$

$1007 = 19 \cdot 53$
$1008 = 2^4 \cdot 3^2 \cdot 7$
$1010 = 2 \cdot 5 \cdot 101$

## Freundliches Nachwort an den Leser

Ich spreche jetzt zu Ihnen, lieber Leser. Gerade wollten Sie das Buch aus der Hand legen, weil Sie fertig sind und jede Aufgabe gelöst haben. Aber ich wende mich auch an Sie, den neugierigen Leser, der das Buch einfach nur bis zum Schluss durchgeblättert hat, ohne mit ausdauernder Arbeit sämtliche Aufgaben zu lösen. Oder haben Sie vielleicht noch gar nicht damit angefangen?

Ich möchte einige Worte dazu sagen, wie, woraus und warum dieses Buch entstanden ist.

Das Buch gehört zur großen Familie derjenigen Bücher, in denen die Mathematik popularisiert wird. Unser Hauptziel ist, wie schon im Vorwort gesagt, das Hirnjogging. Um dieses Ziel zu erreichen, habe ich jedoch nicht irgendwelche Rätsel gewählt, die zum Selbstzweck werden; vielmehr habe ich Denkaufgaben aufgenommen, die dem Leser die Mathematik nahebringen und gefällig machen. Aufgrund der Anlage des Buches hat der mathematische Hintergrund einen ziemlich geringen Umfang, aber das ist auch natürlich, denn der Leser muss jeden der vorgestellten Sätze selbst entdecken. In mehreren Fällen werden in den Denkaufgaben interessante mathematische Sätze in ihre Bestandteile zerlegt. Denken wir zum Beispiel an die unterhaltsame Aufgabenreihe zur Theorie des NIM-Spiels, oder an die Rätsel, die zur Eulerschen Bedingung für die Begehbarkeit von Graphen führen. Eine solche Entdeckung ist ein großes Erlebnis! Nach dem ersten derartigen Erlebnis ist die Mathematik keine Menge von Sätzen mehr, die von irgendwelchen Göttern erschaffen wurden (oder von Menschen, aber wer weiß wie). Wir erkennen, dass auch wir Sätze erschaffen können!

Aus der Tatsache, dass es sich um ein populärwissenschaftliches Mathematikbuch handelt, folgt bereits, dass ein großer Teil des Stoffes nicht neu ist. Auch auf die Unterhaltungsmathematik trifft der Ausspruch „Nichts Neues unter der Sonne" zu – oder zumindest kommt Neues sehr selten vor. Diejenigen Leser jedoch, für die das Buch bestimmt ist, werden sich vielleicht in der Weltliteratur der Unterhaltungsmathematik nicht so genau auskennen. Deswegen ist es für sie vollkommen uninteressant, ob es sich bei einer Denkaufgabe um ein Rätsel handelt, das noch nirgendwo erschienen ist, oder ob es ein Klassiker ist. Vielleicht ist ein Klassiker sogar besser, da diese Denkaufgaben bereits dem Zahn der Zeit widerstanden und eine entsprechende Patina angesetzt haben.

Beim Sammeln der Denkaufgaben habe ich mich besonders auf das schöne Buch *Mathematical Recreations* von M. Kraitchik gestützt (George Allen & Unwill Ltd, London 1955, und Dover, New York 1953). Ich habe auch der ungarischen *Mathematisch-physikalischen Zeitschrift für Höhere Schulen*[17] eine Reihe von Aufgaben entnommen, die meinen Zielen am besten entsprachen.

Und schließlich sei bemerkt, dass ich bei der Zusammenstellung des Buches entsprechend den oben angegebenen Prinzipien auch Denkaufgaben verwendet habe, die keine Rätsel im strengen Sinne sind. In derartigen Fällen stand aber immer irgendein mathematisches Ziel im Hintergrund.

Da ich bei keiner der Denkaufgaben Quellen angegeben habe, finden sich auch keine Hinweise auf Aufgaben, die zum Zeitpunkt der ersten Auflage neu waren. Es ist für das Buch als Ganzes ohne Bedeutung, um welche Aufgaben es sich dabei handelt.

Der Verfasser

[17] Der Originaltitel der Zeitschrift ist *Középiskolai Matematikai és Fizikai Lapok*, der englische Titel *Mathematical and Physical Journal for Secondary Schools*.

### Nachwort zur zweiten Auflage und zur deutschen Übersetzung

Frigyes Karinthy ist dem *jungen Mann* auf der Promenade in der Innenstadt von Budapest begegnet.[18] Ich lebe seit vielen Jahren in Winnipeg (Kanada) und bin dem jungen Mann dort im Einkaufszentrum *Polo Park* begegnet. Natürlich war er viel schneller als ich und deswegen habe ich nur seinen Rücken gesehen, als er an mir vorbeihuschte. Er kam mir ziemlich bekannt vor. Er war mager, hatte volles braunes Haar und war sehr in Eile. Ich holte ihn ein, als er vor einem Geschäft stehenblieb. Er drehte sich zur Hälfte herum und wusste sofort, wer ich bin. Ich kann nicht sagen, dass er sich übertrieben gefreut hat, mich zu sehen.

– Die Dinge sind gar nicht so schlecht gelaufen – sagte ich etwas stockend. – Wirklich? – fragte er zurück. – Du bist der Sohn des *Rätselkönigs*[19], und als Student im dritten Studienjahr hast du das geschrieben, was die Familie von dir erwartet hat: dein erstes Rätselbuch. Mit wievielen Rätselbüchern hast du denn im danach folgenden halben Jahrhundert zur Familientradition beigetragen?

– Mit keinem einzigen. Aber ich habe 20 andere Bücher geschrieben. Ich bin Forscher auf dem Gebiet der Mathematik geworden. Über meine beiden Hauptthemen habe ich die beiden wichtigsten Bücher geschrieben; beide sind in mehreren Auflagen erschienen. Ich habe mehr als 230 Originalarbeiten veröffentlicht. Und ich bin Fachmann für mathematischen Schriftsatz und Umbruch geworden. Die Bücher, die ich hierüber geschrieben habe, sind bereits in den Händen von ungefähr 40 000 Mathematikern.

---

[18] Der ungarische Schriftsteller Frigyes Karinthy (1887–1938) verfasste Bühnenstücke, Abenteuergeschichten und schrieb Märchen in Versform. Seine Novelle *Találkozás egy fiatalemberrel* (Begegnung mit einem jungen Mann) erschien erstmals 1913 in dem gleichnamigen Buch im Athenaeum-Verlag Budapest.

[19] József Grätzer (1897–1945), der ungarische Rätselkönig, hat u. a. in den 1930er Jahren die Rätselbücher *Rébusz* und *Sicc* verfasst, die sich seit nunmehr drei Generationen großer Beliebtheit erfreuen. József Grätzer war in den 1920er Jahren der Sekretär von Frigyes Karinthy.

– Gut – sagte der junge Mann –, ich weiß, dass du dich mit vielen Dingen beschäftigt hast. Aber warum hast du eigentlich nicht mit den Rätseln weitergemacht?

– Ich habe nicht nur mit den Rätseln aufgehört. Als ich dieses Buch schrieb, war ich einer der besten ungarischen Verfasser von Schachkompositionen[20] und habe viele Wettkämpfe gewonnen. Auch damit habe ich aufgehört. Das Erfinden von Rätseln, das Verfassen von Schachkompositionen und die mathematische Forschungsarbeit – alle drei Tätigkeiten laufen zur Hälfte bewusst und zur Hälfte im Unterbewusstsein ab. Wir denken lange über ein Problem nach; eines Morgens wachen wir auf und haben die Lösung gefunden. Die mit dem bewussten Denken zusammenhängende Zeit kann man noch irgendwie in zwei oder drei Teile aufteilen. Viel schwieriger aber ist es, das unbewusste Denken und den nächtlichen Schlaf für mehrere Zwecke zu nutzen.

Der junge Mann war damit nicht einverstanden. Ich diskutierte nicht weiter mit ihm. Vielleicht hat er ja doch Recht.

* * *

Für mich war es eine besondere Freude, dass mein jetziger ungarischer Verleger Ádám Halmos die Frage nach einer Grätzer-Trilogie aufgeworfen hat; auf Vorschlag meiner Herausgeberin Mária Halmos wurde neben den beiden Büchern meines Vaters auch mein damaliger Jugendband Teil dieser Trilogie. Mária Halmos hat in ihrer Gymnasialzeit einen mathematischen Wettbewerb gewonnen und zur Belohnung das Buch *Denksport für ein Jahr* bekommen. Später hat sie im Laufe ihres Lebens Mathematiklehrbücher geschrieben und dabei mein Buch immer gerne verwendet. Daher konnte sie ihren Sohn Ádám Halmos davon überzeugen, außer den beiden klassischen Büchern meines Vaters auch mein Buch neu zu verlegen. Und wer kann seiner Mutter schon nein sagen?

Für die zweite ungarische Auflage haben zwei Fachleute jedes einzelne Rätsel nochmals gründlich durchdacht: Mária Halmos, die wir bereits vorgestellt hatten, und Erika Kuczmann, die sich seit zwei Jahrzehnten mit dem Mathematikunterricht und mit der Talentpflege von Schülern befasst. Die beiden Damen haben fast jede der Denkaufgaben und Lösungen schöner formuliert und viele Fehler korrigiert. Es war ein großes Glück für mich, dass zwei so ausgezeichnete Fachleute mein Buch erfolgreich überarbeitet haben.

---

[20] Vgl. http://www.magyarsakkszerzok.com/
http://www.magyarsakkszerzok.com/gratzer-gy.htm

Die deutsche Übersetzung wurde von meinem Kollegen Manfred Stern (Halle a. d. Saale) angefertigt, dem ich für seine sorgfältige und genaue Arbeit danke. Mária Halmos (Budapest) und Katalin Fried (Loránd Eötvös Universität Budapest, Institut für Mathematik) gaben inhaltliche und technische Hilfe. Karin und Gerd Richter (beide Martin-Luther-Universität Halle, Fachbereich Mathematik) kontrollierten und korrigierten den deutschen Text. Andreas Rüdinger und Meike Barth (beide Spektrum Akademischer Verlag Heidelberg) unterstützten das Projekt auf unbürokratische Weise. Steffi Hohensee (le-tex publishing services GmbH, Leipzig) betreute die Produktion der Übersetzung. Ihnen allen gilt mein herzlicher Dank.

Es ist mir eine große Freude, dass der Leser nun die deutsche Fassung in die Hand nehmen kann.

George Grätzer

Printing: Ten Brink, Meppel, The Netherlands
Binding: Stürtz, Würzburg, Germany